0~3岁 宝宝喂养

百科全书

朱前勇 编著

中国华侨出版社
北京

图书在版编目（CIP）数据

0~3岁宝宝喂养百科全书 / 朱前勇编著. —北京：中国华侨出版社，2013.12（2021.2重印）

ISBN 978-7-5113-4297-3

Ⅰ. ①0… Ⅱ. ①朱… Ⅲ. ①婴幼儿—哺育—基本知识 Ⅳ. ①TS976.31

中国版本图书馆CIP数据核字（2013）第284354号

0~3岁宝宝喂养百科全书

编　　著：朱前勇

责任编辑：宛　涛

封面设计：冬　凡

版式设计：李　倩

文字编辑：彭泽心

图文制作：北京东方视点数据技术有限公司

经　　销：新华书店

开　　本：720mm×1020mm　1/16　印张：17　字数：248千字

印　　刷：三河市华成印务有限公司

版　　次：2014年2月第1版　2021年2月第2次印刷

书　　号：ISBN 978-7-5113-4297-3

定　　价：45.00元

中国华侨出版社　北京市朝阳区西坝河东里77号楼底商5号　邮编：100028

法律顾问：陈鹰律师事务所

发行部：（010）88893001　　　传　真：（010）62707370

网　　址：www.oveaschin.com　　E-m a i l：oveaschin@sina.com

如果发现印装质量问题，影响阅读，请与印刷厂联系调换。

PREFACE 前言

每一个小生命的到来，都会给年轻的父母带来无限的喜悦，宝宝就好像小天使一般，给家庭带来了无限希望和快乐。但是，当喜悦过后，一个非常严峻的问题就出现在了年轻的父母面前，那就是宝宝该如何来喂养。

年轻的夫妻第一次当父母，他们不是专业的儿科医生，也没有喂养宝宝的经验，面对哇哇大哭的宝宝，他们往往显得束手无策。不知道该如何喂养宝宝，不知道宝宝什么时候饿了，不知道是母乳喂养好还是给宝宝喝配方奶粉好。更让他们苦恼的是，妈妈在喂养过程中的艰辛、不易以及出现的种种问题。那么，宝宝该如何喂养呢？什么样的方法才是最科学的喂养方式呢？在本书中，我们将为年轻的父母全面介绍宝宝的喂养知识，为初为人父、初为人母的朋友们解决心中的疑惑。

从现代医学研究的成果看，宝宝在3岁以内的大脑发育最关键，将会直接影响到宝宝今后的智力水平。所以，0~3岁的喂养也成了至关重要的问题。因为只有合理、科学的喂养，才能够给予宝宝全面、均衡的营养，才能够为宝宝提供成长发育所需。本书从宝宝出生一直阐述到宝宝3岁以内的喂养知识，内容实用且简单，具有很强的指导性。

对于0~3岁宝宝的喂养，父母应当注意以下几个方面。

首先，父母应当了解宝宝生长所需的营养要求，而且要知道宝宝在每个生长阶段所需要的营养量。一般来说，宝宝在生长期所需的营养包括蛋白质、脂肪、糖类、矿物质、维生素等。对于4个月以前的宝宝，他们的营养完全可以从母乳中获取，不需要额外添加任何食物。但是，4个月之后，母乳已经不能够完全满足宝宝的需求了，这个时候，父母就需要给宝宝添加一些辅食，以免影响宝宝的成长发育。

其次，根据生长阶段来喂养宝宝。每一个生长阶段的宝宝所需的营养和食物都是不同的，父母要根据宝宝的生长阶段来喂养宝宝。如4个月的宝宝刚开始添加辅食，只能吃一些流质食物。而宝宝到了1周岁，则可以吃大部分的软食了，同时，有些硬食也要及时添加。

再次，喂养要根据宝宝的个人需求。每一个宝宝都有自己的个性和特点，虽然说喂养原则是不变的，但是，父母要根据宝宝自身的特点来灵活喂养，不能照本宣科，否则也会对宝宝造成不利的影响。

最后，注意喂养中出现的问题。很多宝宝在喂养过程中都会出现各种各样的问题，父母一定要注意观察，并及时调整不合理的喂养方法，给宝宝一个更合理的饮食。

喂养是育儿最基础的一个步骤，同时也是最关键的一部分，只有做到科学喂养，宝宝才能健康成长，才能有一个更加美好的未来。

本书以科学性和实用性为原则，主要介绍了宝宝婴幼儿时期所需的营养元素，涉及如何进行母乳喂养、人工喂养、混合喂养，何时添加辅食，辅食该如何添加，特殊宝宝对营养的需求，喂养不当会引起什么反应等。内容翔实且全面，可以作为父母的指导书籍，为年轻父母释疑解惑，以便更加有针对性地科学喂养宝宝。

通过此书，希望年轻的父母们不仅了解到更多的科学喂养方法，也可以树立起科学的喂养观念，为宝宝提供一个更加合理且完善的膳食搭配。

最后，希望每一个宝宝在父母的精心呵护下，能够健康快乐地成长！

目录 CONTENTS

第一章 新生儿喂养

母乳喂养

开奶前禁喂宝宝糖水或牛奶…………… 002

"马牙"影响吃奶吗…………………… 002

开奶越早越好………………………… 003

宝贵的初乳…………………………… 004

母乳喂养对宝宝的好处……………… 005

母乳喂养对妈妈的好处……………… 006

正确的喂奶方法……………………… 007

教宝宝正确吃奶……………………… 008

夜间如何哺乳新生儿………………… 008

母婴同室与按需哺乳………………… 009

哺乳应注意的问题…………………… 010

母乳喂养是否会喂食过量…………… 010

宝宝为什么哭………………………… 011

新生儿吃奶时为什么会啼哭………… 011

宝宝的"吃文化"…………………… 012

吃母乳的宝宝不用常喂水…………… 013

要正确判断新生儿是否饿了………… 013

母乳是否充沛的判断方法…………… 014

使乳汁充沛的方法…………………… 015

正确的挤奶方法……………………… 016

怎样存放食用母乳…………………… 017

乳房过小与哺乳有关系吗…………… 018

扁平凹陷乳头的矫正方法…………… 018

一只乳房奶胀、另一只乳房奶少的原因 019

哺乳期感冒能否喂奶………………… 020

肝炎产妇可不可以给婴儿喂奶……… 021

可以穿着工作服喂奶吗……………… 022

母亲偏食会影响乳汁的营养………… 022

人工喂养

不宜母乳喂养的情况………………… 023

为什么有的宝宝不能喝奶…………… 024

能用豆浆代替牛奶吗………………… 024

哺乳期妇女应注意补铁……………… 025

哺乳期妇女应注意补钙……………… 025

哺乳期妇女应注意补碘……………… 026

哺乳期奶胀的处理…………………… 027

产后漏奶怎么办……………………… 028

不要用奶瓶喂奶喂水………………… 029

给新生儿调配奶粉不宜太浓………… 030

新生儿吐奶怎么办…………………… 031

人工喂养注意事项…………………… 031

新生儿喂鲜奶的量…………………… 032

如何进行混合喂养…………………… 033

喝完牛奶后不宜给婴儿喂橘子汁…… 034

给新生儿喂糖水的注意事项………… 034

为什么要给小宝宝补充维生素D …… 035

第二章　2~3个月婴儿喂养

母乳喂养

继续母乳喂养·················· 037
怎样保证母乳的质与量·············· 038
母亲的嗜好对孩子的影响············· 039
2~3个月的宝宝一天该喂几次奶········ 040
让宝宝养成夜间不吃奶的习惯·········· 041
深夜授乳注意事项················· 042
可以用微波炉热奶吗··············· 042
防止婴儿过胖··················· 043
宝宝厌奶怎么办·················· 044
怎样判断孩子吃饱了··············· 045

人工喂养

人工喂养的宝宝喂多少牛奶合适········ 046
选奶粉看标签和厂家··············· 047

从产品本身看奶粉质量············· 048
选择配方奶粉的个别性原则·········· 049
怎样给孩子换奶粉················ 049
配方奶粉"第一、第二阶段"的区别··· 050
DHA和AA是什么················ 050
1岁以内的婴儿忌食蜂蜜············ 051
婴儿夏天不好好吃奶怎么办·········· 051
重视婴儿食物过敏················ 052
婴儿的排泄···················· 053
添加鱼肝油不可过量·············· 054
喂牛奶的禁忌··················· 055
怎样对待婴儿厌食牛奶············· 056
不能用豆奶代替奶粉·············· 057
乳酸饮料不能代替牛奶············· 057
人工喂养的宝宝要喂点水··········· 058
不可用炼乳作为婴儿的主食·········· 058
怎样给宝宝增加营养·············· 059

第三章　4~6个月婴儿喂养

4 ~ 6 个月婴儿的喂养原则

4 ~ 6个月的宝宝该喂多少奶…………… 061

宝宝只喝牛奶会贫血………………… 062

添加辅食的最佳时机………………… 063

什么是辅食………………………… 064

添加辅食的重要性………………… 065

添加辅食需要一个过程……………… 066

适合做辅食的蔬果………………… 066

添加辅食的原则…………………… 067

喂宝宝辅食的注意事项……………… 068

怎样让宝宝适应新的食物…………… 069

该给宝宝添加哪些辅食……………… 070

怎样让宝宝愿意吃辅食……………… 071

不应过多喂谷类食物………………… 071

可以喂宝宝点心吗………………… 072

不宜给宝宝吃的食品………………… 072

要让宝宝习惯用勺子吃东西………… 073

选择做辅食的用具………………… 073

婴儿食物的烹调…………………… 074

应该给婴儿吃些素食………………… 075

要经常让宝宝晒太阳………………… 075

辅食添加的注意事项

不要嚼食喂宝宝…………………… 076

如何给宝宝选择勺子………………… 076

为什么宝宝吃完就想拉……………… 077

注意宝宝的粪便…………………… 077

怎样喂宝宝果汁…………………… 078

怎样选择米粉……………………… 079

宝宝为什么会把辅食吐出来………… 080

注意给添加辅食的宝宝喂水………… 081

让宝宝学习用杯子喝水……………… 081

喂养孩子的错误观点………………… 082

注意宝宝被动高盐………………… 083

给宝宝合理安排饮食………………… 083

宝宝的牙齿与营养………………… 084

如何保持宝宝的牙齿健康…………… 085

适合宝宝的蔬果汁………………… 086

适合宝宝的营养汤………………… 087

适合宝宝的蔬果粥………………… 088

适合宝宝的混合粥………………… 089

适合宝宝的营养糊………………… 090

适合宝宝的营养粉………………… 091

适合宝宝的营养羹………………… 092

适合宝宝的营养泥………………… 093

适合宝宝的营养小食………………… 094

第四章 7~9个月婴儿喂养

7~9个月婴儿的喂养原则

7~9个月婴儿辅食的添加……………096
给孩子添加辅食应注意什么…………097
7~9个月的婴儿断奶准备……………098
断奶期婴儿饮食保健的原则…………099
不要让婴儿偏食………………………100
不要阻止宝宝用手抓东西吃…………101
让宝宝练习用杯、碗…………………102
为婴儿选择较柔软的固体食物………103
让婴儿围坐吃饭………………………103
婴儿需重点补充健脑益智营养素……104
碱性食品有益于宝宝健脑 …………105
乙酰胆碱可以改善智力………………106
白糖不可过量食用……………………106

重视婴儿期促进身体增高的营养………107
适量吃赖氨酸食品 ……………………108
营养素不能补过量 ……………………108
适宜宝宝的益智食品 …………………109
给宝宝喂牛奶的重要性 ………………109
培养宝宝正确的饮食习惯………………110

辅食添加的注意事项

此阶段的宝宝吃鸡蛋应只吃蛋黄………111
动物肝脏烹饪时的注意事项……………112
宝宝能吃成人的罐头食品吗……………112
保护婴儿乳牙……………………………113
长牙期间的饮食…………………………114
怎样让宝宝吃肉…………………………115
香蕉会让宝宝坏肚子吗…………………115
给婴儿添加辅食的不良反应……………116
如何喂养缺铁性贫血婴儿………………117
怎样给8个月的婴儿喂鲜牛奶 ………118
宝宝不能光喝鱼汤、肉汤………………119
母乳不足时的喂养………………………119
宝宝不愿喝牛奶怎么办…………………120
为什么宝宝会便秘………………………120
适合宝宝的营养糊………………………121
适合宝宝的营养粥………………………122
适合宝宝的营养羹………………………123
适合宝宝的营养冻………………………124
适合宝宝的豆腐菜谱……………………125
适合宝宝的主食…………………………126
适合宝宝的开胃小食……………………127

第五章　10～12个月婴儿喂养

10～12个月婴儿的喂养原则

什么时候断奶·······················129
怎样顺利断奶·······················130
不要强迫宝宝吃东西···············131
给宝宝适当吃点儿硬食···········132
这个时期宝宝的饮食特点·········132
断奶期宝宝的喂养···············133
宝宝断奶后的饮食安排···········134
断奶期宝宝的喂养···············135
宝宝不喜欢吃主食怎么办·········135
宝宝的食物也要色香味俱全·······136
让宝宝练习自己吃饭···············137
婴儿断奶后的营养调配···········138
婴儿餐具的选择···················139
宝宝要多吃蔬菜、水果和薯类·····139
全面补充营养，宝宝更聪明·······140
婴儿营养不良的判断···············141

辅食添加的注意事项

婴儿何时吃固体食物···············142
宝宝夏天没食欲怎么办···········143
为什么要限制宝宝吃冷饮·········143
哪些食品不适合喂宝宝···········144
怎样增进宝宝的食欲···············145
如何喂养过敏体质的宝宝·········146
此阶段的宝宝不宜多吃蛋清·······147
适合宝宝的胡萝卜菜谱···········148
白开水是最好的饮料···············149
夏天要多吃"富水蔬菜"···········149
偏食宝宝的喂养···················150

厌食的原因·······················151
缺锌容易厌食·····················152
不良喂养导致厌食···············153
厌食宝宝的喂养···················153
宝宝应吃什么样的点心···········154
坚果有哪些营养价值···············154
怎样喂食发烧的宝宝···············155
怎样喂食咳嗽的宝宝···············155
适合宝宝的营养粥···············156
适合宝宝的包子、饺子···········157
适合宝宝的营养豆腐···············158
适合宝宝的营养饭···············159
适合宝宝的营养糕点···············160
适合宝宝的营养薯类···············161
适合宝宝的营养汤···············162
适合宝宝的营养丸子···············163
适合宝宝的营养面点···············164
适合宝宝的营养肉食···············165
适合宝宝的营养海鲜···············166
适合宝宝的营养鸡蛋···············167
适合宝宝的营养蔬菜···············168
适合宝宝的营养小甜点···········169

第六章　1~2岁幼儿喂养

1~2岁幼儿的喂养原则

幼儿饮食指导 …………………… 171
1~2岁幼儿所需的营养 ………… 172
培养幼儿良好的饮食习惯 ……… 173
怎样为幼儿安排饮食 …………… 174
平衡膳食的方法 ………………… 175
平衡膳食应遵循的饮食原则 …… 176
给宝宝多吃些硬食 ……………… 177
继续教宝宝自己吃饭 …………… 178
父母应注意幼儿饮食卫生 ……… 179
锌元素最好从食物中摄取 ……… 180
怎样给宝宝补钙 ………………… 181
如何减少食物的钙耗损 ………… 182
幼儿应如何补充铁质 …………… 183
幼儿怎样补充维生素C ………… 184
有助于幼儿牙齿健康的食物 …… 184
防止宝宝营养不良和营养过剩 … 185
不要让宝宝"积食" …………… 186
幼儿食品的合理烹调 …………… 187
常采用的烹调方法 ……………… 188
断奶并不是不再喝奶 …………… 189

辅食添加的注意事项

幼儿要多吃些绿、橙色蔬菜 …… 190
宝宝吃饭时可以喝水吗 ………… 190
宝宝过食该怎样多活动 ………… 191
宝宝的早餐应该怎样吃 ………… 192
幼儿春季饮食特点 ……………… 193
幼儿夏季饮食注意事项 ………… 194

不适于婴幼儿食用的食物 ……… 195
幼儿不可多吃油炸食品 ………… 195
宝宝要少吃甜食 ………………… 196
宝宝可以吃有料酒的菜肴吗 …… 197
宝宝可以吃方便面吗 …………… 197
幼儿适量吃豆制品有好处 ……… 198
适合1~2岁此阶段幼儿的小食谱 … 198
幼儿常吃汤泡饭对生长不利 …… 199
酸味食物不等于酸性食物 ……… 199
哪些饮料适合幼儿饮用 ………… 200
怎样预防幼儿患龋齿 …………… 201
孩子不爱吃蔬菜怎么办 ………… 202
晒太阳能补钙吗 ………………… 203
巨幼细胞性贫血是怎么回事 …… 203
宝宝患缺铁性贫血会怎样 ……… 204
宝宝打鼾的饮食调理 …………… 204
关于孩子的饭量 ………………… 205
适合宝宝吃的营养面条 ………… 206
适合宝宝吃的营养面点 ………… 207
适合宝宝吃的营养汤 …………… 208
适合宝宝吃的营养羹糊 ………… 209
适合宝宝吃的营养粥 …………… 210
适合宝宝吃的营养鱼 …………… 211
适合宝宝吃的营养蔬菜 ………… 212
适合宝宝吃的营养蛋类 ………… 213
适合宝宝吃的营养饺子 ………… 214
适合宝宝吃的营养豆腐 ………… 215
适合宝宝吃的营养肉食 ………… 216

第七章　2～3岁幼儿喂养

2～3岁幼儿的喂养原则

必需的营养与饮食 …………………… 218
保证营养的均衡 ……………………… 219
适宜幼儿的健脑食品 ………………… 220
幼儿服用维生素不宜过多 …………… 221
让孩子养成细嚼慢咽的习惯 ………… 222
幼儿忌暴饮暴食 ……………………… 223
偏食与挑食的纠正 …………………… 224
养成良好的饮食习惯 ………………… 225
常吃些粗糙耐嚼的食物 ……………… 226
多吃些含组氨酸的食物 ……………… 226
让孩子学会独立进餐 ………………… 227
影响宝宝身高的主要因素 …………… 228
不要盲目限制幼儿的脂肪摄入量 …… 229
零食应该怎么吃 ……………………… 230
宝宝的吃饭时间 ……………………… 231
吃水果最好去皮 ……………………… 232
如何缓解宝宝食欲不振 ……………… 233

辅食添加的注意事项

宝宝仍离不开奶瓶怎么办 …………… 234
吃血就能补血吗 ……………………… 235
让宝宝多吃点香蕉 …………………… 235
让宝宝多吃点苹果 …………………… 236
春季维生素不可少 …………………… 236
婴幼儿补水的学问 …………………… 237
给宝宝多吃南瓜 ……………………… 238
宝宝多吃芝麻酱有好处 ……………… 238
怎样控制宝宝吃零食 ………………… 239

宝宝不宜多吃的零食 ………………… 240
造成孩子偏食的原因 ………………… 241
幼儿偏食可致视力障碍 ……………… 242
番茄是孩子的良药 …………………… 243
山楂的妙用 …………………………… 243
下午的点心该如何吃 ………………… 244
给孩子准备丰盛的早餐 ……………… 245
少给孩子吃甜食和油炸食品 ………… 246
多让孩子吃强壮骨骼各类食物 ……… 246
怎样避免摄入致敏物质 ……………… 247
给宝宝适量补充维生素 ……………… 249
幼儿宜用筷子吃饭 …………………… 250
适合宝宝吃的营养粥 ………………… 251
适合宝宝吃的营养汤 ………………… 252
适合宝宝吃的营养蔬菜 ……………… 253
适合宝宝吃的营养饭食 ……………… 254
适合宝宝吃的营养鱼 ………………… 255
适合宝宝吃的营养小点 ……………… 256
适合宝宝吃的营养肉食 ……………… 257
适合宝宝吃的营养羹 ………………… 258
适合宝宝吃的营养蛋 ………………… 259

第一章
新生儿喂养

新生儿，是指刚刚出生1个月的婴儿。此时，宝宝刚刚来到这个世界上，十分娇嫩，因此，在喂养方面需要特别呵护。一般来说，新生儿的喂养有两种方式，母乳喂养和人工喂养。无论是母乳喂养还是人工喂养，最主要的是要了解新生儿对于营养的需求以及合理的喂养方式。新生儿对于吃是一种本能，喂养的时候，妈妈们一定要根据他们的需求进行科学合理的喂养。

本章看点

母乳喂养

人工喂养

母乳喂养

母乳喂养是指用母亲的奶水来喂宝宝。此时，妈妈刚刚生过宝宝，身体还很虚弱，需要合理休息以及添加大量营养物质，才能使得母乳充沛。因此，这一时期，母乳喂养的妈妈最主要的任务就是开奶以及学习如何进行哺乳。

 ## 开奶前禁喂宝宝糖水或牛奶

许多人会在开奶前喂新生儿糖水或牛奶，这种做法是错误的。

新生儿喂糖水或牛奶后，消除了饥饿感，减少了对吸吮母亲乳头的渴望感。母亲的乳头没有婴儿的刺激，母乳分泌就会延迟，乳汁分泌量也会少，影响母乳喂养。

如果用牛奶喂养，细菌污染的机会多，尤其是用奶瓶喂养，奶瓶及奶头易被细菌感染，使用不当时，易使婴儿发生腹泻。而且，使用奶瓶、橡皮乳头本身就对

开奶前不宜给新生儿喂糖水或牛奶

新生儿最好不要喝糖水或者奶水，应当先吸吮妈妈的乳头，让他适应吸吮乳头的习惯。

母乳喂养不利，因为软橡皮乳头孔径较大，婴儿吸吮不需要太费劲，而吸吮母亲乳头要费较大的劲，所以婴儿就不愿再吸吮母亲的乳头，势必造成喂养困难。

因此，新生儿出生后，开奶前不要喂糖水或牛奶。

 ## "马牙"影响吃奶吗

有些新生儿的口腔上腭中线附近或牙龈上，有一些灰白色的小颗粒，俗称"马牙"，这其实不是牙，而是由上皮细胞堆积成的。

宝宝长"马牙"不会妨碍吃奶，日后也不会影响出牙，"马牙"会自行消退。但是家长需要注意，千万不要用布擦或用针去挑，以免宝宝口腔黏膜破损引起感染。

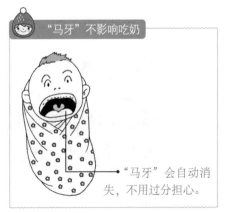

"马牙"不影响吃奶

"马牙"会自动消失，不用过分担心。

开奶越早越好

现在医学主张，产妇生完孩子后，应尽早开奶。在婴儿出生后的30分钟内，处理好脐带并擦干净婴儿身上的血迹后，就应该立即将其裸体放在产妇怀中，但背部要覆盖干毛巾以防受寒，然后在助产护士的帮助下让孩子与产妇进行皮肤与皮肤的紧密接触，并让孩子吸吮产妇的乳头。这样的接触最好能持续30分钟以上。

为什么要这么做呢？这是因为胎儿胎盘娩出后，产妇的脑垂体可立刻分泌催乳素，而且新生儿在出生后20～50分钟时正

开奶须趁早

开奶早，无论对于婴儿，还是产妇，都有极大的好处。

处于兴奋期，他们的吸吮反射最为强烈，过后可能会因为疲劳而较长时间处于昏昏欲睡的状态中，吸吮力也没有出生时那么强了。

因此要抓住这一大好时机，让孩子尽早地接触母亲，尽早地吸吮乳汁，这样会给孩子留下很强的记忆，过一两个小时再让他吸吮时，他就能很好地进行吸吮。未经提早吸吮的孩子，往往要费很大力气才能教会他如何正确进行吸吮。

宝宝越早吸吮开奶越早

宝宝尽早地吸吮也可加速催乳素的分泌，促进乳汁分泌，而母婴间持续频繁的接触，使这些反射不断强化，从而达到理想的程度。这样母亲的乳汁在婴儿出生后马上就开始分泌了。而没有经过提早吸吮的母亲，大约在2天后才开始泌乳。

尽早让宝宝吸吮

一般在产后半小时就可以开始喂奶，这时候分泌的乳汁并不多，但是通过新生儿的吮吸，就可以刺激乳头分泌乳汁。开奶之后就可以随时地进行哺乳，但是每次喂奶的时间不要超过15分钟。

开奶早的好处有哪些

开奶早的好处有哪些	
	早吸吮，进行早期母子皮肤接触，有利于新生儿智力发育
	早吸吮，早哺乳，可防止新生儿低血糖，降低脑缺氧发生率
	早吸吮，可促进母体催乳素大量增加
	早吸吮，可刺激子宫，加快子宫收缩，对防止产后出血有一定的意义

宝贵的初乳

母乳分初乳、过渡乳与成熟乳，一般所指母乳指成熟乳。初乳一般指产妇产后7天内分泌的乳汁，因为含有β–胡萝卜素故呈蛋黄色，比较稠，但是量不多。

和成熟乳相比，初乳具有以下优点。

1.营养更丰富

初乳营养丰富，含蛋白质成分高，新生儿出生哺初乳可获得较高的营养；脂肪和糖含量较低，适于新生儿的消化吸收。

2.增强宝宝免疫力

初乳中含有大量免疫球蛋白，特别是免疫球蛋白A和乳铁蛋白。这些免疫球蛋白不易被肠道吸收，而是附在宝宝的消化道黏膜、呼吸道黏膜和泌尿道黏膜表面上，结合或中和病毒及毒素，避免了微生物与肠黏膜表皮细胞的接触，阻止了感染的发生。

3.有益于宝宝的智力发育

初乳中还含有较多的牛磺酸，牛磺酸对宝宝大脑和视力的发育有非常重要的意义。刚出生的宝宝没有合成这种物质的能力，妈妈的初乳正好弥补了这种不足。

4.有助于宝宝消化吸收

初乳含有大量的吞噬细胞、粒细胞、淋巴细胞，摄入后能促进肠道内双歧乳杆菌等有益菌群的生长，调节肠道功能，促进营养素更好吸收，并阻碍某些致癌物质形成。有助于增进新生儿呼吸道及消化道防御病菌入侵的能力，提高宝宝的抵抗力。

5.通便

初乳具有轻微的通便作用，可帮助胎便排出，减轻新生宝宝黄疸。

6.利于宝宝生长

初乳中维生素A的含量高，能预防和减轻新生宝宝的感染；含钠、氯、锌、碘多，有利新生儿的成长。

让宝宝喝初乳

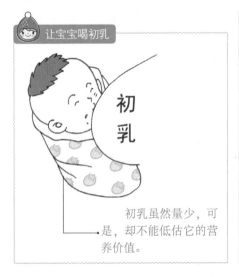

初乳虽然量少，可是，却不能低估它的营养价值。

初乳的营养	
所含营养	和常乳相比
蛋白质	多5倍
维生素B	高3～4倍
维生素D	高3倍
铜	高6倍
维生素A	高10倍
维生素C	高10倍
铁	高3～5倍

母乳喂养对宝宝的好处

母乳喂养对宝宝的好处：

1.营养均衡

母乳的营养成分丰富，含有适合婴儿生长发育需要的各类营养要素，还含有足够多的水分，能满足宝宝对水的需要。母乳富有容易消化的蛋白质，还有维生素、酶和抗体，各种营养成分比例适当，营养的价值全面，对宝宝来说是任何其他食物都不能相比的。

2.能够预防孩子感染

母乳中含有大量抗感染的活性白细胞、免疫抗体和其他免疫因子，可以增强新生儿的抵抗力，保护婴儿免受病菌的侵袭，避免发生呼吸道方面的严重疾病。母乳还具有抗过敏的作用，母乳喂养婴儿极少会有过敏反应。

母乳是宝宝最好的食

母乳喂养，对宝宝来说，是首选的哺乳方式。

3.容易被孩子消化、吸收

母乳可使婴儿肠内产生帮助消化的有益菌，因而母乳易于消化。吃母乳的宝宝大便细软，容易排出。即使两三天不大便，排出来的粪便也还是软的。

4.母乳喂养的孩子更聪明

母乳中富含益智脂肪DHA、胆固醇和乳糖，这些都是宝宝大脑发育不可缺少的原料，是脑细胞生长、发育及稳固的关键滋养物。研究发现，母乳喂养的宝宝智商比较高。

5.美容作用

婴儿在吮吸母乳的过程中，促进了下颚和面部结构发育，使面部和牙齿正常发育，并有预防龋齿的作用。而吃奶瓶的婴儿长大以后常有牙齿、嘴形变形的烦恼。

此外，母乳喂养的宝宝皮肤比较柔软、光滑。

乳汁的分类		
乳汁类型	分泌时间	特点
初乳	产后7天	呈蛋黄色、质稠、量少，含有丰富的蛋白质，脂肪较少
过渡乳	产后7天~满月	脂肪含量高，蛋白质与矿物质有所减少
成熟乳	产后2~9个月	脂肪比较多，蛋白质、矿物质进一步减少
晚乳	产后10个月	乳汁量及各种营养成分较前更减少

母乳喂养对妈妈的好处

母乳喂养对妈妈的好处：

1.加快妈妈身体复原

哺乳时，宝宝的吸吮过程反射性地促进母亲催产素的分泌，有助于产后妈妈子宫的收缩、减少产后出血、加快排净恶露、加快产后恢复、减少产后并发症。而且母乳喂养期间，妈妈不易怀孕。

2.防止妈妈产后肥胖

哺乳可以加速乳汁的分泌，促进母亲的新陈代谢及营养循环，消耗其在妊娠期储存的脂肪，使产前纳取的丰富营养加速分配到身体组织中被利用，促进母亲形体恢复，减少皮下脂肪的蓄积，从而有效地防止肥胖。

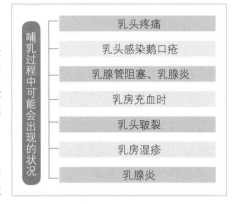

哺乳过程中可能会出现的状况

- 乳头疼痛
- 乳头感染鹅口疮
- 乳腺管阻塞、乳腺炎
- 乳房充血时
- 乳头皲裂
- 乳房湿疹
- 乳腺炎

3.保持妈妈形体健美

哺乳还可以增加催乳素的分泌，它作用于乳房的肌上皮细胞及悬韧带，有助于防止乳房下垂，保持乳房的外形美。

4.降低妈妈患病率

母乳喂养可以降低妇女患乳腺癌、子宫癌及输卵管癌的危险，还可预防卵巢癌、尿路感染和骨质疏松。

5.增强母婴的感情联系

哺乳过程中，母子间肌肤相亲，互相凝视，可以增进母子间的感情，母亲可以充分享受为人之母的快乐和满足，也有助于妈妈了解自己的宝宝。

6.有利于妈妈心理健康

哺乳时释放的激素使妈妈感觉松弛、平静，有助于妈妈的心理健康。

7.省时、省力、省钱

母乳喂养省去了煮奶、热奶、奶具消毒等诸多麻烦，可以使妈妈获得充分的休息，有利于体力和健康的恢复。而且母乳不必花钱买，减少了家庭开支。

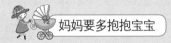 妈妈要多抱抱宝宝

若妈妈因特殊情况，确实无法给宝宝喂奶，也要注意让宝宝感受到母爱。平时要多抱抱宝宝，亲亲宝宝，这样宝宝也会身心愉快、健康成长。

正确的喂奶方法

正确的哺乳方法可减轻母亲的疲劳，防止乳头的疼痛或损伤。无论是躺着喂还是坐着喂，母亲全身肌肉都要放松，体位要舒适，但一般采用坐位，这样有利于乳汁排出。

哺乳前先用肥皂洗净双手，用湿热毛巾擦洗乳头乳晕，同时双手柔和地按摩乳房3～5分钟，可促进乳汁分泌。然后眼睛看着孩子，抱起婴儿，使孩子的脸、胸、腹部和膝盖都面向自己，下颏紧贴母亲的乳房，嘴与乳头保持同一水平位。

哺乳时，母亲将拇指和其余四指分别放在乳房的上、下方，呈"C"形，托起整个乳房。若乳汁过急，可用剪刀式手法托起乳房，即先将乳头触及婴儿的口唇，在婴儿口张大、舌向外伸展的一瞬间，快速将乳头和大部分乳晕送入宝宝口腔。与此同时，要用温柔爱怜的目光看着宝宝的眼睛。这样婴儿在吸吮时既能充分挤压乳晕下的乳窦（乳窦是储存乳汁的地方），使乳汁排出，又能有效地刺激乳头上的感觉神经末梢，促进泌乳和喷乳反射。注意，只有正确的吸吮动作才能促使乳汁分泌更多。

然后，让婴儿先吸空一侧乳房，再换另一侧，下次哺乳相反，轮流进行。哺乳结束时，让宝宝自己张口，乳头自然从口中脱出。喂奶后要抱直宝宝轻拍其背，让宝宝打个"嗝"，以防溢乳。若宝宝入睡应取右侧卧，以防吐奶呛入气管引起窒息。

哺乳时间与次数不必严格限定，奶胀了就喂，婴儿饿了就喂，吃饱为止，坚持夜间哺乳。如果乳汁过多，婴儿不能吸空，就应将余乳挤去，以促进乳房充分分泌乳汁。要树立母乳喂养的信心，不要轻易添加奶粉，那样会使母乳越来越少。

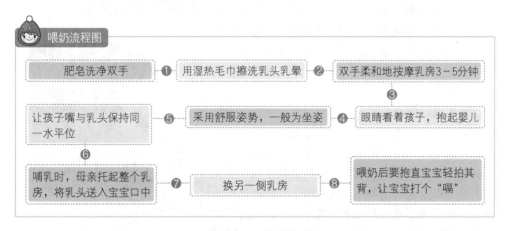

教宝宝正确吃奶

宝宝吃奶应该含住乳头和大部分乳晕，如果宝宝只叼住乳头，就很容易使乳头出现裂口或血疱，而且也吃不饱，睡不了多久就饿醒了。所以有必要教宝宝正确含接乳头。

把宝宝抱起来，轻轻摇一下宝宝的下巴，他就会张开嘴，这时把乳头和大部分乳晕送到他口中。如果宝宝一下没含好，不要把乳头硬拽出来，免得乳头受伤。轻轻按一下宝宝的下巴，乳头就会自然脱出，再重新让宝宝含，直到宝宝含好为止。

 如何顺利进行哺乳

★ 不要给宝宝穿太厚，甚至可以不穿衣服，让宝宝和妈妈直接接触。

★ 将宝宝抱在胸前，靠近乳房，妈妈没有必要身体向前倾太多。

★ 用乳汁将乳头湿润，然后碰触宝宝的嘴巴，让宝宝有进食的欲望。

★ 观察宝宝的嘴巴，如果往外翻则是有吃奶的欲望。

 ## 夜间如何哺乳新生儿

新生儿越小，就越需要夜间哺乳。新生儿长大一点儿，晚上就可以减少哺乳次数。因为孩子越小，新陈代谢越旺盛，需要的热能越多。而且孩子越小，胃的容量也越小，每次哺乳量也少，哺乳次数也随之增多。所以新生儿年龄越小，夜间哺乳次数应该越多。

新生儿夜间哺乳要求达到3~4次。总的原则是根据新生儿饥饿情况以给新生儿吃饱为度。

夜间哺乳，最好采用坐着的姿势。因为母亲晚上睡意较浓，如果躺着哺乳，充满着乳汁的乳房很容易堵住新生儿的小鼻孔，或者由于乳汁过急地流出，新生儿来不及吞咽发生呛乳窒息，这样的意外事故，也屡见不鲜。每天晚上，妈妈要有一个喂奶次数的计划，不要宝宝一哭就喂奶。如原本无次序的，可分为3次，每次时间间隔算好了，以后宝宝睡眠时间长了，可慢慢减少为2次、1次。为了便于养成良好的吃奶习惯，宝宝每天的睡觉习惯，也应准时准点地养成。

夜间哺乳新生儿

夜间哺乳时，妈妈可以躺着，但是，一定要注意观察宝宝，不要让宝宝呛乳。

母婴同室与按需哺乳

1.母婴同室

让母亲和孩子一天24小时在一起，就叫母婴同室。母婴同室是建立母婴关系、母子感情的良好开端。除非新生儿因为早产、抢救等一些因素，原则上应该满足母婴同室的要求。

分娩后，母亲应让孩子一直睡在自己的身旁，或睡在母亲身边的小床上，孩子和母亲最好始终不要分离，这样母亲可以身心放松，有利于分泌出大量的母乳喂哺婴儿。婴儿越早吸吮，奶就越多，而母婴同室恰恰为早吸吮提供了最直接的条件。

2.按需哺乳

按需哺乳即不限制母乳喂养的频率和时间，孩子饿时或需要时就开始哺乳，不要硬性规定时间。如果宝宝睡觉超过3小时应叫醒喂奶，还有妈妈乳房充盈发胀也可以喂奶。这是因为，产后一周是逐步完善泌乳的关键时刻。泌乳要靠频繁吸吮来维持，乳汁越吸才能越多。

对新生儿来说，在最初一周内要适应与在子宫内完全不同的宫外生活，非常需要安慰，而吸吮乳头则是他们所渴求的最好安慰。正因为婴儿的不断吸吮，才会使母亲泌乳功能不断完善，而乳汁大量分泌，使孩子的身心都得到了满足。

3.婴儿睡在妈妈旁边有益发育

婴儿睡在母亲身边，当母亲看到孩子各种可爱的表情，听到孩子的哭声时，便能促使喷乳反射的产生。宝宝经常依偎在母亲身边，得到母亲深情的爱抚和照顾，不但能增进食欲，而且对神经系统的发育也非常有利。

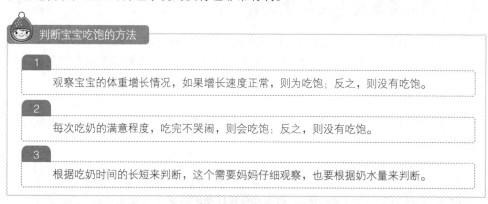

判断宝宝吃饱的方法

1 观察宝宝的体重增长情况，如果增长速度正常，则为吃饱；反之，则没有吃饱。

2 每次吃奶的满意程度，吃完不哭闹，则会吃饱；反之，则没有吃饱。

3 根据吃奶时间的长短来判断，这个需要妈妈仔细观察，也要根据奶水量来判断。

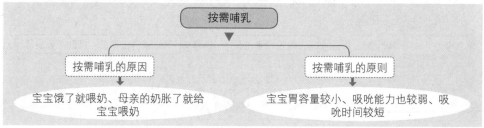

按需哺乳

按需哺乳的原因 ➡ 宝宝饿了就喂奶、母亲的奶胀了就给宝宝喂奶

按需哺乳的原则 ➡ 宝宝胃容量较小、吸吮能力也较弱、吸吮时间较短

哺乳应注意的问题

处于哺乳期的妇女除了应注意营养供给、生活规律、睡眠保证、情绪稳定和精神愉快外，还要注意以下几个问题。

（1）哺乳时注意卫生，每次哺乳前洗手，洗乳头、乳晕（切记不能用肥皂清洗）。母亲感冒时应戴口罩。

（2）除小儿吃药等特殊情况外，一般不喂水，尤其是哺乳前。

（3）给孩子喂奶，要一次喂饱，新生儿吸吮力差，有时吃着奶就睡着了，可以捏一捏小宝宝的耳朵，也可以弹其足心唤醒他，不要让孩子养成含奶头睡眠的习惯。

哺乳后要将乳房排空

排空乳房的时候，需要注意排挤方式，不然，会因为用力不足而损伤乳房。

（4）哺乳后要将乳房中的乳汁排空，以利于下奶。

（5）乳头破了应及时上药，可用复方安息香酸酊或求偶素注射液局部涂抹，喂奶前将药液擦去，一般会很快愈合。不要因此停止哺乳，但要注意纠正婴儿的含接姿势，要先给婴儿喂不破损或破损较轻的一侧，喂完后可挤一滴奶涂在破损处，暴露在空气中，能促进表皮修复。

 ## 母乳喂养是否会喂食过量

母乳喂养的婴儿会喂食过量吗？许多新妈妈会有这种疑虑。

实际上，母乳喂养的婴儿不会喂食过量，因为婴儿能自己调节他需要的乳量，使他的体重正常。

但是，如果在给新生儿喂母乳之外，还喂了其他食品，就有可能喂食过量。因此，不要轻易给新生儿补充其他食品，否则会因喂食过量导致消化不良，打乱哺乳规律。

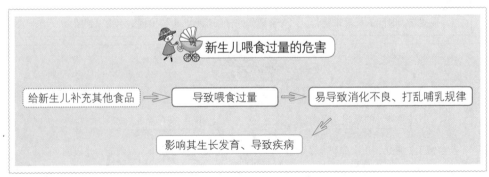

新生儿喂食过量的危害

给新生儿补充其他食品 ⇒ 导致喂食过量 ⇒ 易导致消化不良、打乱哺乳规律

影响其生长发育、导致疾病

宝宝为什么哭

新生儿哭闹有多方面的原因，比如身体的某个部位不舒服、饥饿、疼痛、患病等。父母应在日常生活中认真辨别。

当新生儿饥饿时，他们的哭声往往是平缓的，哺乳后他们就不会再哭了。

如果哺乳时不吸奶且仍然哭闹不止，那就得找原因。如果是尿布湿了，换尿布后哭声即停止；如果新生儿躯体某部位有刺激性疼痛，哭声往往是比较剧烈、持久，也较烦躁，这时应该解开衣包进行全面的检查，查看全身皮肤，特别注意外耳道有无耳疖等。

如新生儿有颅内出血、颅内水肿或颅内感染，由于颅内压增高，剧烈头痛，轻者哭声发直，或哭声短；重者哭声尖亢，同时伴有其他的症状和体征，如两眼直视、两手握拳、抽搐、发烧、前囟门膨隆等，这时应马上抱孩子去医院检查、治疗。

宝宝哭了

宝宝哭泣的原因很多，妈妈们一定要注意观察，及时安抚宝宝。

宝宝哭泣的原因

| 犯困导致的哭 | 肚子饿导致的哭 | 太饱导致的哭 | 口渴导致的哭 | 尿尿导致的哭 | 独处导致的哭 | 太热导致的哭 | 被东西弄痛导致的哭 | 穿盖太少导致的哭 |

新生儿吃奶时为什么会啼哭

这时候，家长们千万别慌，这一般是宝宝的鼻孔被堵、呼吸不畅造成的。家长应先看看宝宝的鼻孔是否通畅，若发现鼻屎等分泌物堵塞，就要用浸湿的棉签将其取出，但不要粗暴地抠、掏，避免损伤鼻黏膜，引起出血或感染。如果是鼻黏膜水肿堵塞鼻孔，可在哺乳前10分钟向孩子两侧鼻孔内分别滴入1~2滴0.5%的麻黄碱滴鼻液，使鼻黏膜血管收缩，鼻腔通畅，以保证宝宝吃奶时能顺畅呼吸。

保持宝宝鼻子畅通

如果宝宝鼻子不通气，就会导致呼吸困难，尤其是在吃奶的时候，鼻子和嘴巴都不能呼吸，会让宝宝感到异常难受。

宝宝的"吃文化"

宝宝刚刚降生到这个世界，每天的活动就是睡觉和吃奶。虽然他们很小，好像什么也不知道，其实他们对"吃饭"环境很挑剔。以下几点会影响宝宝的食欲。

1.温度

宝宝的体温调节能力差，所以外界温度对他们的影响很大。温度太高了，宝宝可能吃不下东西；温度太低了，宝宝吮吸乳汁时会把冷空气吸入，可能造成消化不良。

2.光线

新生儿的大脑和眼睛发育还不完善，受不了外界光线的刺激，过于明亮的或过于黑暗的环境，宝宝都不喜欢，处在那样的环境中，宝宝的情绪会受到影响，进而影响他们的食欲。所以哺乳时，应该给宝宝提供光线柔和的环境。

3.噪音

初生的宝宝对声音很敏感，好奇心也很大，噪音很容易让他们分心，难以集中精力吸吮乳汁。喂宝宝时，应该给宝宝提供安静的环境。

4.异味

虽然宝宝很小，但是小鼻子却发挥着正常的功能，凭气味他们就可以找到妈妈。如果在吃奶的时候闻到了难闻的气味，他们的食欲就会大大降低。所以，妈妈们要注意哺乳的环境，保持屋子里的空气清新，没有异味。

5.宝宝可以感知妈妈情绪

婴儿从出生开始，虽然身体的各个器官发育并不完全，但是，却具备基本的感知能力，更神奇的是婴儿可以感知到妈妈的情绪的好坏，妈妈的开心与不开心宝宝都能体会到。当妈妈喂奶时情绪不好时，宝宝就会拒绝吃奶。

影响宝宝吃饭的因素

宝宝是很敏感的，尤其是吃饭的时候，因此，一定要为他创造一个良好的吃饭环境。

宝宝可以感知妈妈情绪

小小的宝宝还是妈妈的知心人呢，他吃奶还要看妈妈的情绪。如果妈妈有生气、悲伤、愤怒等负面情绪，宝宝都能捕捉到，这让他们没有安全感，感到恐惧，甚至哭闹，拒绝吸吮乳汁。所以，妈妈们在给宝宝喂奶时一定要把情绪调整好。宝宝能从妈妈的眼神、话语和抚摸中感受到妈妈的爱和关注，从而感到安全和温馨。

吃母乳的宝宝不用常喂水

对新生儿来说，母乳里含有他所需要的一切养分，包括水。因为母乳80%的成分都是水，足以满足宝宝对水分的要求。而且，由于宝宝胃口小，如果过早、过多地给宝宝喂水，会抑制宝宝的吮吸能力，使他们吃的乳汁量减少，这样不仅对宝宝的成长不利，还会间接造成母乳分泌减少。

不过，任何事都不是绝对的。有些情况下，还是应该给宝宝喂一点水的。特别是当宝宝生病发烧时；夏天常出汗，而妈妈又不方便喂奶时；或宝宝吐奶时，他们都比较容易出现缺水现象，喂点白开水就有必要了。

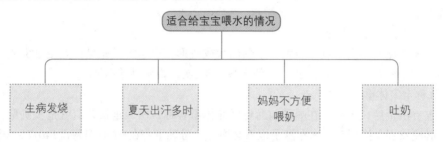

 ## 要正确判断新生儿是否饿了

有的新生儿，用手指碰一下他的嘴，小嘴巴就会动，并把头转向手指的方向。这是怎么回事？宝宝饿了吗？

实际上，这是一种条件反射，是人类及其他哺乳动物能够生存下来的一项基本反射，在医学上叫作寻觅反射，这种动作不用学、不用教，是先天遗传下来的，并不是饿的表示。

所以，要判断新生儿是否饿了，利用反射的方法是不可靠的。那怎么知道新生儿饿了呢？妈妈可以通过哭声进行判断。这种哭声通常短促而低调，并且高一声、低一声，很有节奏，当妈妈用手指触碰新生儿面颊时，新生儿会立即转过头来，并有吸吮动作；若把手拿开，不给喂哺，宝宝会哭得更厉害。

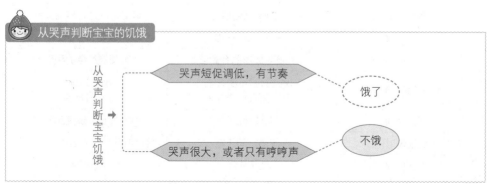

母乳是否充沛的判断方法

母亲常常想知道自己的乳汁是否能满足婴儿的需要。那么怎样知道母乳是否够吃呢?

1.观察孩子能否吃饱

婴儿吃奶时有连续的咽奶声,吃完后能安静入睡3～4小时,醒后精神愉快,每月体重稳步增加,上述情形表示奶量充足。

如果婴儿吸奶时要花很大力气,或吃空奶后仍含着奶头不放,有时猛吸一阵便吐掉奶头而哭,吃完奶后睡了1小时左右就醒来哭闹,喂奶后又入睡,反复多次;都表示母乳不足。

2.观察宝宝的大小便

每天大便2～3次,色泽金黄,呈黏糊状或成形,表示奶量充足;大便量少或呈绿色的稀便,每天换尿布少于8次,大便次数少于1次,说明母乳不足。

3.称宝宝体重

宝宝出生后10天起,在哺乳前后将婴儿体重各称一次,重量差值就是吸奶量,称时不必脱衣服、换尿布(尿布湿了也不必换),母乳量若在3个月时每次140克,6个月时为每次180克,表明奶水已很充足。

4.哺乳时间长短

如果哺乳时间超过20分钟,甚至超过30分钟,孩子吃奶时总是吃吃停停,而且吃到最后还不肯放奶头,则可断定奶水不足。

出生2周后,哺乳间隔时间仍然很短,吃奶后才1个小时左右又闹着要吃,也可断定母乳不足。

5.观察乳房是否胀满。

产后2周左右,如果乳房胀满,表面静脉显露,则是母乳充足的表现。

如何判母乳充足		
判断依据	充足的情况	不足的情况
宝宝吃奶过程	吃奶顺利	吃奶花费很大力气
睡觉情况	吃奶后能安睡	睡觉时间短,容易哭闹
大便次数	大便每日2~3次	大便每日少于1次
大便颜色形状	大便为成形的金黄色	大便是绿色的稀便
吃奶前后体重差	3个月为140克左右 6个月为180克左右	小于140克 小于180克
哺乳时间	哺乳时间正常	时间过长,超过20分钟
哺乳间隔时间	间隔时间正常	间隔时间短,甚至小于1小时
乳房情况	乳房胀满	乳房扁平

使乳汁充沛的方法

母亲的乳汁是孩子的生命之泉，不少产妇因为奶水不足甚至无奶而焦急。

（1）树立信心。想要确保乳汁充足，产妇首先要树立信心，保持精神愉快，情绪稳定，并注意劳逸结合，补充丰富的营养，掌握正确的授乳方法，必要时可服用下奶药物。不要怕乳汁不足，或者担心乳汁分泌日益减少，要对坚持母乳喂养建立信心。

（2）尽早喂奶。早吸吮、勤喂奶是奶水增加的最好方法。早开奶能使乳汁及早分泌，而勤喂奶能加速乳汁的产生和分泌。资料表明，婴儿吸吮刺激越早，母亲乳汁分泌就越多。即使母乳尚未分泌，宝宝吸吮乳头几次后就会开始分泌乳汁。

（3）按需哺乳。只要恰当地喂宝宝，奶水就会充盈。哺乳时要按需哺乳，奶胀了就喂，婴儿饿了就喂，如果乳汁一次吃不完，要挤出来，让乳房排空，这样才能产生更多的乳汁。否则乳房老是胀着不排空，奶就憋回去了。

（4）掌握正确哺乳的方法。只要掌握正确哺乳的方法，母亲乳汁一定能满足宝宝的需要。注意不要随意给婴儿添加牛奶或糖水，不要给婴儿使用带有橡皮奶头的奶瓶。因为橡皮奶头可以使婴儿产生乳头错觉，会使其不愿意用力吸吮母乳，从而使母乳分泌越来越少。

（5）加强营养。母亲要加强饮食营养，多吃含蛋白质、脂肪、糖类丰富的食物，多吃新鲜水果和蔬菜，保证维生素的需要，同时汤类食物也必不可少。充足的睡眠，良好的情绪也是保证乳汁分泌的重要因素。

（6）多喝汤。多喝汤有益于产妇下奶，比如花生仁炖猪蹄、鲫鱼汤、山药炖母鸡、清炖乌鸡汤、酒酿蛋花汤等。有足够的汤水，还需要有合理、平衡的膳食，才能使乳汁保质保量。

（7）保持愉快心情。产妇要保持愉悦的心情。下奶慢，别着急，如果产妇心情焦虑，下奶反而会更慢。

多吃下奶食物

产妇在刚刚生产过后，乳汁肯定不会那么充沛，需要一段时间的调理。产妇心里不要着急，也不要急于吃过于油腻的食物。特别是产后一周内，产妇吃过多的鸡汤等东西，反而对身体不利。

如何避免奶水过多

要避免奶水过多的情况，可以在每次喂奶的时候，先用每一侧给宝宝喂一点。最初，这样可能会有多余的奶滞留在乳房内，但多试几次，乳房就不会分泌那么多了。不用担心将来宝宝不够吃，随着宝宝月龄的增大，宝宝所需的奶汁也会越多，会刺激乳房继续分泌。

正确的挤奶方法

很多情况下母亲都需要挤奶。比如，当乳房太胀影响婴儿吸吮时，为了帮助婴儿吸吮，一定要挤掉一些奶。

乳头疼痛暂时不能哺乳时，要将奶挤出来，这样既可用挤出的奶喂养婴儿，缓解了乳头疼痛，还防止了由于婴儿未吸吮而乳汁分泌减少。

此外，婴儿刚出生不久，吸吮力不是太强，如果母亲的乳头内陷，婴儿一时还没有学会吸吮这种乳头，这时候就需要挤奶喂婴儿并以此来保持乳汁的分泌；婴儿出生体重过轻或婴儿生病吸吮力降低时，应挤奶喂养婴儿；母亲与婴儿暂时分开时，也要挤奶喂养婴儿。

手工挤奶的方法如下。

挤奶应由母亲自己做，因为别人挤可能引起疼痛，反而抑制了喷乳反射，如果用力过猛还会造成乳房损伤。

挤奶前用肥皂水洗净双手，用毛巾清洁乳房，将乳头和乳晕擦洗干净。然后找一个舒适的位置坐下，把盛奶的容器放在靠近乳房的地方。母亲身体略向前倾，用手托起乳房。

大拇指放在乳头、乳晕的上方，食指放在乳头、乳晕的下方，其他手指托住乳房。

拇指、食指向胸壁方向挤压，挤压时手指一定要固定，不要在皮肤上移动，重复挤压，一张一弛，并沿着乳头（从各个方向）依次挤净所有的乳窦，以排空乳房内的余奶，在产后最初几天起就要做这项工作。

每次挤奶的时间以20分钟为宜，两侧乳房轮流进行。例如，一侧乳房先挤5分钟，再挤另一侧乳房，这样交替挤，下奶会多一些。生产数日的产妇，奶水不是太多，挤奶时间应适当长一些。如果孩子一整天都不吃奶的话，一天应挤奶6~8次，这样才能保证较多的泌乳量。

 正确的挤奶姿势。

如果有些妈妈不会自己挤奶，也可以试试吸奶器，或者请教专业按摩师。

慎重挤奶

女性的乳房是很娇嫩的，如果稍有不慎就有可能造成乳腺炎。产妇在挤奶的时候，也一定要慎重，最好找专业的催奶师指导或者催乳，否则会造成乳头皲裂、乳腺炎，甚至乳腺癌。

怎样存放食用母乳

挤出的母乳如何保存确实是个很重要的问题，如果保管不当，既造成浪费，又易让宝宝患上胃肠疾病。

通常，如果挤出的时间不长，冷藏保存就可以了，但必须把冷藏的母乳在12小时内喝完。要是想较长时间地保存，如1周左右，则应该采取冷冻的方法。具体操作方法如下。

妈妈首先应该先将手洗净，然后用清洁的手把母乳挤出，立即装入已消过毒的干净奶瓶或冷冻用的塑料袋里，盖上奶瓶盖或给塑料袋封口。

若是冷藏保存，可放进一直能保持4℃以下的冰箱中。若是冷冻保存，应把奶挤出后马上放进冷冻容器中，然后记录一下挤奶的时间、日期和奶量，以防记忆不准确。

母乳要低温储藏

如果想要快速冷冻，应该把冷冻容器平着放进冷柜，若冷柜开闭频繁，最好放置在深处的专设地方。

保存挤出的奶时应该注意，为了快速冷冻，应该把冷冻容器平着放进冷柜，若冷柜开闭频繁，最好放置在深处的专设地方。注意，不要把挤出的奶放进装有原先挤的奶的冷冻容器里。

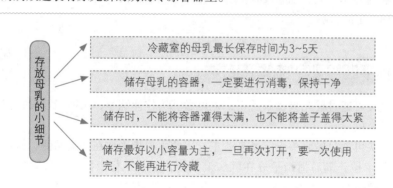

存放母乳的小细节

- 冷藏室的母乳最长保存时间为3~5天
- 储存母乳的容器，一定要进行消毒，保持干净
- 储存时，不能将容器灌得太满，也不能将盖子盖得太紧
- 储存最好以小容量为主，一旦再次打开，要一次使用完，不能再进行冷藏

如何解冻母乳

解冻母乳时不要用微波炉加热，温度太高会把母乳中所含的免疫物质破坏掉。可以将装有冷冻母乳的容器放在盛有温水或凉水的盆里解冻，着急用时，可用流动的水冲。解冻后的母乳需在3小时内尽快食用，而且不能再进行冷冻。

乳房过小与哺乳有关系吗

乳房小的妈妈常常担心她们的乳房不能产生足够的乳汁，其实，这种担心是没有根据的。

因为泌乳主要与催乳素的多少有关。催乳素在女性怀孕后开始迅速增加，到分娩时达到高峰。大量的催乳素可直接作用于乳腺的泌乳细胞膜上，激活该细胞膜上的一些酶，与雌激素和孕激素联合作用，刺激乳腺生成泌乳细胞并分泌乳汁，最后通过乳腺管排出。

可见，乳房分泌乳汁的多少主要与体内催乳素的含量和乳腺泌乳细胞的多少有关，而乳房小并不意味着乳腺泌乳细胞的数目也少。

乳房小不代表乳汁少

乳房大小与分泌的乳汁没有关系，关键在于女性体内的催乳素多寡。

青春期乳房过小绝大多数是一种生理现象，不论乳房大小如何，大多能产生足够的乳汁，喂哺婴儿。只有乳腺发育不良、乳腺泌乳细胞数目过少的女性产后乳汁的分泌才会受到一定的影响。

 扁平凹陷乳头的矫正方法

扁平乳头可通过婴儿吸吮来矫正，也可做乳头拉伸练习，用拇指及食指捏住乳头两侧向外做牵拉。

凹陷乳头可通过做乳头十字操来矫正，用两手拇指平放在乳头两侧，慢慢地由乳头两侧向外牵拉，随后拇指平放在乳头上下侧，上下纵行牵拉，牵拉乳晕及皮下组织，目的是拉断使乳头凹陷的纤维组织，使乳头向外突出。

乳头的清洁	▶	将温热的毛巾敷在乳头上，大约5分钟后，取下毛巾，擦干
	▶	在乳头上滴上一滴橄榄油
	▶	用湿毛巾或者是手指轻轻搓揉乳头，污垢很快就会清洁掉

一只乳房奶胀、另一只乳房奶少的原因

有些新妈妈常常出现一只乳房奶水充足，而另一只较少的情况。这多是因为母亲往往喜欢让宝宝先吮奶胀的一侧乳房，当吮完这一侧乳房时，宝宝大多已经饱了，不再吮另一侧乳房，这样，奶胀的一侧乳房因为经常受到吸吮

如何缓解一只乳房奶胀，另一只乳房奶少

出现一只乳房奶胀、另一只乳房奶少的情况应该怎么办呢？方法是：每次哺乳时，先让婴儿吸吮奶少的一侧，这时因为宝宝饥饿感强，吸吮力大，对乳房刺激强，奶少的那一侧乳房泌乳会逐渐增多。大约5分钟后，宝宝可以吃到乳房中大部分的乳汁，然后再吃奶胀的一侧。这样两侧乳房的泌乳功能就会逐渐变得一样强。

的刺激，分泌的乳汁越来越多，而奶水不足的一侧由于得不到刺激，分泌的乳汁就会越来越少。久而久之，就会出现乳房一边大一边小、一边胀一边不胀的情况，断奶以后也难以恢复。

出现这种情况，不仅对妈妈不利，对宝宝也是不好的。宝宝长期只吃一侧乳房的乳汁，时间长了，会造成偏头、斜颈、斜视，甚至宝宝的小脸蛋也会一边大一边小，后脑勺一边凸一边凹，这对宝宝的健康十分不利。

乳房里充满了乳腺组织，奶水从乳腺中产生后，通过分泌腺流向中间，聚积在好几个乳窦中。这些乳窦，或者叫作储藏室，都环绕在乳晕的后面。每一个乳窦都有一根很短的导乳管把奶水引向乳头，因此，乳头上有多个孔眼。宝宝吸吮的时候，他把大部分或者全部的乳晕含在口中，通过牙床对乳晕部位的挤压，把乳窦中的奶水通过乳头挤入口中。宝宝的舌头在吸吮中发挥的作用不大，它只是保证使乳晕部分含在口中，同时，把吸出来的奶水从口腔的前部带向咽喉。

母亲在哺乳的过程中，喂奶的次数和时间安排要有规律，做到定时哺乳和两侧乳房轮流哺乳，这样能够防止两侧乳房的不对称。每次哺乳的时间以10～15分钟为宜，要平均分配给两侧的乳房。

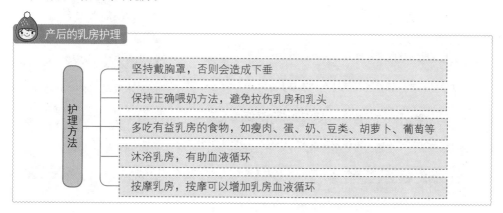

产后的乳房护理

护理方法

- 坚持戴胸罩，否则会造成下垂
- 保持正确喂奶方法，避免拉伤乳房和乳头
- 多吃有益乳房的食物，如瘦肉、蛋、奶、豆类、胡萝卜、葡萄等
- 沐浴乳房，有助血液循环
- 按摩乳房，按摩可以增加乳房血液循环

哺乳期感冒能否喂奶

感冒是常见病，产褥期妇女容易出汗，又加上抵抗力弱及产后的忙碌，很容易患感冒。许多产妇不敢吃药，怕影响乳汁的成分，对孩子不利，又怕把感冒传给孩子，这要怎么处理呢？

如果乳母感冒，不伴有发高烧时，就应多喝水，多吃清淡易消化的食物，服用感冒冲剂、板蓝根冲剂等药物，同时最好能找到其他人帮助照看孩子，自己多抽点时间来睡眠休息，照样可以哺乳孩子。由于近距离接触孩子，给孩子喂奶时可戴上口罩。刚出生不久的孩子自身有一定的免疫力，不用过分担心会将感冒传给孩子而不敢喂奶。

> **感冒期间喂奶要谨慎**
>
> 哺乳期的妇女一般来说，身体都比较虚弱，因此一定要注意防寒保暖，否则，一方面会影响宝宝的哺育，另一方面也很容易留下月子病。

如果感冒后伴有高烧，产妇不能很好地进食，十分不适，应到医院就医，医生常常会建议输液，必要时使用对乳汁影响不大的抗生素，同时仍可服用板蓝根、感冒冲剂等药物。

高烧期间，可暂停母乳喂养1~2日，停止喂养期间，还要常把乳房乳汁吸出，以保证继续泌乳。产妇本人要多饮水或新鲜果汁，好好休息，病情一般都会很快好转。

妈妈经过生产，身体一般来说会比较虚弱，需要较长一段时间的恢复，尤其是月子期间，如果坐月子不当，很容易落下病根，免疫力也会跟着下降，感冒的概率也就会越来越大。因此，妈妈们在生产过后，一定要好好修养，在带宝宝的同时，也要照顾好自己，不要让自己过于劳累，也不要干太多的活。

哺乳期感冒的预防

★注意保暖，谨防着凉感冒。

★家中要时常通风换气，保持空气清新。

★生活规律，不能过于劳累，适度运动，增强抵抗力。

★流感季节，不要到人多密集的地方，以防感染。

★饮食清淡，多喝水，多吃蔬果。

哺乳期妈妈缓解感冒的缓解方法

★ 热水烫脚、生吃大葱。

★ 盐水漱口、冷水浴面。

★ 按摩鼻沟。

★ 可乐煮姜。

★ 酒擦身。

肝炎产妇可不可以给婴儿喂奶

肝炎产妇能否与新生儿同室，能否给婴儿喂奶，这是众多肝炎产妇较为关心的一个问题。

能否母婴同室取决于母亲是否会将疾病传染给新生儿。如母亲在肝炎急性期或慢性急性发作期，就不能与新生儿同室。肝炎恢复期或肝炎病毒携带的产妇一般可实行母婴同室。

能否母乳喂养应视具体情况而定。孕妇感染甲肝病毒后，体内很快产生甲肝抗体，至今没有在甲肝产妇乳汁中发现甲肝病毒。我国某地戊肝流行时，戊肝母亲用乳汁喂养婴幼儿未见感染发病，说明戊肝病毒不经母乳传播。

乙肝三项阳性的母亲不宜喂奶。如果母亲乙肝表面抗原、乙肝e抗原、乙肝核心抗体均阳性，其乳汁中含有乙肝病毒，因此不宜给婴儿喂奶。

虽然我国部分地区对新生儿接种乙肝疫苗，但第二次疫苗是在出生后的6个月接种，因此，并不是接种乙肝疫苗后即对乙肝病毒有了完全免疫力。这个时候吃了含乙肝病毒的母乳可能会感染乙型肝炎。如果坚持要喂母乳，则应给婴儿注射乙肝高效免疫球蛋白。

研究表明，丙肝产妇和丙肝抗体阳性产妇的乳汁中存在丙肝病毒的可能性较小，可以给婴儿喂奶。

肝炎产妇的唾液中存在肝炎病毒，故产妇不可口对口给孩子喂食，并要注意消毒隔离。

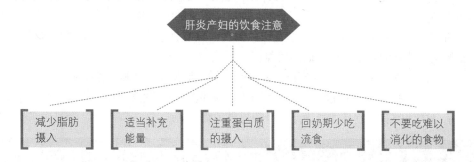

肝炎产妇的饮食注意

| 减少脂肪摄入 | 适当补充能量 | 注重蛋白质的摄入 | 回奶期少吃流食 | 不要吃难以消化的食物 |

肝炎患者怀孕前的准备

◇体检，怀孕前最好做一个全面体检，尤其是肝功能项目，才能够顺利怀孕。

◇听取医生的建议，肝炎患者能不能怀孕，此时最好咨询医生，给自己做一个身体调整。

◇调整身心。一定要保持一个好的心态，心情愉悦才有利于治病。

◇尽早预防。有些肝炎可以通过母婴传播，因此，要及早预防，以防孩子患上肝炎。

可以穿着工作服喂奶吗

母亲下班后，看到可爱的宝宝，不要急着喂奶，要先把工作服脱掉。因为工作服是劳动或工作时穿着的衣服，很多工作服含有化学毒性物质或带有病菌。

如果穿着工作服给孩子喂奶，可能会使孩子的手无意中沾染上脏的东西。如果孩子有吸吮手指的习惯，就会把手上的脏东西吸到嘴里，那样很容易发生肠道疾病或中毒。

所以，上班的妈妈一定不要穿着工作服给宝宝喂奶。

穿工作服不宜喂奶

工作服上有很多细菌，很容易带给孩子，给孩子造成伤害。

 ## 母亲偏食会影响乳汁的营养

一般情况下，新生儿出生前，母亲能摄取各种营养物质并储存起来，供婴儿出生后一段时间的需要。因此，新生儿不需要添加维生素。

但是，如果母亲偏食，就会使自身营养成分不全面，那么喂养的新生儿可能会有维生素缺乏症。这时，就有必要给新生儿加服一定量的维生素。

所以，如果打算母乳喂养，母亲切忌偏食，只有日常注意多吃些蔬菜和水果，荤素菜搭配，才能使孩子获得全面的营养。

为了能够充分的补充这些营养元素，产妇就不能挑食，否则就会影响到母乳的质量。一般产妇每天应吃粗粮一斤，牛奶半斤，鸡蛋两个，蔬菜一斤，水果半斤，油一两，适量的肉类和豆制品才能满足自身和母乳的需要。

哺乳期妈妈的饮食禁忌	
禁忌	食物
宜多食	绿叶蔬菜、酸奶酪、瘦肉、鱼类、大豆、豆腐、小米、燕麦、大麦、小麦等
忌食	腌制的鱼、肉，茶、咖啡、酒、花生、坚果、海鲜类、辛辣等
不可多食	胡椒、酸醋、味精、巧克力、油炸食物等

人工喂养

新生儿的人工喂养，一种是因为妈妈还没有开奶，一种是因为妈妈无法哺乳而直接喝配方奶粉。在人工喂养新生儿的时候，首要的是选择好奶粉以及喂奶工具。对于新生儿来说，要选择适合宝宝的奶粉，如果在喂奶过程中宝宝不适应，则要中断喂养，另选其他奶粉。

不宜母乳喂养的情况

母亲患以下几种常见疾病时，不宜或应暂时停止母乳喂养，如不加以注意，会给婴儿带来不良后果。

（1）乳房疾病。患有严重的乳头皲裂、急性乳腺炎、乳房脓肿等，应暂时停止哺乳。

（2）感染性疾病。患上呼吸道感染伴发热，产褥感染病情较重者，或必须服用对孩子有影响的药物者，以及在梅毒、结核病活动期，也不宜哺乳。

（3）心脏病。Ⅲ~Ⅳ级患者或孕前有心衰病史者不可哺乳。此类患者哺乳极易诱发心力衰竭，可危及生命。心功能Ⅰ、Ⅱ级伴有心功能紊乱的患者，必须在纠正心功能紊乱后才能进行母乳喂养。

（4）病毒感染。目前常见的肝炎分为甲肝和乙肝。甲肝是一种较多见的传染病，此类患者在急性期应暂停母乳喂养。可每日将乳汁吸出，以保持乳汁的持续分泌，待康复后开始哺乳。乙型肝炎单纯表面抗原（HbsAg）阳性者不必禁止母乳喂养，大三阳者因传染力强，不应母乳喂养。如确诊已受到艾滋病病毒（HIV）感染，原则上也不宜母乳喂养。

（5）肺结核。对于患有活动性（传染期）肺结核的产妇娩出的婴儿，应当立即接种卡介苗，并与母亲隔离6~8周，不能母乳喂养。这样既可以减少产妇的体力消耗，又能避免传染婴儿。

（6）癫痫病。由于抗癫痫药对婴儿危害较大，故多主张禁止母乳喂养，但小发作或用药量少的，也可母乳喂养。

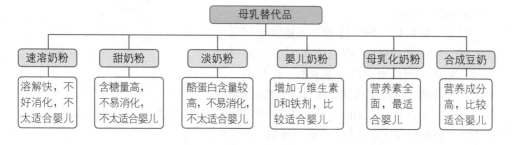

为什么有的宝宝不能喝奶

　　母乳是宝宝最好的食品，牛奶或奶粉是母乳的最佳替代品。然而有的宝宝却不能喝母乳或牛奶，喝了以后，会出现腹胀、腹痛、腹泻等不适应的症状。

　　这样的宝宝体内缺乏乳糖酶，这种情况被称为乳糖不耐受症，有乳糖不耐受症的宝宝不能喂母乳或牛奶，只能喂其他代乳品。

孩子拒绝吃奶的原因

★ 吃多了。

★ 原来的奶嘴和奶瓶已经不再适合，需要更换新的。

★ 生活环境发生了变化。

★ 刚刚接种过百白破疫苗。

★ 厌倦了一种奶粉的口味。

★ 辅食调价不当，消化不良。

★ 妈妈情绪不良，传染给宝宝。

能用豆浆代替牛奶吗

　　豆浆是一种高蛋白食品，含有较多的必需脂肪酸，所含B族维生素和铁均高于牛奶。而且，豆浆中含有大豆的许多营养成分，但是所含的纤维素和植酸很少，这一点牛奶又比大豆好。

　　所以，如果宝宝有乳糖不耐受症，可以用豆浆代替牛奶来喂。

　　不过豆浆的含钙量比牛奶少，所含的维生素D也很少。用豆浆喂的孩子，需要另外补充适量的钙和维生素D。

　　但是，妈妈们一定要注意，如果宝宝可以喝牛奶，就不要用豆浆来替牛奶。从营养成分来说，两者之间的蛋白质和氨基酸、维生素、

豆浆不能代替牛奶

豆浆也可以代替牛奶，但是，需要额外给宝宝补充钙质和维生素D。

微量元素等的含量都不相同。从母乳的接近程度来说，牛奶的成分最接近母乳，也是除母乳外最适合婴儿食用的食品。此外，豆浆也不能摄入过量，因为任何高营养的食物摄入过量都对身体都是没有任何好处的。

哺乳期妇女应注意补铁

我国成年妇女每日需要铁15毫克，孕期及哺乳期需18毫克。

一般膳食每日可以供给15毫克左右的铁，但人体只能吸收其中的1/10，其余来自对破坏后红细胞中铁的再利用。妊娠由于扩充血容量及胎儿需要，约半数孕妇患缺铁性贫血，分娩时又因失血丢失约200毫克的铁，哺乳时从乳汁中又要失去一些，所以产后充分补铁是很重要的。

补铁食物

哺乳期妇女应多吃的补铁食物：动物的肝（肾）脏及血制品、鸡胗、黑木耳、大枣、牡蛎、海藻、豆类、干果、桃、瘦肉、芝麻、红糖、蛋黄、谷物、荠菜叶、芦笋、菠菜、燕麦、蜂蜜等。

食用含铁多的食物时，最好不要同时服用含草酸或鞣酸高的菠菜、苋菜、鲜笋或浓茶，以免结合成不溶解的盐类，妨碍吸收。

 ## 哺乳期妇女应注意补钙

在我国，正常人平均每日需补充钙600毫克；孕期则大大增加，每天需1500～2500毫克；哺乳期更多，每天需2000毫克。调查表明，我国孕妇在妊娠晚期几乎全部缺钙。

100毫升的乳汁中含钙34毫克，如果每日泌乳1000～1500毫升，就要失去500毫克左右的钙。缺钙的问题如果得不到解决，轻者肌肉无力、腰酸背痛、牙齿松动，重者会出现骨质软化变形。

食物是钙的主要来源，很多食物中都含有丰富的钙，乳类、豆类及豆制品含钙较多，虾皮、海带、发菜、紫菜以及木耳、口蘑、银耳、瓜子、核桃、葡萄干、花生米等，含钙也比较丰富，鸡、鱼、肉类含钙较少。

值得注意的是，含钙多的食物不能与含草酸多的蔬菜同时煮食，否则钙质会被结合成草酸钙，不能被人体吸收。菠菜、韭菜、苋菜、蒜苗、冬笋等含草酸多，因此这些食物都不能与含钙多的食物一起烹饪。

进行日光浴时注意事项

▶ 不要让阳光直射在头部和脸部，要戴上帽子遮阳，特别要保护眼睛

▶ 晒太阳时，要尽量暴露皮肤，不要隔着玻璃晒，因为紫外线不能透过玻璃

▶ 日光浴后要用干毛巾或纱布擦干汗渍，换件内衣

▶ 再喂以白开水或果汁，以补充水分。喂完奶后给婴儿喂开水或果汁，以补充水分

▶ 天气不好和生病时要停止，中间停顿时应恢复2～3天，待婴儿身体习惯后再开始

哺乳期妇女应注意补碘

哺乳妇女的碘对于婴幼儿的大脑发育十分重要。乳腺具有浓集碘的能力，可以保证婴幼儿摄取到足量的碘，这体现了母亲对婴儿的保护功能，这也是提倡母乳喂养的根据之一。碘的作用是能量代谢，促进胎婴儿等机体增长、体重增加、肌肉增长和性发育，促进神经细胞的增殖、迁移、分化和细胞的髓鞘化。

如果哺乳期供碘不足，初期由于乳腺浓集碘而优先保证了婴儿的碘供应，而后母亲自身就会缺碘。随着缺碘时间延长，乳汁中碘含量越来越少，最终造成婴幼儿碘缺乏，从而影响婴幼儿的大脑发育以及全身的生长发育。

哺乳期妇女更应该注重矿物质的摄入

铁 钙 碘

哺乳期的妇女可以多吃含碘量高的食物，如海带、虾、紫菜、发菜、海蜇、海参、苔菜、蟹、贝类、柿子等。

未采用母乳喂养婴儿的父母尤其要注意对孩子碘的补充。还应注意，婴幼儿与其他人群不同，他们每日对碘的摄入量应大于排出量，这样才能满足其甲状腺储备碘要逐渐增加的需求。

一个足月婴儿的碘摄入量至少为15微克/千克/日，早产儿应为30微克/千克/日。为达到这一水平，理论上乳汁中碘含量对足月婴儿来说应为100微克/升，对早产儿应为200微克/升。

根据这些数据，世界卫生组织等国际组织推荐婴幼儿的每日碘摄入量为：0~1岁为50微克，2~6岁为90微克；哺乳妇女同孕妇一样每日碘摄入量应高于200微克。

婴幼儿每日碘的摄入量		
年龄	日摄入量	乳汁中的含量
足月婴儿	15微克/千克/日	应为100微克/升
早产儿	30微克/千克/日	应为200微克/升
0~1岁	50微克	应为100微克/升
2~6岁	90微克	从食物中摄取

哺乳期奶胀的处理

如果母亲不经常为婴儿哺乳，或哺乳的方法不适当，就会出现奶胀的情况。奶胀是乳房内血液、体液和乳汁积聚所致，一般多发生在产后3~4天，最早可在产后24小时就出现胀奶。

奶胀通常表现为：乳房膨胀，摸之较硬、触痛，但一般不会发烧，即使体温上升，也不会太高。乳房过胀持续1~2天就会自然消退，乳腺也就会分泌乳汁。

发生奶胀该如何处理呢?

首先，要做到多让孩子吸吮而且要正确吸吮。哺乳前可以用毛巾热敷乳房3~5分钟，然后轻柔地按摩乳房，可用手或吸奶器挤出足够的乳汁，使乳晕部变软，以利于婴儿正确含吮乳头和吮吸乳汁。如果吸不完，可以挤出多余的乳汁。

妈妈涨奶要正确处理

如果涨奶异常，疼痛难忍，一定要及时就医，以防出现乳腺炎。

其次，哺乳后要戴大小适合的胸罩，将乳房托起，减少乳房坠胀感，改善其血液循环。再次，按摩乳房：露出一侧乳房，用纱布包住乳头来吸收流出的乳汁。手上均匀地擦上爽身粉，然后放在乳房的根部，按照顺时针方向进行按摩，每次进行1~2分钟。

如果乳房胀痛明显，并伴有持续体温超过38℃以上、乳腺局部有红肿、头痛等症状，就应注意有患乳腺炎的可能，应及早就医。

冷敷法通奶

此外，用冷敷法也可缓解乳房胀痛。当乳汁分泌较多，乳腺管尚不十分通畅时，冷敷法是安全快速的治疗方法。用冷水或冰水敷在乳房的周围，可以止痛，并暂时收缩血管，减少乳汁的分泌，为乳房按摩或挤奶赢得时间。

中药通奶

一些中药也可以散结通乳，如柴胡6克，当归12克，王不留行9克，漏芦9克，通草9克，水煎服。实践证明，这些中药可以改善乳汁积聚引起的乳房胀痛。

产后漏奶怎么办

有的产妇产后不久，在未经外界的挤压和刺激下乳汁会自动流出，民间俗称漏奶。漏奶是指乳房不能储存乳汁、随产随流的意思。医学上称为产后乳汁自出，属于病理性溢乳，需要治疗。

漏乳不但使婴儿得不到母乳喂养，还会给产妇带来很多苦恼。产妇常常穿不上干净的衣服，还容易感冒，有的产妇因气血旺盛，乳汁生化有余，乳房充满，盈溢自出，这不属病态，产妇应当分辨清楚。产后乳汁自出的原因，多为气血虚弱、中气不足，不能摄纳乳汁而致乳汁自出；或因产后情绪不畅、过于忧愁、思虑、悲伤，使肝气抑郁，肝经火盛，使乳汁外溢。其防治方法应根据病因而有所不同。

若属气虚不固者，宜加强食疗，可选用补气益血固摄的药膳。如芡实粥、扁豆粥、人参山药乌鸡汤、黄芪羊肉粥、黄芪当归乌鸡汤等。

若属于情绪不畅、乳汁自出者，产妇尤其应当注意调整情绪，应慎怒，少忧思，断欲望，避免各种刺激因素等。

凡乳汁自出者，除求医治疗外，还应当注意勤换衣服，避免湿邪浸渍。冬天可用2～3层厚毛巾包扎乳房，或用牡蛎粉均匀地撒于两层毛巾中间，药粉厚如硬币，包扎在乳旁，可以起到吸湿的作用。

若乳汁自出，经治不愈，应采取有效方法回乳。

乳汁自出食疗方法四例

香附益母粥
◎米60克，益母草12克，香附子9克，芡实18克，用纱布包好，煎汤后去渣，入米煮粥服食，每天一次，3～5天为一疗程。

鸡汤
◎母鸡一只，煮成白汤，用此鸡汤，加水，加入当归10克，芡实5克，煎汤饮下。

莲子郁金汤
◎莲子18克，郁金、柴胡各9克，共煮汤服用，每天一次，连服数日。

红枣汤
◎米50克，枣20枚，党参10克，煎成米汤饮下。适用于乳汁自出，量小清淡，乳房不胀，面白，少气懒言，心悸气短，舌淡，少苔的患者。

产后漏奶措施

1 保持心情愉快

2 佩戴合适的乳罩

3 用防溢乳垫将乳汁隔离

4 减少对乳房的刺激

5 乳胀时，及时将乳汁吸出

不要用奶瓶喂奶喂水

在哺育婴儿时，有时会出现一种比较反常的现象，孩子虽然很饿，但是不愿吸吮母亲的乳头，刚吸一两口就大哭不停。这样的孩子往往都使用过橡皮奶头。这种现象医学上称为"奶头错觉"。

因为用奶瓶喂养与母亲哺乳相比，婴儿口腔内的运动情况是不同的，用奶瓶喂养时，橡皮奶头较长，塞满了整个口腔，婴儿只要用上、下唇轻轻挤压橡皮奶头，不必动舌头，液体就会通过开口较大的橡皮奶头流入口内。

而吸吮母亲乳头时，婴儿必须先伸出舌头，卷住乳头拉入自己的口腔内，使乳头和乳晕的大部分形成一个长乳头，然后用舌将长乳头顶向硬腭，用这种方法来挤压出积聚在乳晕下（乳窦中）的奶汁。

新生儿不要用奶瓶喂奶

如果宝宝适应了奶瓶，或许就不想吸吮乳头了，因此，尽量不要让新生儿用奶瓶。

也就是说，用奶瓶吃奶，宝宝比较省力气。如果宝宝习惯了奶瓶和奶嘴，就会对母乳没兴趣了。因此，年轻的母亲一定要注意，不要用奶瓶或橡皮奶头给孩子喂奶喂水。

有些宝宝不愿意衔奶头，此时，妈妈应当鼓励宝宝正确地衔住乳头。母亲可以用乳头逗引婴儿的下唇，让婴儿张大嘴巴，等到他的嘴巴张到最大的时候，迅速地将乳头放到他的嘴里，压在舌头的上方。

 不要过早用橡皮乳头

小宝宝是很聪明的，连吃奶都知道选择不费力气的方式。橡皮奶头和人的乳头无论在形状、质地及吸吮过程中口腔内的动作都截然不同：吸吮橡皮奶头省力，容易得到乳汁；而乳房必须靠有力的吸吮刺激才能促进泌乳和喷乳。没开奶前用奶瓶喂了宝宝，宝宝就不愿意再用费劲的方式吸吮母乳了。如果婴儿拒绝吸吮母亲的乳头，就会严重地影响母乳喂养的顺利进行。

让宝宝用奶瓶喝水的弊端

宝宝长牙后会啃咬奶嘴，容易导致奶水渗透到牙齿根部，引起发炎或其他牙病，家长要及时让宝宝学会用水杯喝水。

给新生儿调配奶粉不宜太浓

新生儿出生后，由于种种原因，有些家庭会采用人工喂养方式，用全脂奶粉喂哺。需要注意的是，给新生儿吃的奶粉需要适当稀释，不可以调得太浓。

奶粉为什么要稀释呢？原因有以下几个。

1.避免新生儿吸收过多钠离子

因为全脂奶粉或强化奶粉中都含有较多的钠离子，如果不稀释，就会使新生儿钠摄入过多，而钠摄入过多对新生儿的健康有影响。

2.适合新生儿的肠胃

强化奶粉中由于补充了维生素和牛奶中容易缺少的元素，只有加以稀释，新生儿的肠胃才能适应。

3.减轻内脏负担

新生儿的内脏功能还没完全成熟，喂新生儿浓奶，会使他小小的肾脏负担加重，有时还会引起婴儿轻度脱水。

4.好消化

奶粉中的蛋白质不如母乳好消化，而新生儿的消化能力比较差。如果奶粉过浓，新生儿就会难以消化而影响健康，而且总喂给新生儿浓奶，会使新生儿产生厌奶情绪，所以一般说来，奶粉袋或罐上都写有奶粉的使用方法和比例等，要按说明去做即可。

一般奶粉和水的比例是1：60或1：30，也可以根据奶粉包装袋上的说明来调配，不能随意改变浓度。奶水浓度过浓或过稀，都会影响宝宝的健康。如果奶粉浓度过高，幼儿饮用后，会使血管壁压力增加，胃肠消化能力和肾脏的排泄能力难以承受，发生肾功能衰竭。如果奶粉浓度太稀，会导致蛋白质含量不足，引起营养不良。

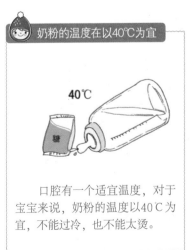

奶粉的温度在以40℃为宜

40℃

口腔有一个适宜温度，对于宝宝来说，奶粉的温度以40℃为宜，不能过冷，也不能太烫。

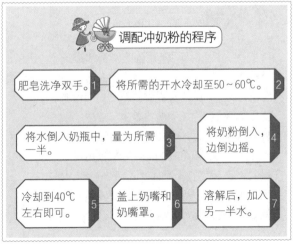

调配冲奶粉的程序

肥皂洗净双手。 1 — 将所需的开水冷却至50～60℃。 2

将水倒入奶瓶中，量为所需一半。 3 — 将奶粉倒入，边倒边摇。 4

冷却到40℃左右即可。 5 — 盖上奶嘴和奶嘴罩。 6 — 溶解后，加入另一半水。 7

新生儿吐奶怎么办

新生儿吐奶一般是由于吃奶时吸入了空气。对常常吐奶的孩子要少喂一些，喂奶以后要把宝宝抱起来，使婴儿上半身直立，趴在大人肩上，然后用手轻轻拍打孩子背部，直到孩子打嗝将胃内所含空气排出为止。然后再轻轻把孩子放在床上，枕头略垫高一些，让宝宝保持向右侧卧的姿势，因为右侧卧位胃的贲门口位置较高，幽门的位置在下方，乳汁较容易通过胃的幽门后进入小肠，这样可以减少吐奶。

新生儿会经常吐奶

如果宝宝吐奶次数过多，且吐出物异常，则可能是生病了，要及时就医。

这种吐奶是正常生理现象，不必太担心。随着年龄的增长，宝宝身体不断发育，以后就不会吐奶了。

如果宝宝吐奶频繁且呈喷射状，吐出的除了乳块还伴有黄绿色液体及其他东西，那就是生病了，要及时到医院检查。

 # 人工喂养注意事项

人工喂养宝宝，应该注意以下几点。

（1）吃牛、羊奶时，一定要加糖，因牛、羊奶中糖的含量较少，不能供给婴儿足够的热量，一般在500克奶中加25克糖为宜。

（2）鲜奶要煮开后再吃，这样既消毒又可使奶中的蛋白质容易吸收。

（3）每次喂奶时，都要试试奶汁的温度，不宜过热或过凉，可将奶汁滴几滴在手背上，以不烫手为宜。

（4）以牛奶为主食的婴儿，每天喝牛奶不得超过1千克。超过1千克时，大便中会有隐性出血，时间久了容易发生贫血。

（5）奶头的开孔不宜太大或太小，太大奶汁流出太急，可引起婴儿呛奶，太小婴儿不易吸出。喂奶时，奶瓶应斜竖，使奶汁充满奶头，以免婴儿吸入空气而引起吐奶。

人工喂养的弊端 ─┬─ 容易引起便秘、大便干燥
　　　　　　　├─ 容易造成消化不良
　　　　　　　└─ 容易使宝宝体质差

新生儿喂鲜奶的量

牛奶脂肪颗粒粗大，不易消化吸收，容易被细菌污染，而且牛奶中不含预防感染的白细胞和抗体，人工喂养的婴儿较易得腹泻及呼吸道感染。新鲜的牛奶中蛋白质的含量偏高，各种营养成分的比例不合理，不易于宝宝的消化和吸收，而且过多的服用新鲜牛奶还会导致宝宝体内缺少牛磺酸。

凡给新生儿喂养牛奶，必须加水稀释后才能喂食。一般一两周内的新生儿宜用2～3份牛奶加1份水；三四周小儿宜用3～4份牛奶加1份水；满月以后小儿不宜加水，可喂全奶。此外，喂牛奶可适当补充糖水和果汁。

新生儿不能喝酸奶

虽然酸奶具有较高的营养价值，但对新生儿是不合适的。这是因为酸奶中含有乳酸，这种乳酸会由于新生儿肝脏发育不成熟而不能将其处理，其结果是乳酸堆积在新生儿体内，而乳酸过多是有害的，所以新生儿不能长期用酸奶喂养，只能作为临时性喂养。

羊奶的营养价值是非常高的。它与牛奶的营养价值近似，但所含维生素B_{12}、叶酸量不足，长期喂羊奶不加辅食易发生营养性贫血（巨幼红细胞型贫血），如及早添加辅食就可以避免。

凡给新生儿喂哺羊奶，必须稀释后再喂。出生后不到一周的婴儿，羊奶与水的比例为1：3，也就是1份羊奶3份水；出生后三四周的婴儿为1：2；两三个月的婴儿为1：1；以后水量可逐渐减少，待婴儿长到7个月后就可以喝全奶了。

喂羊奶时，必须将羊奶煮沸，在饮用时加入适量的糖，但不可加得太多，糖太多会使孩子腹泻。

鲜奶会增加新生儿胃肠道和肾脏负担，特别是新生儿及月龄较小的婴儿，最好不要服用鲜奶。配方奶粉在加工过程中对牛奶的成分进行了改造。调整了蛋白质含量及组成。加入了牛磺酸、不饱和脂肪酸以及各种维生素和微量元素，其成分更接近人乳，更合适新生儿食用。因此，在选择喂奶时，尽量还是少选择鲜牛奶。

宝宝每天应喂几次奶	
一周内	每日喂7～8次
8～14天	每日喂7次
15～28天	每天喂6次
1～2个月	每日可喂5～6次
3～6个月	每日可喂5次

如何进行混合喂养

当发现母乳喂养婴儿吃不饱时，就须加喂代乳品，如牛奶、羊奶、奶粉等，这个方法就是通常说的混合喂养法。采用此法喂养应注意以下两点。

应让孩子尽可能多吃母乳。每次应先喂母乳，让婴儿把乳汁吸完后，再喂代乳品。因为婴儿往往吃代乳品时吃得快、吃得香，而吃母乳时却不高兴，不是哭闹就是睡觉，使乳房不能排空，影响乳汁分泌，母乳会因此而越来越少。

另外，混合喂养最好不要一顿全部吃母乳，另一顿全部吃代乳品。如果因为某些原因母亲不

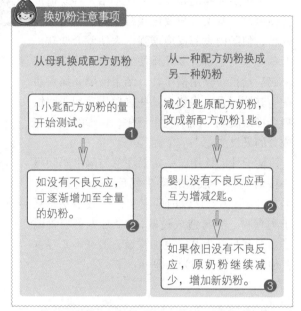

换奶粉注意事项

从母乳换成配方奶粉

1小匙配方奶粉的量开始测试。　**1**

⬇

如没有不良反应，可逐渐增加至全量的奶粉。　**2**

从一种配方奶粉换成另一种奶粉

减少1匙原配方奶粉，改成新配方奶粉1匙。　**1**

⬇

婴儿没有不良反应再互为增减2匙。　**2**

⬇

如果依旧没有不良反应，原奶粉继续减少，增加新奶粉。　**3**

能按时给婴儿喂奶时，可用代乳品代替一次，但一天内用母乳喂哺不能少于3～4次，次数过少也会影响乳汁的正常分泌。

代乳品不能配得太甜。宝宝吃惯了比较甜的代乳品，就会觉得母乳淡而无味，不愿吃母乳。另外，橡胶奶嘴的孔不要过大，婴儿吃惯了容易吸吮的奶头，就不愿吃母乳了。

不同年龄阶段的宝宝，所需要的奶粉配方是不一样的。通常宝宝的年龄阶段可以划分为半岁以内，半岁至一岁以内，1～2岁，2岁以上等。宝宝在生长期，不同年龄阶段的宝宝消化吸收能力不一样，所需要的营养比例也不一样，所以在选择奶粉的时候要根据宝宝的成长需要来选择合适的奶粉。

现在的奶粉成分基本都很接近母乳的成分，只是在少数成分和数量上有所区别。根据国家标准，半岁以内的奶粉中，蛋白质的含量必须满足12～18克/100克，3岁以下的婴儿奶粉中蛋白质的含量要达到15～25克/100克。乳清蛋白和酪蛋白的比例为6：4是蛋白质的最佳比例，也是最接近母乳成分的。

母乳的保存方法

1 若是母亲上班工作，不便按时哺乳，则可进行混合喂养。

2 母亲最好仍按哺乳时间将乳汁挤出或用吸乳器将乳房吸空，以保证下次乳房充分泌乳。

3 吸出的乳汁在可能的情况下，放置在冰箱中或其他凉爽的地方，注意清洁卫生，煮沸后仍可喂哺。但要注意乳汁挤出后存放时间一般不要超过30分钟。

喝完牛奶后不宜给婴儿喂橘子汁

用牛奶喂养的婴儿，大便干结，容易造成排便困难。其实，只要酌量减少奶量，增加一些糖，使肠内发酵反应增强，大便就会变软。有些母亲为了解决婴儿排便的困难，就在喝完牛奶后给孩子饮用橘子汁，结果使婴儿面黄肌瘦。其原因是，牛奶中某些蛋白质遇到弱酸饮料会形成凝块，既不利于消化，也影响其营养成分的吸收。

橘子汁的饮用，一定要注意与喝牛奶间隔一段时间，一般应在喝牛奶后一小时为宜。另外注意，6个月以内的宝宝，一般不要吃橘子类食物，容易造成过敏，7个月方可喂食橘子。尤其是新生儿，更加娇嫩，最好不要喂食其他食物，以牛奶为主即可。

喝奶后不宜喂橘子汁

宝宝的辅食添加具有一定的规律，不能随意添加，对于4个月以内的宝宝，几乎不用添加任何辅食，尤其不能在喂奶后立刻给宝宝喂橘子汁。

 ## 给新生儿喂糖水的注意事项

新生儿期若是母乳喂养，两次哺乳间不需要给新生儿喂糖水。因为母亲奶水里含有足够小儿生理需要的糖和水分。即使是炎热的夏天，母亲的奶水也可以为孩子解渴，而不需要再给孩子喝水。如果一定需喂水，可用小匙喂少量的白开水，切忌用奶瓶喂，尤其是在出生后头几天。

新生儿若是人工喂养，也不能服用高浓度糖的乳和水。配制的牛奶、奶粉，一定要按比例放糖，千万不要放糖太多。

新生儿吃高糖的乳和水，易患腹泻、消化不良，以致发生营养不良。另外，还会使坏死性小肠炎的发病率增加，这是因

新生儿喂糖水要谨慎

新生儿不能喂过多的糖水，否则可能会导致营养不良。

为高浓度的糖会损伤肠黏膜，糖发酵后产生大量气体造成肠腔充气，肠壁不同程度积气，产生肠黏膜与肌肉缺血坏死，重者还会引起肠穿孔。临床可见腹胀、呕吐，大便先为水样便，后出现血便。所以，父母一定要注意这个问题。

为什么要给小宝宝补充维生素D

宝宝从出生后3~4周起，要每天补充一定量的维生素D制剂。属于以下情况的宝宝，则要从生后2周起就开始添加维生素D，如宝宝属于早产儿、双胞胎、人工喂养儿、冬季出生的新生儿等。

小宝宝为什么要补充维生素D呢？主要是为了预防佝偻病。佝偻病是由于缺乏维生素D而引起骨质发育不良的一种疾病，佝偻病的发病人群主要是婴幼儿，在发病早期患儿易烦躁不安、对周围环境不感兴趣、睡眠不好、夜间惊啼、头部多汗。严重缺乏维生素D时表现为关节或骨骼生长不正常、长牙较慢、肌肉呈现软弱状态、肋骨串珠和鸡胸、腹部膨大、前额凸出、长骨的骨骼增大、O形腿、膝外翻，严重影响其生长发育，所以补充维生素D很重要。

其实人体的皮肤能合成维生素D，不过需要阳光中紫外线的照射。可是1个月内的新生儿太娇嫩，一般很少直接接触到阳光。而且，母乳中也没有足量的维生素D。因此，给宝宝添加维生素D很有必要。

添加维生素D要在医生的指导下进行，否则可能会使宝宝服用过量而造成维生素D中毒，或者相反，因为宝宝服用的维生素D剂量太少而起不到预防佝偻病的作用。

对于因维生素D缺乏性而出现佝偻病的宝宝，家长可以适当地给宝宝服用维生素D。症状较轻者可以每天服用0.5万~1万单位维生素D；重度佝偻病患儿每天口服2万单位维生素D，一个月以后可以改为预防量，即每天口服400单位维生素D。而对于一些出现消化不良、肺炎或肝胆病的患儿，应实施突击疗法，即注射维生素D。根据患儿的病情，可以进行1~4次肌内注射，但是不能多于120万单位。同时，每天还应口服1~3克的钙剂。

维生素D中毒的症状

呕吐	嗜睡
恶心	心律不齐
头痛	抽搐
厌食	高血压
口渴	血清钙
多尿	软组织钙化
低热	肾功能受损

补充维生素D

维生素D在食物的含量很小，一般来说，从食物中摄取的量几乎可以忽略。如果想要补充维生素D，不妨多多晒太阳。

第二章

2~3个月婴儿喂养

2~3个月的宝宝正处于快速的生长发育期，这一时期，不仅宝宝生长变化快，而且进食量明显比新生儿要大。作为父母，应该及时观察宝宝的一举一动，留意宝宝的喜怒哀乐，以便了解宝宝的需求，给宝宝最贴心的照顾。

如果是母乳喂养的宝宝，应该注意调整宝宝的作息习惯，让宝宝的生活变得有规律化。这样不仅照顾宝宝方便，而且还能够让宝宝慢慢习惯有规律的生活。

如果是人工喂养，应该谨慎挑选适合宝宝的奶粉。认真分析奶粉的营养成分，以及宝宝的身体特性。

本章看点

 母乳喂养 ▶

人工喂养 ▶

母乳喂养

母乳喂养的宝宝，在这个阶段，正是宝宝生长发育的关键性时期，妈妈们在生活中应该注意给自己增加营养，以便于宝宝健康成长。同时，也可以慢慢地培养宝宝的一些作息习惯，让宝宝适应一定的作息规律。在喂养宝宝的时候，还应该及时观察宝宝的变化，了解宝宝的需要。

 继续母乳喂养

宝宝这一时期生长发育特别迅速，食量增加。当然每个孩子因胃口、体重等差异，食量也有很大差别。

由于宝宝胃容量增加，每次的喂奶量增多，喂奶的时间间隔也就相应延长了，大致可由原来的3小时左右延长到3.5~4小时。

宝宝的消化器官发育还是不成熟，消化能力也还比较差，但比起新生儿来说，已有了明显的提高。3个月时，宝宝的唾液腺分泌量明显增加，唾液中的淀粉酶也相应多了，消化功能比以前又好了一些。不过，最好还是不要喂健儿粉、奶糊、米粉等含淀粉较多的代乳食品。

对这一阶段的宝宝来说，母乳依然是最适宜的食物，因为母乳能提供宝宝体格、神经发育所需要的热量、蛋白质和脂肪及绝大部分营养成分。因此，妈妈应该尽可能让宝宝多吃母乳。

这一阶段母乳喂养的过程中，要注意提高奶的质量，有的母亲只注意在月子中吃得好，忽略哺乳期的饮食或因减肥而节食，这是错误的。孩子要吃妈妈的奶，妈妈就必须保证营养的摄入量，否则，奶中营养不丰富，直接影响到婴儿的生长发育。

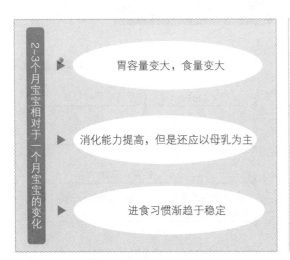

2~3个月宝宝相对于一个月宝宝的变化

- 胃容量变大，食量变大
- 消化能力提高，但是还应以母乳为主
- 进食习惯渐趋于稳定

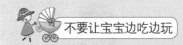

不要让宝宝边吃边玩

满月后，宝宝就已经形成吃奶的规律，所以这段时间，妈妈的哺乳工作会更加得心应手。但需注意的是，不能让宝宝心不在焉、边吃边玩，这样会养成吃奶无规律的习惯。

怎样保证母乳的质与量

2~3个月的宝宝生长发育迅速，食量增加，是脑细胞发育的第二个高峰期，也是身体生长发育的高峰期。这个时期的宝宝应该完全用母乳喂养，母乳的质量对宝宝来说非常重要。不过，妈妈不用担心自己的奶越吃越没营养，而急着要给宝宝添加辅食。只要妈妈在饮食上注意点儿，宝宝完全能从母乳中摄取到所需的营养。

妈妈在饮食方面，应该注意些什么呢?

1.食物要多样，营养全面

要注意食物的合理搭配，如荤素搭配、粗细搭配，食物多样化才能保证妈妈营养摄入全面，授给宝宝优质的乳汁。

2.饮食的营养要丰富

妈妈的饮食原则应该是少食多餐，干稀搭配，荤素搭配。妈妈吃的主食，一定要注意粗细合理搭配，以增加乳汁中的B族维生素；多吃钙、铁含量丰富的食品，如鸡蛋、瘦肉、鱼、豆制品等；多吃维生素含量高的各种新鲜蔬菜和水果；多吃增加热量的食品。

3.多喝些汤类

如鸡汤、鱼汤、排骨汤等，使乳汁量多营养又好。

4.不要挑食或偏食

妈妈要努力改正挑肥拣瘦、偏食的饮食习惯，保证摄入的营养丰富全面。

5.不吃刺激性的食物

如辛辣、酸麻味的食物；少吃盐和盐渍食品；不吃污染食品；不吃烧烤类食品。

在饮食丰富的前提下，母乳的质量才有了保证，另外还要保证有充足的奶量。妈妈的精神状态对泌乳、排乳有很大的影响。只要妈妈的生活规律，睡眠充足，情绪饱满，心情愉快，就会分泌足够的乳汁喂养宝宝。

妈妈应注意营养均衡

只有妈妈的营养摄入均衡了，才能保证宝宝的哺乳，因此，妈妈们一定要注意营养的摄入。

哺乳期妈妈饮食方案原则

荤素搭配，营养全面

粗细兼有，均衡摄取营养物质

多喝汤类，营养进补

不能挑食、偏食

食物中不能有辛辣，刺激性的成分或者不健康的饮食

母亲的嗜好对孩子的影响

这里所说的母亲的嗜好，指母亲吸烟、喝酒、爱喝茶和咖啡、喜欢辛辣调味品、喜欢化妆等。当然，这些并非都是不良嗜好，但是却会对孩子产生不良的影响。下面我们来看看这些嗜好对孩子都有哪些影响。

1.吸烟

婴儿生活在这种环境中，被动吸烟，易患呼吸道感染；由于烟雾中含有铅和镉，婴儿经常呼吸这种空气，生长发育会受到影响。另外，吸烟会影响母亲乳汁分泌量，这当然也会影响婴儿的生长。

2.喝酒

如果母亲喝酒，酒精是会进入母乳的。如果婴儿吃了这种奶，就会"喝醉"。婴儿"喝醉"的表现是深睡眠、多汗、反应迟钝等。

3.爱喝茶和咖啡

茶和咖啡都含有咖啡因类物质，能使人兴奋，睡前喝茶或咖啡会睡不着觉。如果母亲喝这类饮品过多，婴儿又吃了含茶和咖啡的奶，就会过于兴奋。婴儿的兴奋可能不仅是睡不着觉，还可能哭闹，也会突然肚子痛。

4.喜欢辛辣调味品

辛辣调味品包括葱、姜、蒜、辣椒、咖喱、胡椒等。这些味道强烈的调味品也会进入乳汁，对婴儿造成影响。

5.喜欢味精

最应该引起母亲注意的调味品是味精，3个月以内的婴儿，正处于快速生长发育的时期，味精会与婴儿体内的锌元素结合形成谷氨酸锌，随尿排出体外。这会导致孩子缺锌，对婴儿味觉、食欲有所影响，并会使婴儿生长迟缓、智力落后。

6.喜欢化妆

婴儿靠母亲的气味来认识母亲，如果过浓的脂粉味遮盖了母亲的气味，孩子就会因为识别不出自己的母亲而不安，有可能拒食、哭闹、睡眠不好。

在哺乳期的妈妈应戒除不良习惯

妈妈任何不良的习惯都会对宝宝造成影响，因为妈妈是宝宝最亲近的人，也是最容易受到影响的人。

孕1月生活细则

抽烟	→	影响乳汁分泌以及胎儿的生长发育
喝酒	→	直接导致婴儿醉酒，影响大脑发育
喝咖啡	→	其中的咖啡因导致婴儿无法入睡影响健康
辛辣的调味品	→	摄取味道直接进入乳汁，从而刺激到宝宝
味精	→	味精会导致婴儿缺锌，影响宝宝智力发育
化妆	→	容易造成宝宝精神不安

2~3个月的宝宝一天该喂几次奶

经过1个月的喂哺，妈妈和宝宝互相适应了。不过，现在宝宝长大了一点，一天该喂几次奶呢？

总的来说，这个阶段的宝宝吃奶次数比出生第一个月有所减少，每天5次左右，每次吃奶间隔时间会变长，以往间隔3小时左右就饿了要哭闹的宝宝，可以睡上3~4小时，甚至5个小时才醒来要吃奶，这说明宝宝胃里存食多了，没有必要再按新生儿期那样频繁喂奶。在这个月，喝奶量增多的婴儿每次喂奶间隔时间可能会延长。至今为止，原来过3个小时就饿得直哭的婴儿，现在可以睡上4个小时，有时甚至睡5个小时也不醒。到了晚上，可能延长到6~7个小时，妈妈可以睡长觉了。不要因担心孩子饿坏而叫醒熟睡的婴儿吃奶，这是不妥当的。因为这个月的婴儿已有了存食的能力，能维持体重增加，延长睡觉时间。

在进食方面要相信宝宝的能力，宝宝大多了解自己的需要。这个阶段的妈妈应顺其自然，宝宝饿醒了就喂，而不要因为到了喂奶时间就叫醒熟睡的宝宝。如果宝宝上次吃奶间隔时间长了，这次吃奶的时间提前，可能不到2小时又要吃了，这也是很正常的现象。

总之，这样的问题是没有固定答案的，要具体问题具体分析。因为每个宝宝的情况都是不一样的，妈妈要结合自己宝宝的特性，只要适合自己宝宝的就是正确的。

2~3个月的宝宝胃容量以及进食量都比出生的婴儿大，因此，相比新生的婴儿，进食量大一些，每天进食的时间间隔相对也会长一些。宝宝在这个阶段生长发育比较快，变化也会很明显，在喂养的过程中应该特别注意。注意观察宝宝的需求以及变化，这样才能够给宝宝一个良好的生长环境。

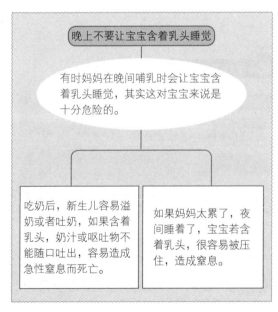

晚上不要让宝宝含着乳头睡觉

有时妈妈在晚间哺乳时会让宝宝含着乳头睡觉，其实这对宝宝来说是十分危险的。

吃奶后，新生儿容易溢奶或者吐奶，如果含着乳头，奶汁或呕吐物不能随口吐出，容易造成急性窒息而死亡。

如果妈妈太累了，夜间睡着了，宝宝若含着乳头，很容易被压住，造成窒息。

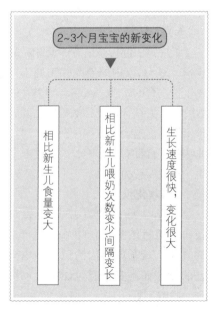

2~3个月宝宝的新变化

相比新生儿食量变大

相比新生儿喂奶次数变少间隔变长

生长速度很快，变化很大

让宝宝养成夜间不吃奶的习惯

宝宝越小，新陈代谢越旺盛，需要的热能越多。宝宝越小，胃的容量也越小，每次哺乳量也少，哺乳次数也随之增多，因此有些小宝宝需要夜间哺乳。

2~3个月的宝宝，只有极少数能停掉夜间吃奶，大部分宝宝夜间还要吃奶。如果宝宝长得不错，可以设法引导宝宝停掉凌晨2点左右的那顿奶，因为凌晨2点左右的这顿奶是最影响妈妈休息的。

但是婴儿有吃夜奶的习惯，有些婴儿10个月了仍然要吃夜奶，这种习惯很难改变，所以母亲要在婴儿早期使婴儿适应夜间不吃奶的习惯，逐渐形成正常的生活习惯。

一般情况下，应尽可能让婴儿在早上6点吃第一次奶，夜间10点吃当天的最后一次奶，然后入睡。改变婴儿夜间吃奶的习惯，可以把临睡前晚上9~10点钟这顿奶往后推迟到11~12点喂，并使婴儿最晚一次尽量吃饱，如果母乳不够，可在最后授乳时加一点牛奶。那样，宝宝就很可能睡到次日早晨5~6点醒来。如果这样，爸爸妈妈就可以踏踏实实地睡5~6个钟头了，宝宝也可以睡一个好觉。

有的宝宝已经习惯了吃着吃着睡着，无法拔出奶头。妈妈要尽量避免宝宝对奶头的依赖习惯。一旦发现宝宝有困意，就不让宝宝含奶头。如果宝宝正吃奶时表现出困意，妈妈要轻拍宝宝的脸，或对他说话，唤醒他，直到他吃饱，然后拔出奶头，哄宝宝睡觉。如果宝宝不愿意拔出奶头，在睡觉前抱着哄哄他，或者放一些他喜欢的音乐，或者尽量让他玩直到玩累睡觉，不要培养他一边吃奶一边睡觉的习惯。总之，不要培养宝宝对奶头的依赖，这样就会逐渐改掉含着奶头睡觉的习惯。从而也可以更好戒掉宝宝夜间吃奶的习惯。

让宝宝养成夜晚睡觉的习惯

很多妈妈认为宝宝应该吃夜奶，总是会弄醒宝宝让他吃奶，其实，这样做是不对的，如此不仅会打破宝宝的饮食规律，也会影响他的睡眠。

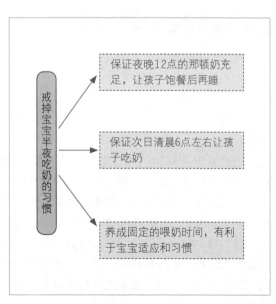

戒掉宝宝半夜吃奶的习惯

保证夜晚12点的那顿奶充足，让孩子饱餐后再睡

保证次日清晨6点左右让孩子吃奶

养成固定的喂奶时间，有利于宝宝适应和习惯

深夜授乳注意事项

深夜授乳要特别注意的是，不要一听到孩子啼哭就把奶头塞到孩子嘴里，甚至孩子睡着了还不拔出奶头，这既影响孩子的睡眠，也不利于孩子养成好的习惯。

如果夜里宝宝动了、要醒，妈妈应该先看一下情况：是不是尿湿了，是不是冷了或热了，再哄哄他，也可以等他闹上一段时间，看他是否能重新入睡。有的时候，喂些温开水，宝宝就能重新睡去。如果以上的办法不行，宝宝真的是饿了，那就只有喂奶了。

 夜间喂奶注意事项

夜间喂奶时，母亲一定要坐着抱起婴儿，即使喂牛奶，也应抱着婴儿喂。因为如果母亲躺着喂奶，很容易睡着，母亲熟睡后，乳房可能会压住孩子的鼻孔，造成婴儿窒息。

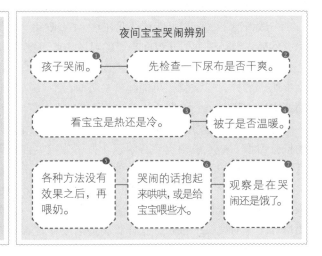

夜间宝宝哭闹辨别

 **可以用微波炉热奶吗**

微波炉加热食品，方便卫生快捷，受到很多人欢迎，人们自然会想到用它来热奶。

不过，微波炉适合装入盘或碗内的食品加热，对于直立的奶瓶，要整体均匀地加热则比较困难。而且加热时间一长，瓶内的奶液沸腾，就会溢出来。

用微波炉来热奶是不适宜的。如果没有特殊情况，喂宝宝奶粉还是当时调制为好，最好不要加热。

不仅如此，冲好的牛奶也不宜反复加热，反复加热的牛奶，不仅会导致营养物质流失，也会增加细菌的含量，对于宝宝来说是有害无益的。如果必须要用微波炉加热奶，最好只加热一次，不能过多加热。而且，加热过后的牛奶，如果放置超过两个小时，也一定要倒掉，不能再喂给宝宝了。

 微波炉不适宜热奶

微波炉虽然比较方便，但是，却不适合加热奶，因此，家长们千万不要为了图省事而用微波炉热奶。

防止婴儿过胖

2～3个月的婴儿食欲很旺盛。不过父母可不能因为婴儿有食欲就不断增加喂奶量，因为那样会造成婴儿饮食过量。婴儿如果持续过量饮奶，就可能导致肥胖。而为了供养这些脂肪，宝宝娇嫩的心脏就要进行超负荷的运转。同时，因为要对摄入的过量营养进行处理，宝宝的肝脏和肾脏也会疲劳。

不过，婴儿内脏器官的这种超负荷的运转，表面上是看不出来的。母亲看见孩子长胖了，往往会很高兴，错误地认为孩子长得胖是健康的表现，结果就会使孩子越来越胖。

虽然母乳喂养的婴儿也会发胖，但是母乳容易消化，即使过量也不会使宝宝的肝脏和肾脏疲劳。因此，这种肥胖病通常只在喂牛奶的婴儿中发生。要预防婴儿肥胖，只要不喂过量的牛奶就可以了。

婴儿在这段时间，每千克体重1天需要热量105～115千卡。不过，这个数字只是平均值，即使热量稍有不足，婴儿也会很好地生长。在婴儿每天所需热量中，有1／3用于生长。如果家长觉得婴儿过胖，最好计算一下热量，如果是因为奶粉量过多的话，就要少喂婴儿一些奶粉。

另外，不要在奶粉中加入白糖，因为这样也会使婴儿发胖。

家长可以从奶粉的热量和婴儿的体重中算出婴儿需要的热量。计算热量有一点麻烦就是奶粉的包装上并不标明1次用多少奶粉，家长需要先称量一下1勺奶粉相当于多少克，然后就可以计算出具体用量了。把婴儿每天需要的热量除以现在婴儿的体重，就会知道婴儿每千克体重每天摄入了多少热量，如果这个数值达到了120千卡以上，婴儿就会过胖。通常按照大多数奶粉生产厂家的说明喂婴儿的话，婴儿摄入的热量都会超标。

认真研究奶粉的说明

在选择奶粉的时候，要根据婴儿的体重，认真辨别奶粉上的说明，因为过量的热量容易让宝宝发胖。

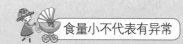
食量小不代表有异常

有的婴儿就是食量小，别说吃180毫升，就是120毫升吃起来也费劲，可孩子还是很精神的。虽然不胖，但也并不消瘦，可能是正常体重的最低线，甚至还略微低于最低线，但查不出其他异常情况。此时，妈妈们就没有必要增加宝宝的喂奶量了。

宝宝厌奶怎么办

很多宝宝到了3个月，会出现吃奶量减少或时多时少变化无常的现象，这就是厌奶现象。

如果宝宝喝一次奶用掉1个小时的时间，这就是厌奶的前兆。如果宝宝总这么喝，会出现不良结果，因为一次喝奶时间太长，就会缩短与下次喂奶的时间间隔，如果到了喂奶时间，宝宝却没有饥饿感，他就无法从喝奶中获得满足感。以后宝宝就慢慢地失去了对奶的兴趣，最后导致厌奶。

遇到这种情况该怎么办呢？如果宝宝喝了30分钟，应该立刻取走奶瓶停止喂奶，然后到下次喂奶时间再喂，这是防止厌奶的有效方法。

如果宝宝有厌奶现象，不要强迫他吃够以前的量，可以顺其自然，宝宝不想吃那么多，就给他少吃点，然后到下次喂奶时间再喂，没到喂奶时间，就不要喂。

如果情况没有好转，可以停止1次喂奶，让宝宝体味一下饥饿的滋味。宝宝如果精神状态很好，其他发育也正常，那就让宝宝少吃。在母乳喂养时，有的孩子吃得少，好像从来不饿，对奶也不亲，给奶就漫不经心地吃一会儿，不给奶吃，也不哭闹，没有吃奶的愿望。这样的婴儿一般出生时体重比较轻。对于这样的孩子，只要其精神状态好，就没有必要担心，即便体重没有增加，也还要坚持用母乳喂养。如果怕影响孩子的生长发育，可以采用少食多餐的方法：当孩子把乳头吐出来，并把头转过去时，就不要再给孩子吃了，过1～2小时，再喂给孩子吃。这样虽然每次吃得少，但次数多，孩子每天摄入的总奶量并不少，足以提供孩子每天的营养需要。

宝宝厌奶莫惊慌

一旦发现厌奶的情况应立即采取办法纠正，不能拖延，以免给孩子养成习惯，影响孩子正常且充足的营养摄取。

孩子拒奶的原因

★吃多了。

★原来的奶嘴和奶瓶已经不再适合，需要更换新的。

★生活环境发生了变化。

★刚刚接种过百白破疫苗。

★厌倦了一种奶粉的口味。

★妈妈情绪不良，传染给宝宝。

怎样判断孩子吃饱了

怎样判断宝宝是否吃饱了，这是多数母亲最想知道的事情，有一些现象可以给母亲一些帮助。

授乳后用乳头或奶嘴触动孩子口角时，如果孩子追寻乳头或奶嘴，则说明孩子没被喂饱。

如果授乳前乳房胀满，授乳后乳房较软且在授乳过程中听到几次到十几次的咽奶声则说明婴儿已被喂饱。

在正常的授乳期间，婴儿很平静、满足，也说明宝宝饱了。

婴儿体重平均每日增加18~30克或每周增加125~210克，皮肤弹性好有光泽，表明奶水充足，宝宝吃饱了。

如果确定宝宝已经吃饱，就应该停止让宝宝进食，否则很容易给宝宝造成不良的进食习惯，从而影响以后宝宝的习惯。同时，也会让宝宝产生一些厌奶的情绪。习惯一旦养成，还会对宝宝造成一定的影响，在给宝宝喂奶的过程中应特别注意。

宝宝饿了，会向大人们传达出以下信息：哭闹；不停地咂吧小嘴；把手指放到嘴边时，会急不可待地衔住，满意地吸吮；吃奶的时候非常认真，很难被周围的动静打扰；如果他吃完奶瓶中的配方乳后仍然咂嘴唇，说明他还未吃饱。

宝宝饱了，会向大人们传达出以下信息：吃奶期间疲倦或容易睡觉；吃奶漫不经心，吸吮力减弱；听到妈妈的话，会停下来，甚至放开乳头，寻找声源；含在嘴里的乳头会被顶出来，妈妈试图再次放进宝宝嘴里，宝宝会把头扭向一边，甚至哭闹。

☆尽早给宝宝哺乳，越早哺乳，乳汁会越充沛。

☆多哺乳，哺乳的时间和次数越多，对乳房的刺激越多，奶水也就越多。

☆多吃具有催乳作用的食物，如排骨汤、鱼汤、绿豆汤、牛奶等。

☆保证充足的睡眠，只有休息好，才能保证乳汁充沛。

如何促进乳汁的分泌

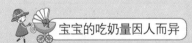
宝宝的吃奶量因人而异

每个宝宝都有自己的奶量，不可能都一样，也不可能都像书上写的一样。书上写的是平均奶量，并不否认个体差异。其实，新生儿是知道饱饿的，这也是新生儿与生俱来的能力。所以，新手爸爸妈妈们不要代替宝宝决定是饿还是饱，否则会造成新生儿厌食。

如何判断孩子吃饱了

把乳头或者奶嘴放到孩子嘴角，孩子没有明显的追寻表现

喂奶时听到孩子有10次左右的吞咽声，且喂奶后乳房较软

吃奶时孩子表情平静，吃后不再哭闹

宝宝体重每天平均增重18~30克

宝宝气色很好，皮肤光滑、细腻

人工喂养

对于人工喂养的宝宝来说，挑选奶粉是一件特别重要的事情。因为奶粉中的营养物质直接关系到宝宝的生长发育状况。奶粉选择，不仅要结合宝宝自身的特点，而且还应该注意一些对宝宝生长发育期间不可缺少的营养成分。一旦发现宝宝有异常变化，应及时询问专家或者医生，切勿道听途说。

人工喂养的宝宝喂多少牛奶合适

这段时间，人工喂养的宝宝喝的牛奶就不需要稀释了，直接喂全奶就可以，由于宝宝的活动量、食量各不相同，因此喂奶的量要根据宝宝的具体情况而定。通常2~3个月的宝宝，每日需乳量为800~900毫升。如果分成6次喂，每次喂140~150毫升；分成5次喂，则每次喂160~180毫升。

2~3个月宝宝每日进食次数与进食

每个宝宝的进食量和进食次数都会有所差异，妈妈们要根据宝宝自身情况来决定。

当然，这只是一个大致的标准，具体到每个婴儿，不一定就吃这么多，因为每个婴儿的情况都不一样：经常哭闹的婴儿，会吃得更多，而经常安静地睡觉的婴儿吃得较少。食量小的婴儿可能吃120毫升就够了，而食量大的婴儿则可以吃到180毫升，但是最好不要超过180毫升。有的宝宝很爱喝奶，可能喝了180毫升奶，还因不够喝而哭闹，或是吸着空奶瓶的奶嘴不放。这时，可以用30毫升左右的温开水加入一点白糖喂给婴儿。

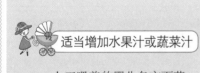

适当增加水果汁或蔬菜汁

人工喂养的婴儿各方面营养不如母乳喂养的婴儿吸收均衡，因此，如果宝宝能够适应蔬菜汁和水果汁，也可以给宝宝喂少量水果汁或蔬菜汁。

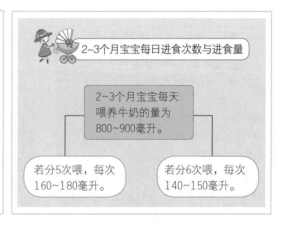

2~3个月宝宝每日进食次数与进食量

2~3个月宝宝每天喂养牛奶的量为800~900毫升。

若分5次喂，每次160~180毫升。

若分6次喂，每次140~150毫升。

选奶粉看标签和厂家

市场上的奶粉品种繁多，很多家长对选择什么样的奶粉喂养婴儿感到很茫然，如何选择一款适合自己孩子的奶粉呢？

1.看标签选择奶粉

一般市面上的罐装奶粉或袋装奶粉，包装上都会就其配方、性能、适用对象、使用方法作必要的说明。按国家标准规定，在奶粉外包装上必须标明厂名、厂址、生产日期、保质期、执行标准、商标、净含量、配料表、营养成分表及食用方法等项目，若缺少上述任何一项最好不要购买。

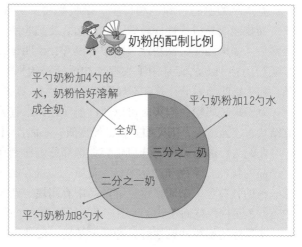

奶粉的配制比例

平勺奶粉加4勺的水，奶粉恰好溶解成全奶——全奶

平勺奶粉加12勺水——三分之一奶

平勺奶粉加8勺水——二分之一奶

2.看包装说明

注意包装物的印刷图案、文字是否清晰，文字说明中有关产品和生产企业的信息标注是否齐全，以及营养成分表中标明的营养成分是否齐全，含量是否合理。营养成分表中一般要标明热量、蛋白质、脂肪、糖类等基本营养成分。

3.查看奶粉的生产日期和保质期限

一般罐装奶粉的生产日期和保质期限分别标示在罐体或罐底上，袋装奶粉则分别标示在袋的侧面或封口处，消费者据此可以判断该产品是否在安全食用期内。

4.选择知名企业的产品

一些知名企业生产的奶粉，其产品配方设计较为科学、合理，对原材料的质量控制较严，产品质量也有保证。另外，从历年的国家质量监督抽查结果来看，国内知名品牌的产品质量完全可以和国外产品相媲美。

5.注意商店信誉及售后服务

正规的奶粉厂家在包装上印有咨询热线、公司网址等服务信息，以方便消费者咨询，并指导消费者正确喂养宝宝。大的超市、商场是购买的最佳地点，有质量问题也能有地方投诉解决。

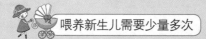 喂养新生儿需要少量多次

喂养新生儿需要少量多次，随着婴儿长大，奶量逐渐增加。宝宝如果吃得少，下次就多喂一些，或下次提前喂奶，特别是在宝宝表现饥饿时。人工喂养的宝宝一般都能控制自己吃入的奶量，当吃饱时会拒绝继续吃奶。

从产品本身看奶粉质量

看产品的手感、颜色和口感。罐装奶粉密封性能较好，能有效遏制各种细菌生长，而袋装奶粉阻气性能较差。在选购袋装奶粉的时候，先挤压奶粉的包装，查看是否漏气：如果漏气、漏粉或袋内根本没气，说明该袋奶粉已潜伏质量问题。再就是袋装奶粉的鉴别方法则是用手去捏，如手感松软平滑，内容物有流动感，则为合格产品。如手感凹凸不平，并有不规则大小块状物，则该产品为变质产品。

对于罐装奶粉，购买时可以通过摇动罐体来查看奶粉是否变质，如果发现奶粉中有结块，有撞击声，则证明奶粉已经变质，不能食用。

在购买产品后，可先开启包装，将部分奶粉倒在洁净的白纸上，将奶粉摊匀，观察产品的颗粒、颜色和产品中有无杂质。质量好的奶粉颗粒均匀，无结块，颜色呈均匀一致的乳黄色，杂质量少。如产品中有团块，杂质较多，说明产品质量较差。奶粉中若颜色呈白色或面粉状，说明产品中可能掺入了淀粉类物质。

质量好的奶粉冲调性好，冲后无结块，液体呈乳白色，奶香味浓；而质量差或乳成分很低的奶粉冲调性差，即所谓的冲不开，奶香味差甚至无奶的味道，或有香精调香的香味；另外，淀粉含量较高的产品冲后呈糊糊状。

根据婴幼儿的年龄选择合适的产品。消费者在选择产品时要根据婴幼儿的年龄选择合适的产品，针对各个阶段的婴幼儿，奶粉的配方不尽相同，大致分为0~6个月、6个月~1岁、1~2岁、2岁以上等类别，12个月以上至36个月的幼儿也可选用婴幼儿配方乳粉、助长奶粉等产品。如婴幼儿对动物蛋白有过敏反应，应选择全植物蛋白的婴幼儿配方奶粉。

此外，在选择奶粉的时候，一定不要过度迷信品牌或者是广告宣传，价格高的奶粉不一定就适合宝宝吃，而价格低的奶粉则也不一定就不适合宝宝。因此，在选择奶粉的时候，除了看质量外，适不适合宝宝的口味也是很重要的。

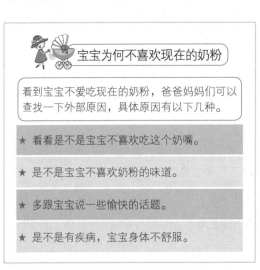

宝宝为何不喜欢现在的奶粉

看到宝宝不爱吃现在的奶粉，爸爸妈妈们可以查找一下外部原因，具体原因有以下几种。

★ 看看是不是宝宝不喜欢吃这个奶嘴。

★ 是不是宝宝不喜欢奶粉的味道。

★ 多跟宝宝说一些愉快的话题。

★ 是不是有疾病，宝宝身体不舒服。

辨别奶粉的质量

奶粉的质量可以通过观察和试用来辨别。

选择配方奶粉的个别性原则

选择配方奶粉还有一些个别性原则。比如，有哮喘、腹泻和皮肤问题的孩子，可选择脱敏奶粉；缺铁的孩子，可补充高铁奶粉；而早产儿则应选择易消化的早产儿奶粉。如果孩子腹泻，最好能立即换用不含乳糖的配方奶粉。当然，这些具体选择最好是在临床儿科医生的指导下进行。另外，一旦孩子适应某种品牌的奶粉，请勿随意更换。

最好购买近期生产的奶粉，并计算一下，从生产到宝宝吃完，最好不要超过3个月。具有知名度的品牌奶粉当然好，但要防止冒牌货。尽量在大超市、大商场购买奶粉，除了防止假货外，大超市和大商场的商品周期短，能够买到生产日期近的商品。

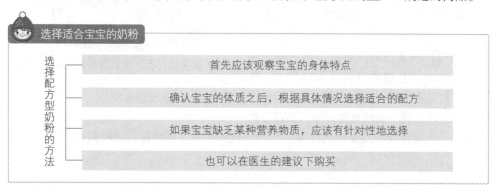

选择适合宝宝的奶粉

选择配方型奶粉的方法

- 首先应该观察宝宝的身体特点
- 确认宝宝的体质之后，根据具体情况选择适合的配方
- 如果宝宝缺乏某种营养物质，应该有针对性地选择
- 也可以在医生的建议下购买

怎样给孩子换奶粉

不管家长出于什么目的，想给宝宝换奶粉，都一定要注意换的时间，采用循序渐进的方法。不能昨天还吃原来的奶粉，今天一下子就换了新的奶粉，那样宝宝会不适应。

循序渐进的原则，开始先减少一小匙原配方奶粉，添加一小匙新的配方奶粉。过几天，宝宝如果没有不良反应，再减少一小匙原配方奶粉，添加一小匙新的配方奶粉。这样慢慢地，就能全部换成新的配方奶粉。

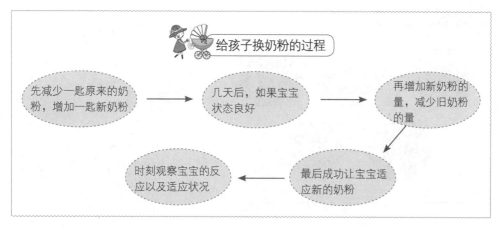

给孩子换奶粉的过程

先减少一匙原来的奶粉，增加一匙新奶粉 → 几天后，如果宝宝状态良好 → 再增加新奶粉的量，减少旧奶粉的量 → 最后成功让宝宝适应新的奶粉 → 时刻观察宝宝的反应以及适应状况

配方奶粉"第一、第二阶段"的区别

有的配方奶粉注明"第一阶段"或"第二阶段"，是怎样划分的呢？有什么区别吗？

这种划分是按照宝宝的大小和需求划分的。第一阶段配方奶粉适合初生至6个月的婴儿，第二阶段配方奶粉适合6个月以上的婴儿。

这样的划分有什么根据呢？我们来看一下牛奶中蛋白质的成分：牛奶中的蛋白质可以分成乳清蛋白和酪蛋白。第一阶段配方奶粉所含的蛋白质以乳清蛋白为主，乳清蛋白与酪蛋白的比例为6：4，婴儿容易消化。第二阶段配方奶粉所含的蛋白质以酪蛋白为主，乳清蛋白与酪蛋白的比例是2：8，这种奶粉在胃内停留的时间长，婴儿不容易饿。

宝宝每一个阶段的奶粉不尽相同

宝宝每一个阶段的营养需求是有所差别的，因此，也要选择不同的配方奶粉，以满足宝宝的营养需求。

 ## DHA和AA是什么

有些配方奶粉注明添加了DHA和AA，这两种成分是什么呢？

DHA，学名二十二碳六烯酸；AA，学名花生四烯酸。它们都是多不饱和脂肪酸，对视网膜和大脑的发育有促进作用。

母乳中含有DHA与AA，所以母乳喂养的宝宝不需要添加；而牛奶中缺乏这两种成分，所以在配方奶粉中，要特别添加DHA和AA。

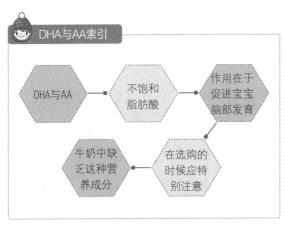

DHA与AA索引

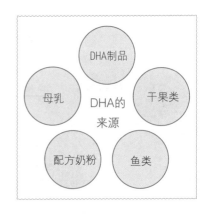

1岁以内的婴儿忌食蜂蜜

蜂蜜不仅味道甜美，而且是一种营养丰富的保健食品。它含有丰富的果糖、葡萄糖和维生素C、维生素K、维生素B_2、维生素B_6以及多种有机酸和人体必需的微量元素等。

许多年轻的父母，喜欢在喂婴幼儿的牛奶中加入蜂蜜，以加强宝宝的营养。实际上1周岁以下的婴儿，是不宜食用蜂蜜及花粉类制品的。

这是因为在百花盛开的时候，尤其是夏季，蜜蜂有可能会采集一些有毒植物的蜜腺和花粉，有致病作用的花粉酿制成的蜂蜜，就会使人得荨麻型风疹，而含雷公藤、山海棠花的蜂蜜，则会使人中毒。婴儿抵抗力弱，如果吃了这些蜂蜜，就会生病或中毒。

因此，科学家们建议，为防患于未然，不要给1周岁以内的婴儿喂吃蜂蜜。

宝宝不宜吃蜂蜜

蜂蜜很容易被感染，特别容易是肉毒杆菌，宝宝很容易感染此细菌，因此，宝宝还是不要吃蜂蜜。即使过了1周岁，宝宝也不要吃过多的蜂蜜。

婴儿夏天不好好吃奶怎么办

夏天天气炎热，人们的食欲会受到影响，宝宝当然也一样。

这时候如果宝宝食欲不好，爸爸妈妈可以想点办法，如果宝宝喜欢喝凉的，可以把奶粉的温度调得低一些。夏天，宝宝容易出汗，应该给宝宝补充些水分。在宝宝两次喝奶之间，让他喝些凉开水或稀释的果汁。这样，宝宝的食欲就会好一些。

给宝宝饮用原汁还是稀释果汁，主要看宝宝是否便秘。满月后的宝宝，不便秘时可兑1倍的凉开水。如果宝宝便秘，喝稀释的果汁无效时，可以改喂原汁，也可以增加量。如果宝宝特别喜欢喝果汁，对大便又没有任何影响，每天也可以喂2次，量也可以逐渐增加。但是，在这个月龄的宝宝，一次的量不能超过50毫升。

夏季天热注意给宝宝增强食欲

夏季宝宝出汗多，注意及时给宝宝补充水分。

重视婴儿食物过敏

未满周岁的婴儿出现湿疹（俗称"奶癣"）、便秘、持续腹泻、呕吐、频繁哭闹甚至气喘，都与接触食物致敏源刺激有密切关系，接受刺激越多，宝宝越有可能在未来染上过敏性疾病。因此为了宝宝的健康未来，家长必须了解因食物引起的婴儿过敏症状，并及时给予足够的重视，尤其是那些本身患有过敏性疾病的家长。

1.为何宝宝容易过敏

婴儿的肠道免疫系统尚未成熟，容易对外来蛋白产生过敏反应。在婴幼儿期间，牛奶、鸡蛋等是宝宝最主要的食物致敏源，而其中的主要致敏物质是一种叫β-乳球蛋白的成分，致敏性的高低主要取决于这种成分含量的多少。牛奶、配方奶、大豆配方奶中都含有这种成分。

加热处理牛奶可促进牛奶中蛋白的水解，减少牛奶的致敏性。另外，配方营养奶粉也可根据蛋白的水解程度分为适度水解、深度水解蛋白配方奶和无敏配方营养奶粉（如100%游离氨基酸营养奶粉）。水解程度越完全，致敏性越低。

2.如何防治

国际上对婴儿营养的指南建议是：母乳喂养6个月并且推迟鸡蛋等固体食物的添加以预防幼儿过敏性疾病。对于父母都是过敏性体质的婴儿，其患过敏性疾病的概率高达50%~70%。一旦被确诊，家长应在医生的指导下立刻对婴儿饮食配方进行调整，使用无敏配方营养奶粉。

如果过敏症状不明显，无敏配方营养奶粉也可用来辅助家长诊断婴儿是否是因为对蛋白过敏而引发各种症状。服用无敏配方营养奶粉2周后，如过敏症状减轻，则说明宝宝确实受到了蛋白致敏原的刺激。这时，妈妈应坚持母乳喂养或继续使用游离氨基酸营养奶粉喂养，同时密切注意宝宝在成长过程中可能发生的如哮喘一类的其他过敏症状。

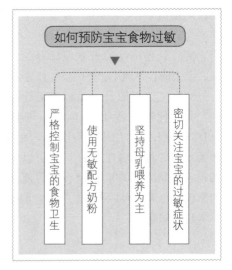

婴儿的排泄

通常来讲，2~3个月的婴儿，每日排便一般为5~6次，比新生儿期略少。不过由于母乳在这个阶段分泌急剧增加，如果婴儿出现排便次数增加的情况，也是正常的。

1.注意区分情况，莫惊慌

用牛奶喂养的婴儿，即使是每日排便4~5次，只要宝宝健康就不用担心。另外，不是每日排便的婴儿，可在牛奶中加入2~3克麦芽糖，只要宝宝每日能排便就可以了。不过，若是没有达到这种程度，只要婴儿很健康地成长，母亲也不必放在心上。

2.适应宝宝的排泄状况

伴随婴儿排便的次数减少，新生儿期显示便秘倾向的婴儿到这个月就明显加重了，持续2日不排便的情况并不少见。在排尿方面，很多母亲在喂奶前换尿布时发现湿了，而在下次喂奶之前又会发现湿了而需要不断更换尿布。

3.换尿布的时候，应谨慎

给2~3个月的婴儿换尿布时，有的婴儿膝关节会发出一种声音，这不是脱臼，声音能够自然消失，妈妈们不用担心，也不用去看医生。对于女婴要特别注意，为了不发生髋关节脱臼，换尿布时应尽量把两腿放在稍弯曲的位置，不要把婴儿两腿伸直缠紧，同时衣服也应尽量穿得舒服些。

●帮宝宝建立小便反射

小便反射是中国特有的育儿方式，具体做法很简单。家长在抱着婴儿两腿向外开的时候，嘴里发出"嘘嘘"声。这个声音接近小便声音，婴儿最初可能不能识别，但一旦遇到刚好它需要尿尿的时候，听到这种声音，就容易不自觉地将这两种声音建立联系。久而久之，婴儿有被这个姿势抱着，听着"嘘嘘"声，就知道该尿尿了，会努力让自己尿出来。

 宝宝排便

宝宝的排便情况是很重要的，因为从宝宝的大便中可以看出很多疾病的征兆，因此，妈妈们要密切关注宝宝的排便情况。

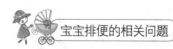 宝宝排便的相关问题

应总结宝宝每天排便的频次和规律，以便及时发现问题

及时观察宝宝排便的颜色，宝宝排便的颜色能够反映一定的问题

通过宝宝大便的颜色还可以看出宝宝对母乳或者奶粉的吸收情况

添加鱼肝油不可过量

　　鱼肝油是用鲨鱼内脏熬制而成的，含有丰富的维生素A、维生素D，由于母乳中的维生素D含量不足，因此应适量给宝宝添加鱼肝油，以预防宝宝得夜盲症和佝偻病。一般认为，宝宝出生后3～4周，宝宝的饮食中就应该添加浓缩鱼肝油。

　　宝宝饮食中鱼肝油的添加量，最开始应为每天一滴，并同时观察宝宝的大便，若发现有消化不良的迹象，应暂停鱼肝油的服用，等宝宝适应后，大便正常了，再添加。

　　宝宝体内容易缺少维生素D，易引起体内钙磷代谢紊乱，从而引起佝偻病。给宝宝补充鱼肝油的时候，最好配合着适量钙剂（每天不超过0.5克），对宝宝健康效果更好。

　　随着宝宝月龄的增加，鱼肝油的服用量也应逐渐增加，但最多不超过5滴。如果是早产儿、双胞胎或者患有消化道疾病的婴儿，除了开始时间较早——从第二周开始之外，量应有所增加每天最多不超过5～7滴，满月之后需每天3～5滴。

　　一些年轻的妈妈觉得鱼肝油富含维生素A、维生素D，婴儿多吃一些没有关系，殊不知维生素A和维生素D服用过量会引起中毒。婴儿维生素A、维生素D急性中毒可引起颅内压增高、头痛、恶心、呕吐、烦躁、精神不振、前囟隆起，常常会被误诊为患了脑膜炎。而慢性中毒则表现为食欲不佳、腹泻、口角糜烂、发热、头发脱落、贫血、多尿和皮肤瘙痒等。

　　一旦出现以上症状，就应立即停服鱼肝油，少晒太阳，并到医院检查治疗。

　　婴儿每日维生素D的生理需要量为400～800国际单位，采用强化维生素D配方奶喂养的婴儿可给予半量，添加时应从少量添加，观察大便形状，有无腹泻发生等情况。

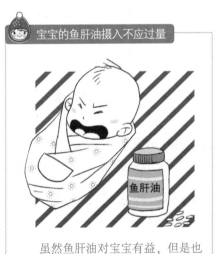

宝宝的鱼肝油摄入不应过量

虽然鱼肝油对宝宝有益，但是也不能多吃，否则会造成维生素D中毒现象。

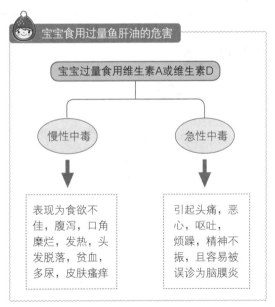

宝宝食用过量鱼肝油的危害

宝宝过量食用维生素A或维生素D

慢性中毒 → 表现为食欲不佳，腹泻，口角糜烂，发热，头发脱落，贫血，多尿，皮肤瘙痒

急性中毒 → 引起头痛，恶心，呕吐，烦躁，精神不振，且容易被误诊为脑膜炎

喂牛奶的禁忌

在调制鲜牛奶、给宝宝喂食牛奶时，一定要注意以下一些事项。

（1）煮牛奶不要去奶皮。这层皮内含有丰富的维生素A，维生素A对宝宝的眼睛发育和抵抗致病菌很有益处。

（2）每日喝牛奶不要过多。以牛奶为主食的婴儿，每天喝牛奶不得超过1000毫升。超过1000毫升时，大便中便会有隐性出血，时间久了容易发生贫血。

（3）牛奶不可光照。牛奶在阳光下照射30分钟，维生素A和B族维生素及香味就会损失一半。

（4）不要和酸性食物同食。与酸性食物同食会造成牛奶中蛋白与酸质形成凝胶物质，影响宝宝的消化吸收。

（5）煮牛奶时不宜加糖。牛奶中的赖氨酸与果糖在高温下会生成一种有毒物质果糖基赖氨酸，这种物质不能被婴儿消化吸收，而且还会产生危害。

（6）牛奶不宜煮得太久。牛奶加热以刚沸为度。久煮则会使性质发生一系列改变，近年还发现，普遍存在于牛奶中具有防止婴儿腹泻作用的轮状病毒抗体亦可因热遭破坏。

（7）牛奶中不要加钙粉。牛奶中加入钙粉，会使牛奶出现凝固，蛋白质和钙的吸收都会受到影响。钙还会和牛奶中的其他蛋白结合产生沉淀，特别是加热时这种现象更加明显。

（8）保温杯内不宜久放牛奶。杯中不仅会滋生细菌，而且还会导致营养元素的流失。

（9）不宜多饮冰冻牛奶。再加热溶化的冰冻牛奶，营养价值降低，也就达不到给婴儿增加营养的目的了。

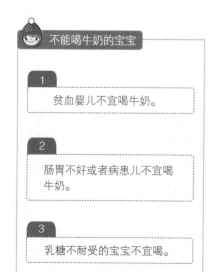

不能喝牛奶的宝宝

1 贫血婴儿不宜喝牛奶。

2 肠胃不好或者病患儿不宜喝牛奶。

3 乳糖不耐受的宝宝不宜喝。

新生儿不宜喂牛奶

尽管鲜牛奶中的蛋白质和钙的含量为母乳的3倍，是很好的乳品，但还是不适宜喂养新生儿。这是因为鲜牛奶中的蛋白质，有80%是酪蛋白。

酪蛋白在胃中遇到酸性胃液后，很容易结成较大的乳凝块。鲜牛奶中含有多量钙质，也使酪蛋白沉淀，不易消化吸收，这样会加重新生儿未发育成熟的肾脏的负担，在发热或腹泻的情况下可引起严重的疾病。

怎样对待婴儿厌食牛奶

有的婴儿本来很喜欢喝牛奶，但到了3个月左右时，却突然不爱喝了，这是为什么呢？

调查发现，婴儿在厌食牛奶的状况出现之前，有1~2周出奇的爱喝牛奶。在那两周，婴儿每日体重增长都超过了40克。长期过量喂牛奶的婴儿，肝脏和肾脏都非常疲劳，突然在某一天以厌食牛奶的方式表现出来了。因此，婴儿厌食牛奶，只是婴儿为了预防肥胖症而采取的一种自卫行动。

如果婴儿开始厌食牛奶，母亲应该做的是，让婴儿的肝脏和肾脏得到充分的休息，不可继续给宝宝不爱喝的牛奶，应多给宝宝喂些水或果汁；或者改换奶粉；或将牛奶的浓度调稀一些，把牛奶晾凉一些再给婴儿喝。

在这个时候，母亲应该沉着冷静，只要按照上述方法细心照料婴儿，经过10~15天后，宝宝肯定会再度喜欢上牛奶的。即使刚开始宝宝每日只能喝100毫升或200毫升牛奶也不用担心，只要尽可能地满足宝宝对果汁或水的需要，就不用担心会出现什么问题。

人工喂养弊大于利

人工喂养时，最好也抱着宝宝喂奶。因为大自然就是这样安排的。吃奶是宝宝的最大乐趣。抱着宝宝喂奶的时候，妈妈和宝宝紧密地挨在一起，互相看着对方的脸，应使宝宝把这种乐趣同妈妈的存在和妈妈的脸联系在一起。

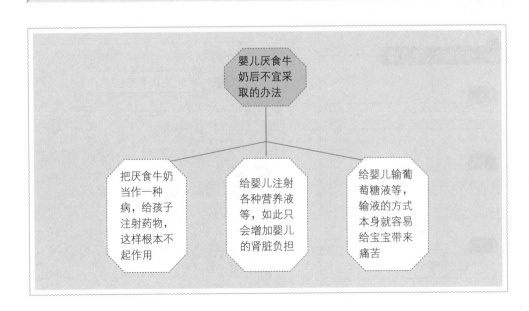

婴儿厌食牛奶后不宜采取的办法

把厌食牛奶当作一种病，给孩子注射药物，这样根本不起作用

给婴儿注射各种营养液等，如此只会增加婴儿的肾脏负担

给婴儿输葡萄糖液等，输液的方式本身就容易给宝宝带来痛苦

不能用豆奶代替奶粉

豆奶是以豆类为主要原料制成的。豆奶含有丰富的蛋白质、维生素B_1、维生素B_2以及较多的微量元素镁，是一种较好的营养食品，很受消费者的欢迎。

但是，豆奶不可以代替奶粉作为婴儿的主食，因为它的营养成分没有奶粉好，而且含铝比较多。铝是一种危险的矿物质，如果人体含铝增多，会影响大脑发育。

所以，父母们不要用豆奶代替奶粉喂宝宝。

豆奶粉不等于奶粉

豆奶粉 牛奶 ?

牛奶的营养不能被豆奶粉所代替。

乳酸饮料不能代替牛奶

目前，市场上乳酸饮料的种类很多，它们口味甜美、易于消化吸收，大人小孩都喜欢饮用。

但是，能不能用乳酸饮料代替牛奶喂宝宝呢？有的家长认为这种饮料含有牛奶，营养丰富，所以当宝宝厌奶的时候，就用乳酸饮料代替牛奶喂宝宝。

其实，这种做法是不合适的。因为乳酸饮料只是一种加了奶的饮料，营养价值与牛奶相差悬殊。其中蛋白质、脂肪、铁和维生素的含量都还不到牛奶的1/3，喝10瓶乳酸奶饮料都不如1瓶牛奶有营养。所以，为了宝宝的健康生长发育，应该喂宝宝牛奶，不要用乳酸饮料代替。

此外，乳酸饮料的营养不仅没有牛奶丰富，而且还加入了一些食品添加剂或者糖分。如果宝宝饮用过多，会在不经意间摄入过多的糖分以及食品添加剂。一来会给宝宝的身体带来过大的负担，二来也会影响宝宝的健康。因此，乳酸饮料不仅不能代替牛奶，在平时，也应当尽量让宝宝少喝这类饮料。

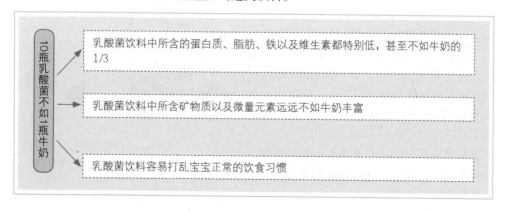

10瓶乳酸菌不如一瓶牛奶

- 乳酸菌饮料中所含的蛋白质、脂肪、铁以及维生素都特别低，甚至不如牛奶的1/3
- 乳酸菌饮料中所含矿物质以及微量元素远远不如牛奶丰富
- 乳酸菌饮料容易打乱宝宝正常的饮食习惯

人工喂养的宝宝要喂点水

年龄越小的宝宝，体内水分比例越高，婴儿期新陈代谢旺盛，对水的需求量相对也较多。牛奶或冲调的配方奶粉中虽有大量水分，但还不能满足婴儿生长发育的需要。因此，喝牛奶或配方奶粉的婴儿都应补充一些水。

一般情况下，婴儿每天的饮水量是每千克体重120~150毫升，扣除一天奶液中的水分，余量一般在一日中每两顿奶之间补充。父母可给婴儿喝白开水、水果汁、蔬菜汁等来补充水分，夏季可适当增加喂水次数。

水的喂用很灵活，父母不可教条地按计算量来喂，一定要宝宝喝下，而是要根据宝宝的需求来喂。如果宝宝不肯喝，也不要勉强，说明他已从配方奶中获得了所需的水分。如果宝宝肯喝，一开始喝多少没关系，慢慢就会习惯了，但不能用糖水代替白开水。

3个月以内的宝宝，生长发育很快，新陈代谢很旺盛，对水的需求量很大。母乳和牛奶中虽然含有大量水分，但远远不能满足宝宝对水的需要，因此，父母应牢记为宝宝补充水分。

> **拉肚子需及时补充水分**
>
> 如果宝宝因消化不良而拉肚子，身体中的钠和钾会随着水分而流失，这时候要十分注意宝宝是否有脱水的病症，及时给宝宝补充充足的水分，如喝一点开水或稀释后的果汁。

 不可用炼乳作为婴儿的主食

炼乳奶香浓郁、味道甜美，是一种可口的食品。炼乳是用鲜牛奶经加热浓缩、蒸发水分制成的，制好的炼乳体积是原牛奶的一半，所以加1倍的水，又可变成牛奶。

不过，炼乳在加工过程中加入了40%的糖，含糖量远远高于婴儿身体的需要量。如果把炼乳加1倍水稀释，它的蛋白质、脂肪的含量就和牛奶一样，不过甜度太高，对宝宝不利；如果加4倍的水稀释，把含糖量降到10%以下，它的蛋白质和脂肪的含量又远低于牛奶，满足不了婴儿生长发育的需要。

如果长期用炼乳哺育婴儿，婴儿就会营养不良、贫血、水肿、抵抗力降低，易患各种疾病。

炼乳不能做宝宝的主食

用炼乳喂宝宝很容易对宝宝的健康产生影响。

怎样给宝宝增加营养

对于人工喂养的宝宝。在配方奶粉中加入葡萄糖，不仅能增强口感，也是给宝宝补充足够热量的好办法。一般来说，每100毫升牛奶需加葡萄糖10~15克（可依据宝宝口味增减）。这样，每100毫升牛奶就可以提供宝宝约100千卡的热量了。

1.宝宝生长发育的黄金时间

第三个月是脑细胞发育的月高峰，为促进脑发育，除了保证足量的母乳外，还需要添加健脑食品。这时给宝宝增加营养首先应该选用含有DHA、提升智力的奶粉；其次应该选用含有益智的大豆蛋白和充足的营养奶粉，全面提供营养支持。

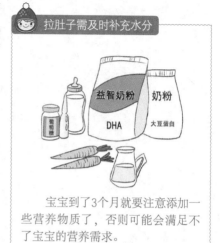

拉肚子需及时补充水分

宝宝到了3个月就要注意添加一些营养物质了，否则可能会满足不了宝宝的营养需求。

为补充维生素和矿物质，可用新鲜蔬菜（如油菜、胡萝卜等）给宝宝煮菜水喝，也可将水果煮成果水或榨成果汁在两顿奶之间喂给宝宝。

在这一时期，一般需要把复合维生素加在奶粉中。因为平常简单的消毒方式是用热水消毒，而热水会破坏牛奶中的一部分维生素，所以须选用复合维生素或果汁来补充维生素。

2.补充营养，母亲和宝宝应同时进行

2~3个月是宝宝脑细胞发育的第二个高峰期（第一个高峰期在胎儿期第10~18周），为促进脑发育，除了保证足量的母乳外，还需要给母亲添加健脑食品，以保证为宝宝的发育提供充足的营养。

对宝宝智力发育有益的食物一览表	
种类	食品
禽蛋类	动物脑、肝、血、鱼肉、鸡蛋、牛奶等
干果类	核桃、瓜子、松子等
水果类	橘子、香蕉、苹果等
五谷类	豆类食品、小米、玉米、花生、芝麻等
蔬菜类	金针菇、黄花菜、菠菜、胡萝卜等

第三章
4~6个月婴儿喂养

　　4~6个月的宝宝，已经慢慢地开始养成一些有规律的习惯，家长们可以在这个时期给宝宝增加一些辅食，慢慢锻炼宝宝的吞咽能力，为以后的断奶打下基础。但是，这一阶段还是应该以母乳或者奶粉为主。辅食只能起辅助作用，不能本末倒置。

　　在喂养宝宝辅食的时候，应该知道哪些食物比较适合宝宝，哪些食物宝宝比较爱吃，应该循序渐进，观察宝宝吃辅食后的反应。每一个宝宝的喜好都不尽相同，在给宝宝制作辅食的时候还应该特别注意饮食卫生，最好选择宝宝专用系列。

本章看点

4~6个月婴儿喂养原则

辅食添加的注意事项

4~6个月婴儿的喂养原则

这个阶段的宝宝食量会不断地增大，如果是人工喂养的宝宝，注意在给宝宝做辅食的时候，添加一些牛奶中相对缺乏的营养物质，以达到营养均衡的效果。尽管这一阶段辅食只是宝宝饮食中很少的一部分，但是为了锻炼宝宝的吞咽能力，应该耐心地锻炼，精心挑选食材，以及细心制作。

 ## 4~6个月的宝宝该喂多少奶

宝宝在3个月时，一般每天吃900毫升左右的奶。这一阶段，最多让宝宝每天吃1000毫升左右。因为如果让他吃很多，会导致宝宝肥胖。

添加辅食后，每天喂宝宝的次数会有所减少，但每顿喂的量有所增加，如果原先每天喂6次，每次150毫升左右的话，现在可以每天喂5次，每次200毫升左右。如果吃这么多，宝宝还不满足，最好再喂些辅食。

1.奶粉的选择

人工喂养的宝宝，应尽量用婴儿配方奶粉喂养，因为婴儿配方奶粉在营养方面比牛奶更接近母乳。

2.奶锅的选择

如果喂宝宝鲜牛奶，最好用铁锅加热，而且不要让牛奶长时间沸腾，以免造成叶酸、维生素B_{12}等抗贫血因子流失。

3.添加辅食

无论以哪种方式喂养的宝宝，从4个月开始，都应该添加辅食，而且应做到饮食多样化，特别是添加鸡蛋黄、猪肝酱等含铁丰富的食品。

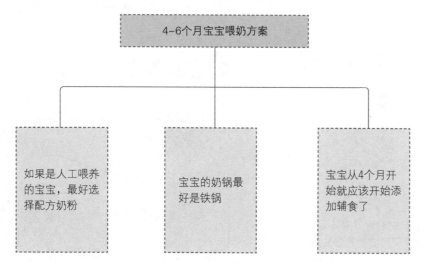

宝宝只喝牛奶会贫血

牛奶贫血症属于缺铁性贫血，指的是婴儿因为过量饮用牛奶，忽视添加辅食而引起的贫血。

为什么多喝牛奶的婴儿会贫血呢？

1.牛奶中含铁量不足

婴儿刚出生时可以从母体获得一定量的铁，但满6个月后，就需要从食物中摄取铁质了。然而，一般市面上出售的牛奶，1000毫升中仅含0.5~2.0毫克铁，远远不能满足婴儿对铁的需要。

2.牛奶中铁的吸收率比较低

牛奶里不仅含铁量太少，而且铁的吸收率很低。据分析，牛奶的铁含量只有母乳的33%，同时，母乳中铁的吸收率可达50%，而牛奶中铁的吸收率仅有10%。能提高铁的吸收利用率的促进剂之一，是牛奶中含量最少的维生素C。加上婴幼儿时期缺乏胃酸，不利于维生素C的吸收，若不注意补充维生素C，铁的吸收利用率自然就会降低。同时，牛奶中钙、磷、钾含量较多，而这些矿物质可使胃内容物呈碱性；磷还可与铁结合成难溶解的物质。这些都会影响铁的吸收，从而妨碍缺铁性贫血的纠正，甚至可能加重病情。

3.牛奶中的铁很难满足宝宝的需求

铜也是人体中多种酶的组成成分，这种多功能的氧化酶能将人体不能直接吸收的三价铁离子催化成可吸收利用的二价铁，以促进铁在肠道的吸收率，为制造血红蛋白储存原料，而牛奶中的铜含量也极低，1000毫升仅含铜0.01毫克左右，很难满足婴儿的生理需要。这也是造成"牛奶贫血症"的原因之一。此外，牛奶中的叶酸、维生素B_{12}等抗贫血因子易遭损失。

4.如何预防宝宝喝牛奶贫血的现象

婴幼儿在没有母乳喂养的情况下及断奶以后，应适当添加辅食，饮食多样化。只要按科学的喂养方法喂养，婴幼儿贫血是可以防治的。

牛奶中的含铁量不足，宝宝只喝牛奶可能会导致贫血。

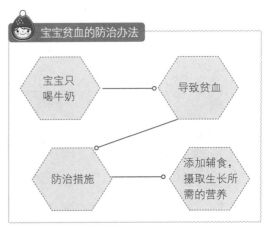

添加辅食的最佳时机

给宝宝添加辅食最理想的时机，是在4~6个月的时候。在4个月以前，宝宝的消化器官还没发育成熟，会影响营养的消化和吸收，进而影响宝宝的健康；添加得过晚，会影响宝宝顺利断奶。

从4个月开始，宝宝进入了学习咀嚼及味觉发育的敏感期。4个月的宝宝除了吃奶以外，要逐渐增加半流质的食物，为宝宝以后吃固体食物做准备。

一般情况下，婴儿5~6个月开始对固体食物表现出很大的兴趣，并且能够伸手抓住食物，此时让宝宝尝试新的食物，由于新的口感和味道的刺激，婴儿可学会在口腔中移动食物，也很容易学会咀嚼吞咽。

在这段时间中，有些宝宝的体重增加较慢，而且宝宝在每次吃饱后没过多久，又会迫切要求吃奶，这就说明乳汁已经不能满足其生长的需要，要给宝宝添加辅食了。此时，添加辅助食物的另一个重要作用是为婴儿补充铁质。

总之，当婴儿满4个月后，不论母乳分泌量的多少，都应开始给孩子添加辅助食品。

给宝宝添加辅食，是一件很重要的事。宝宝通过吃辅食，慢慢适应奶以外的食物，为以后断奶打下了基础。

如果没有这个过程，让婴儿吃奶到10~12个月，该断奶了，如果直接让宝宝吃大人的饮食，宝宝可能一下子不会适应这种转变，由此因饮食不当而导致消化功能紊乱、营养不良，甚至影响到宝宝的生长发育和健康。

为给宝宝增加辅食的最佳时机是4~6个月的时候。

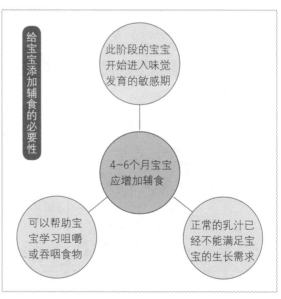

给宝宝添加辅食的必要性

此阶段的宝宝开始进入味觉发育的敏感期

4~6个月宝宝应增加辅食

可以帮助宝宝学习咀嚼或吞咽食物

正常的乳汁已经不能满足宝宝的生长需求

什么是辅食

4~6个月的宝宝所处的时期，称为半断奶期，也就是断奶过渡期。

断奶过渡并不是要马上断奶改喂其他食品（实际上，喂养4~6个月的宝宝，仍以母乳、牛奶或奶粉为主），而是指给宝宝吃些半流体糊状辅助食物，以逐渐过渡到能吃较硬的各种食物的过程。这个过程，大约有半年。

在断奶过渡期，宝宝吃的食物除奶外，还要专门为宝宝特别制作食物，这就是我们平时说的"辅食"。

辅食可以分为两大类，一类是市场上出售的现成的食物，包括婴儿米粉、奶糕等；另一类是在平常的成人饮食中，经过加工制作而成的婴儿辅食。比如用榨汁机压榨，用汤勺挤压等家庭简单制作的辅食类，鸡蛋、豆腐、薯类、鱼肉、猪肉等都是上好的选料。

家庭制作辅食，有一些不足之处需要引起注意。

1.品种少

给宝宝做辅食，一般每次只能做一两种，每类辅食的营养比较单一，缺乏均衡的搭配。

2.速度慢

每一种辅食的制作过程都很慢、很麻烦，而且如果宝宝哭闹或肚子饿的时候，现做辅食会来不及。

3.卫生条件的问题

各个家庭的卫生条件各不相同。在制作家庭辅食过程中，有时会接触到一些细菌，这样的辅食宝宝吃了，容易引起各种不适。

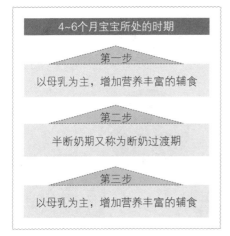

此阶段的宝宝需要增加辅食，以便保证营养的全面和均衡。

添加辅食的重要性

在这一阶段，母乳、牛奶等乳制品仍然是宝宝的最佳食物。不过，一般来说，宝宝从4个月起就可以添加辅食了。因为宝宝4个月的时候，他的唾液分泌和胃肠道消化酶的分泌明显多了，消化能力比以前强，已有能力消化吸收奶以外的其他食品。

有的妈妈认为配方奶粉是最完善、最均衡的营养来源，所以宝宝日渐长大后，就从婴儿奶粉换成较大婴儿奶粉。其实，牛奶、羊奶、奶粉都没有母乳营养丰富，但即使是母乳喂养的婴儿，也有必要适时添加辅食，原因如下。

（1）补充母乳或奶粉的不足。尽管母乳是宝宝的最佳食物，但对4个月以后的宝宝来说，单纯从母乳或配方奶粉中获得的营养成分已经不能满足宝宝生长发育的需要。宝宝主要缺乏维生素B_1、维生素C、维生素D、铁等，所以有必要给宝宝添加辅食，让宝宝能摄取到均衡充足的营养，有助于各方面发育良好。

不过，也不是所有的母乳都缺乏同样的营养成分，因为母乳中含有的营养素的量和成分常常和妈妈在饮食中摄入的营养素有关。饮食营养均衡的妈妈乳汁中所含的营养素就比较充足，宝宝也不容易出现营养素的缺乏。

（2）为宝宝断奶做准备。宝宝总有一天会断奶，和大人吃一样的饮食，而宝宝从只会喝奶到和大人吃一样的食物有一个过程，他会慢慢学会吃固体食物。等他习惯了吃别的食物，对奶的依赖就会减轻，断奶就会变得比较容易。

（3）训练婴儿咀嚼与吞咽能力。这个时期，是宝宝发展咀嚼和吞咽技巧的关键期，如果没有给宝宝添加辅食，他就没有机会练习。而过了这段时间，宝宝就会失去学习的兴趣，日后再加以训练就比较困难，宝宝的技巧也会不够纯熟，往往嚼三两下就吞下去，增加消化系统的负担。

（4）学习成人的饮食方式。喂宝宝吃辅食，不但可以让宝宝尝试不同的口味，逐渐接受母乳（或牛奶）以外的食物，而且也是让宝宝学习大人的饮食方式。

所以给宝宝添加辅食，就是帮助宝宝适应和练习吃奶以外的食物，完成从吃流质到吃固体食物的转变。

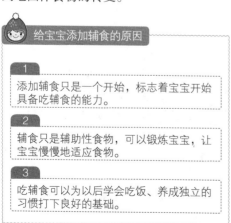

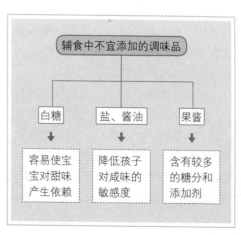

添加辅食需要一个过程

　　宝宝以前没吃过除奶以外的食物，这个时期添加的每一种辅食，对宝宝来说都是一种新的食物，他要有一个适应的过程。家长应该了解这一点，不要一下子喂宝宝太多太杂的辅食或不恰当的辅食，弄不好就会引起宝宝消化功能的紊乱，引起腹泻、呕吐，那样反而会延缓宝宝添加辅食的进程。

　　要想让宝宝顺利地适应新的食物，除了要讲究方法外，还要掌握添加辅食的原则，循序渐进地添加辅食，千万不能操之过急。

　　（1）添加的时机。添加新的食物，应该在宝宝身体健康、消化功能正常的时候进行，宝宝身体不舒服或气候炎热时，应停止或延缓增加新食品，以免宝宝消化不良。

　　（2）注意饮食卫生。给宝宝添加辅食要讲究卫生，现吃现做。婴儿要有专用餐具，而且每天要消毒。

　　（3）不能本末倒置。在这个阶段，母乳或牛奶仍是宝宝的主食，而此时的辅食只能作为一种补充食品让宝宝练习着吃。如果为了让宝宝吃更多的辅食而减少喂给宝宝母乳或牛奶的量，那是不可取的。一般来说，4～6个月的宝宝，每天添加一顿辅食就够了。

教会宝宝吃辅食 {
> 宝宝尝试新事物的时候，需要一个适应的过程，家长们应该有耐心
>
> 宝宝刚吃辅食的时候需要家长的鼓励，以便培养宝宝的自信心
>
> 按固定的时间喂宝宝辅食，让宝宝逐渐养成习惯

适合做辅食的蔬果

　　一般最早给宝宝吃的水果是苹果和香蕉，它们味道甜美，容易被小宝宝接受且较不易引起过敏。柑橙类的水果虽然含较多维生素C，但是较容易造成过敏，可以以后再给宝宝吃。

　　而蔬菜方面，则可以先喂宝宝胡萝卜，比如胡萝卜汁与苹果汁2：1混合，小宝宝一般都喜欢。然后，可以给宝宝

> **不要给宝宝吃口味重的食物**
>
> 　　等宝宝能吃固体食物时，他会去抓任何别人正在吃的食物。但要注意不要给宝宝吃口味重的食物。因为口味重的成人食品，会给宝宝娇嫩的肾脏造成负担。

加煮过的菠菜汁。不过，要记住，给宝宝吃的蔬菜汁一定要煮熟，而且不管是蔬菜汁还是果汁，都要用同等体积的开水稀释后再给宝宝喝。

　　如果宝宝适应了流质辅食，就可以喂他吃半固体食物，让宝宝获得更完整的营养。

添加辅食的原则

在给宝宝添加辅食的时候，还应该注意一些具体的操作原则，以便及时发现问题，解决问题。

1.从一种到多种

给宝宝添加辅食，要一样一样地加。开始时只加一种，等3～4天或一星期宝宝适应后，再添另一种，不能在1～2天内让宝宝吃上2～3种新的食物。这么做是因为宝宝可能对某些食物成分过敏，每次添加新的辅食后，都必须密切观察宝宝排便、食欲、情绪和皮肤等全面状态。如有便秘、腹泻、呕吐、皮肤出疹或潮红以及哭闹等不良反应，应立即停止喂食，并带宝宝去医院。待宝宝恢复正常后，再从开始量或更小量喂起。随着宝宝月龄的增加，可以混合多种食物来制作辅食。

> **孕妇缺钙易出现的问题**
>
> ★ 宝宝刚刚接触辅食的时候，一定要观察宝宝的各种情况，确保在健康的状态之下。
>
> ★ 应该注意宝宝吃辅食之后的变化，是否有不良反应。
>
> ★ 注意观察宝宝的便便，便便能够比较直观地反映出吃辅食后的变化。

2.由少到多

每次添加新食物，必须先从少量喂起，逐渐增加。在这个过程里，母亲要仔细地观察宝宝，如果宝宝一切都好，没有什么不良反应，才能再喂多一些。例如，在加蛋黄时，开始只给宝宝吃1/4个，等3～4天后，如果宝宝没有不良反应，可加到1/2个，然后再逐渐增至3/4个，直至整个蛋黄。

3.由稀到稠、由细到粗

初期给宝宝一些容易消化的、水分较多的流质、汤类。然后由半流质慢慢过渡到各种泥状食品，最后添加柔软的半固体食品。添加固体食品时，可先将食物捣烂，做成泥状；待宝宝长大一些、习惯一些，可做成碎末状或糜状，以后再做成块状的食物。如从青菜汁到菜泥再到碎菜，以逐渐适应宝宝的吞咽和咀嚼能力。

4.尊重宝宝的意愿

给宝宝喂新的食物要有耐心，不能强迫喂宝宝。如果宝宝不愿意吃某种食物，应尊重宝宝的意愿，不要勉强他吃。如果宝宝连续两天拒绝同一种食物，并不代表这种食物宝宝不吃或不能吃，可以过一阶段再喂给他试试。

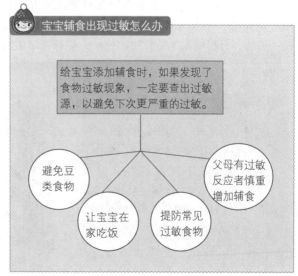

宝宝辅食出现过敏怎么办

给宝宝添加辅食时，如果发现了食物过敏现象，一定要查出过敏源，以避免下次更严重的过敏。

- 避免豆类食物
- 让宝宝在家吃饭
- 提防常见过敏食物
- 父母有过敏反应者慎重增加辅食

喂宝宝辅食的注意事项

喂宝宝辅食，应注意以下几点。

1.让宝宝坐着吃

在喂辅食时，应该让宝宝舒适地靠坐起来，或者坐在妈妈的腿上。最好能给宝宝准备一套婴儿餐椅，从一开始就训练宝宝在固定的地方吃东西，养成良好的生活习惯。

2.要有愉快的进餐氛围

最好在宝宝心情愉快的时候给宝宝添加新的食物，或者用亲切的态度和愉悦的情绪来感染宝宝，使他乐于接受辅食。家长和宝宝的情绪都会影响宝宝对新食物的兴趣。

3.巧妙安排时间

如果宝宝喜欢吃辅食，那就不用安排时间了。如果宝宝依恋奶，不乐意吃辅食，可在每次喂奶前孩子饥饿时，先喂辅食，这样宝宝不会因为已吃饱而拒吃辅食。另外，在孩子临睡前最后一次喂奶之后，给宝宝补喂一点米粉，有助于宝宝夜间的睡眠安稳。在宝宝习惯以后，逐渐减少临睡前的这一次喂奶量而增加辅食的量，慢慢地，宝宝就会习惯吃辅食了。

4.讲究喂食方式

最好的喂养方式，是将食物装在碗中或杯内，用汤匙一口一口地慢慢喂，训练宝宝从现在开始适应大人的饮食方式。当宝宝具有稳定的抓握力之后，可以训练宝宝自己拿汤匙。

5.时间选择

第一次给宝宝喂辅食的时间，最好选在中午。因为这时的宝宝，一般是比较活跃和清醒的。妈妈可以喂宝宝1~2汤匙新添加的辅食，然后，再继续给他乳汁。4~6个月的婴儿，可以添加两种以上的辅食了。食物选择上，不同的宝宝喜欢的辅食的种类有所不同，妈妈要先选择宝宝喜欢吃的辅食喂养宝宝。之后再试着喂宝宝不喜欢吃的辅食。蛋、肉、蔬菜、水果可搭配着制成婴儿辅食，也可购买一些现成的婴儿辅食品。制作时，不要添加其他调味料，不要放糖或盐，不要加油脂，也不要添加苏打粉，虽然苏打粉可以保持食物的色泽，却有损维生素及矿物质。

喂辅食注意事项

刚开始喂辅食，你只需准备一点点就可以了，用小汤匙舀一点点食物轻轻地送入宝宝的口里，放在宝宝舌头中部，让宝宝自己慢慢吸吮、慢慢品味。需要注意的是，不要把汤匙过深地放入宝宝的口中，以免引起作呕，使宝宝从此排斥辅食和小匙。

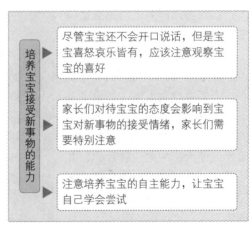

培养宝宝接受新事物的能力

▶ 尽管宝宝还不会开口说话，但是宝宝喜怒哀乐皆有，应该注意观察宝宝的喜好

▶ 家长们对待宝宝的态度会影响到宝宝对新事物的接受情绪，家长们需要特别注意

▶ 注意培养宝宝的自主能力，让宝宝自己学会尝试

怎样让宝宝适应新的食物

添加辅食是宝宝品尝新口味的开始。宝宝以前没接触过辅食，现在的每一种食物对他来说，都是陌生的。接受一种陌生的食物，宝宝需要一个尝试和适应的过程，爸爸妈妈要有足够的耐心才行。

许多父母都遇到过这种情况：花几个小时做的食物，宝宝吃一口就不吃了。这个时候，父母千万不要强迫宝宝，非得让宝宝吃下去，因为这种态度会给宝宝留下坏印象。如果有这样的经历，以后宝宝再接触到辅食，想起父母的这种态度，就会彻底拒绝辅食。那样的话，父母给宝宝添加辅食的计划就容易搁浅，对宝宝的健康也不利。

如果遇到这种情况，父母要尊重宝宝的意愿，吃得少没关系，只要他吃就好，下次做辅食的时候可以少做一点。父母可以给宝宝做示范，自己吃一点，脸上露出满意的样子，跟宝宝说这种食物好吃，宝宝就有可能会多吃一点。如果宝宝实在不吃，可能是他不喜欢这种口味，就不要勉强，过几天再试试，或者改变一下口味，适当加一点点盐或糖，效果也许会好些。

为了让宝宝更好地适应新的食物，每次喂前，爸爸妈妈的态度要亲切温柔，要激发宝宝愉快的情绪，如果宝宝不吃这种食物，也不要勉强。

给宝宝喂辅食时，良好的进餐环境是很重要的，这会让宝宝在吃辅食时更加愉快，使其对奶以外的食品会更有兴趣。

对吞咽能力好的婴儿来说，妈妈可以让宝宝自己拿着固体辅食吃，以增加宝宝进食兴趣，也可增加宝宝用手能力。

另外，在制作辅食时，一定要注意卫生，而且不要咸了，要煮得烂些，油要少放，不放味精或花椒等调味料。

辅食喂养需要过程

爸爸妈妈都盼望宝宝能够多吃些辅食，这种心情是完全可以理解的，但宝宝刚开始尝试新食物时，只能一点点来，不可能一下子就吃上许多。刚开始，爸爸妈妈可以不用花很多时间专门给宝宝做辅食，而是喂他吃些餐桌上现成的食物。比如说适合宝宝吃的鸡蛋花、稀粥、豆腐等，都可以喂一点给宝宝尝尝。如果宝宝喜欢吃，爸爸妈妈再给他单独做。

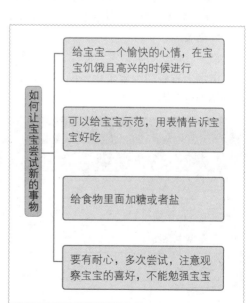

如何让宝宝尝试新的事物
- 给宝宝一个愉快的心情，在宝宝饥饿且高兴的时候进行
- 可以给宝宝示范，用表情告诉宝宝好吃
- 给食物里面加糖或者盐
- 要有耐心，多次尝试，注意观察宝宝的喜好，不能勉强宝宝

该给宝宝添加哪些辅食

这一阶段的宝宝吃哪些辅食好呢？一般来说宝宝6个月才开始长牙，之前的宝宝还没长牙，咀嚼能力差，所以添加的辅食一定要少而烂，以适应宝宝的消化能力。通常这时候宝宝能够接受的食物种类如下。

（1）水果。水果口味好，宝宝容易接受，可以作为第一种固体食物引进宝宝的饮食中，让宝宝觉得许多匙中的东西都是好吃的，这样添加辅食就会比较顺利。

添加宝宝容易接受的食物

在刚开始添加辅食的时候，最好添加宝宝容易接受的食物，这样才能够让宝宝顺利接受辅食。

水果的种类繁多，适合此阶段的宝宝吃的有苹果、香蕉、梨等。喂宝宝的水果应该洗干净，然后榨汁或用勺子刮了喂。

注意给宝宝吃水果每天不应超过2次，一般下午2点和6点喂比较合适，而且每次给宝宝吃得也不要太多。

（2）蛋黄。蛋黄中富含铁质，是宝宝摄取铁质的重要来源。添加蛋黄可以先喂宝宝蛋黄水，以后再喂煮的蛋黄。

（3）蔬菜。蔬菜富含维生素，对宝宝的生长发育起很大作用，但宝宝一般不爱吃蔬菜，爸爸妈妈要花些工夫才能让宝宝接受，开始时每次做一点点，先试着喂喂看。

（4）动物血。鸡、鸭、猪血都含有较多的铁质和蛋白质，而且易消化，是宝宝理想的食品。可以把鸡、鸭、猪血蒸熟，切成末，调入烂粥、奶糕中喂给宝宝。

（5）豆腐。把煮熟的嫩豆腐稍加些盐搅碎，加在米粉或蛋黄中喂食宝宝，效果不错。

（6）谷类食物。可以喂给宝宝的谷类食物很多，如奶糕、米糊、营养米粉、烂粥、烂面条等。

烂粥、烂面条都是家常便饭，只要煮的时间长些，就可以喂宝宝。

市场上有专门为宝宝生产的谷类食品，像奶糕、各种米粉等，食用十分方便，一般冲调即可食用。

6个月宝宝应当增加的辅食	
分类	食品
乳类	母乳、牛乳或配方奶等
粮食类	小面包、粥、面条、小馄饨、大米粥、玉米面、小米等
肉、蛋、豆制品类	肉末、鸡蛋、鹌鹑蛋等
蔬菜、水果类	苹果、香蕉、梨子、草莓等
油类	葵花油、麻油等

怎样让宝宝愿意吃辅食

有些时候，宝宝不愿意吃辅食。如果有这种情况，家长不要着急，着急是不起任何作用的，要细心找原因。

宝宝不愿意吃，是不是做得不可口？辅食做好后，家长要尝尝味道，如果好吃，喂给宝宝自然没问题，如果你自己都吃不下，怎么能希望宝宝吃得香甜呢？

宝宝不愿意吃，是否食物难以下咽？给宝宝做的食物，要做得松软细腻、容易入口嚼咽、温度合适，任何一点做得不好，都会影响宝宝进食。

喂食时，还要看宝宝的尿布是否舒适干净，尿布湿了不舒服，宝宝进食自然会受影响。

让宝宝愿意吃辅食

如果宝宝不愿意吃辅食，家长一定要给予及时的引导，让宝宝尽量早点接受辅食。

另外，还要有轻松愉悦的进食氛围，家长不要焦躁，也不要训斥宝宝，那样会加剧宝宝的紧张心理，使其更加不愿进食。

 ## 不应过多喂谷类食物

这个阶段的宝宝，主要的食物还是奶，不应过多喂谷类食物。有的家长认为，只有谷类食物才能让宝宝吃饱，因此总想让宝宝多吃，这种做法是错误的。

因为这个时期喂宝宝吃辅食，是为了培养宝宝用勺吃食物的习惯，为以后断奶打下基础。所以添加谷类食品要适当，只要宝宝能接受就行了，没有必要吃太多。

如果宝宝已经适应了多种食物，调制奶糕、米粉时，可适当调入蛋黄、豆腐、菜泥等，以提高它的营养价值，也省去单独喂这些辅食的麻烦。

不宜多给宝宝吃谷类食物	这一阶段宝宝的主食还是以奶为主，不应本末倒置
	给宝宝添加辅食只是很少的一部分，目的是锻炼宝宝的吞咽能力
	过多的谷类食物容易给宝宝的肠胃带来负担
	增加辅食是为了给宝宝增加营养，且注意宝宝的消化吸收能力

可以喂宝宝点心吗

宝宝刚开始吃辅食的时候，没有必要吃点心。婴儿这时候还是以吃奶为主，其他食物只是一种配合。不过，宝宝需要辅食提供的营养。如果给宝宝吃点心，因为点心类食品大都是甜味居多，宝宝有可能对其他食品失去兴趣，这样的饮食结构，会使宝宝缺乏维生素。而且宝宝有基本固定的食欲周期，如果在宝宝两餐之间喂食点心，就会打乱宝宝的食欲周期，进而影响正常的进食。

所以给宝宝吃的辅食，还是动手制作的好，最好不要给宝宝吃点心。

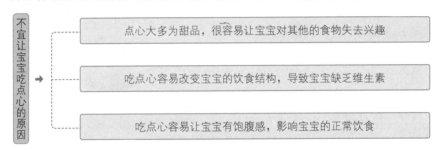

不宜让宝宝吃点心的原因

- 点心大多为甜品，很容易让宝宝对其他的食物失去兴趣
- 吃点心容易改变宝宝的饮食结构，导致宝宝缺乏维生素
- 吃点心容易让宝宝有饱腹感，影响宝宝的正常饮食

 不宜给宝宝吃的食品

给宝宝吃辅食，食物多样化固然是好的，但是需要注意的是，有些食物不宜让4~6个月的宝宝吃，举例如下。

（1）小粒食品。如花生米、玉米花、黄豆等，避免宝宝吸入气管，发生危险。

（2）蜂蜜。蜂蜜中可能含有肉毒杆菌，会引起宝宝严重腹泻或便秘，所以不适合给1岁以下的宝宝吃。

（3）容易引起过敏的食物。有壳的海鲜类（如龙虾、螃蟹、蛤蜊）等。

宝宝不能吃的食物

此阶段的宝宝吃东西还有很多禁忌，妈妈们不能随便给宝宝吃东西。

（4）糖果、点心。这类食品含糖多，吃了容易有饱的感觉，宝宝就不愿意再吃别的食物了，因此以少吃为佳。

（5）刺激性的食物。如咖喱、辣椒、咖啡、可乐、红茶或含酒精的饮料。

（6）某些蔬菜。如竹笋、生萝卜、芹菜、韭菜等，纤维太多，难以消化吸收。

（7）黏食。糯米、黄米、黏高粱米等，不易消化，婴儿不宜食用。

（8）其他。味道太重的食物、油炸食品、含人工添加剂的食物，都不宜给宝宝吃。

要让宝宝习惯用勺子吃东西

让宝宝练习吃辅食的过程，也是让宝宝习惯用小勺吃东西的过程。练习用勺吃东西对宝宝很重要，能够让宝宝顺利地学习吃辅食，也为日后能顺利断奶打下了基础。

刚开始用勺喂食物，宝宝会不习惯，有的宝宝也许会对勺子产生反感。宝宝拒绝勺子，只是他不习惯而已，而且他也不知道勺子里的食物好吃，对于宝宝拒绝的态度，爸爸妈妈要有耐心。

在刚开始练习的时候，爸爸妈妈应该先给宝宝一些流质的食物，如水果汁、菜汁，因为这种食物跟喝奶的感觉差不多，吃下不用费劲。如果宝宝意识到勺子里有好吃的食物，就会接受勺子了，这时他也练得差不多了。

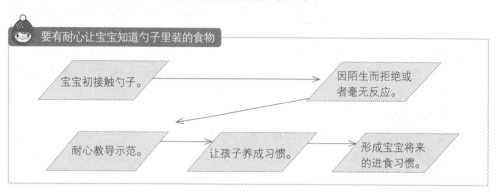

要有耐心让宝宝知道勺子里装的食物

宝宝初接触勺子。 → 因陌生而拒绝或者毫无反应。

耐心教导示范。 → 让孩子养成习惯。 → 形成宝宝将来的进食习惯。

选择做辅食的用具

给宝宝做辅食，经常需要过滤、剁泥等工序，把食物加工得很细，这就需要有适合的用具。

一般来说，家中应该备有加工蔬菜、水果的过滤器，这东西市场上种类较多，只要能够进行消毒，什么材质都可以。碾碎食物用的勺子和叉子是需要的，市场上有薯类碾压专用匙，用起来很方便，应该配备。研磨钵和研杵也是必要的，桌上用的研磨机很方便，可将成人的饭菜，如块状的鱼、肉、蔬菜快速地研细，应该配备。还有切菜用的菜板、菜刀、煮锅，都应该有宝宝专用的，最好能够高温消毒。

给宝宝做辅食的必备工具	
所需要的工具	对工具的要求
蔬菜、水果过滤器	对材质无特别要求，须为宝宝专用
碾碎食物的勺子或者叉子	无特别要求，须为宝宝专用
研磨机或研磨杵	无特别要求，须为宝宝专用
菜板、菜刀、煮锅	对材质无要求，但必须为宝宝专用

婴儿食物的烹调

因为婴儿的消化器官功能发育还不够完善，所以婴儿不宜跟成人吃同样的食物，他们的食物应专门准备。

蒸是最适于婴儿食物的烹调方法，煮和不加油的烘也是不错的烹调方法，但时间不宜太长。最不宜为婴儿选择的烹调方法是油炸和烤，这两种方法加工好的食物不利于消化。同时，尽量避免让宝宝吃微波炉加工熟的食物，因为微波炉温度太高，容易破坏食物中的营养素，况且微波炉的加热也不均匀，容易导致消化问题。

为婴儿烹调食物应注意以下几点。

1.饮食卫生

为了保证婴儿膳食的清洁卫生，厨房和一切烹调用具应保持清洁，定时用碱液洗涤。

厨房内应保持清洁卫生，无蝇、无鼠、无蟑螂。

如果有条件，各种淘洗用具、烹调用具，甚至菜刀、案板、洗碗布，都应给宝宝准备一套专用的。

2.适宜的食物

婴儿所吃的食物，应适合他们的咀嚼和消化能力。

食物应细而软，食物以清淡为宜。

3.不适宜的食物

不宜生、硬、粗糙，不宜食用含粗纤维很多的蔬菜，如黄豆芽、韭菜、竹笋等。

不宜用刺激性的调味品。如辣椒、花椒、八角等，这些调味品的气味比较刺激，可能会让宝宝产生不适。

不宜吃过于油腻的食物。如油炸食品，这些食品不宜消化，会影响宝宝的消化功能。

辅食烹调注意事项

为了避免不必要的麻烦，家长可以一次性煮多一些水果或蔬菜，将多余的放在冰箱里冷藏或冷冻，待需要吃的时候，再将冷藏、冷冻食物解冻、充分加热即可。宝宝如果没有一次性吃完冷冻后加热的食物，要倒掉，不宜再次冷冻留到下次给宝宝吃。

婴儿食物烹调注意事项

★ 在做婴儿辅食时，可以适当加入一些芡粉。

★ 切蔬菜和肉的时候要沿着纤维垂直切。

★ 在煮蔬菜的时候，一定要让水沸腾，这样蔬菜颜色才鲜艳。

★ 辅食一次不可做太多，不要让宝宝吃隔夜菜。

★ 如果煮汤过少，不妨让锅倾斜着煮，以防煮不熟。

应该给婴儿吃些素食

有的家长认为肉食比素食更有营养，所以在给婴儿加辅食的时候，总是偏向肉类，比如各种肉松、鱼肉泥之类。

这种想法是错误的。肉食固然营养丰富，不过，宝宝如果只吃肉食，摄取的营养并不全面，也不容易消化，还容易使宝宝发胖。

植物性食物不含胆固醇，饱和脂肪含量也比肉类低，而且含有丰富的纤维和矿物质，如镁和钾等，有助于预防高血压和心血管疾病。另外，植物性食物所含的植物化学物质多为抗氧化营养素，有助于减轻自由基对身体造成的伤害。

所以，家长在给宝宝添辅食时，一定要加一些素食，以便让宝宝健康成长。

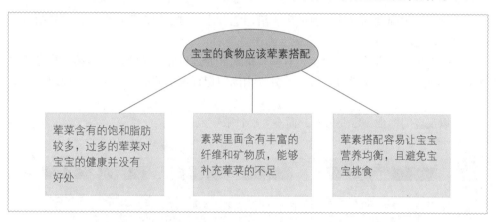

宝宝的食物应该荤素搭配

荤菜含有的饱和脂肪较多，过多的荤菜对宝宝的健康并没有好处

素菜里面含有丰富的纤维和矿物质，能够补充荤菜的不足

荤素搭配容易让宝宝营养均衡，且避免宝宝挑食

要经常让宝宝晒太阳

婴幼儿常易患佝偻病，佝偻病是由于身体缺乏维生素D引起的。维生素D是一种可以由人体合成的维生素，不过需要阳光的照射。皮肤中的7-脱氧胆固醇，经阳光中紫外线的照射，可转变成维生素D。

所以，家长应该经常带宝宝到外边晒晒太阳。注意，阳光直接照射才有效，在屋里让太阳照射是没用的。因为阳光透过玻璃照到室内，虽然使人感到暖和，但那是红外线的作用，紫外线却被挡住了。

带宝宝晒太阳要注意温度，不要让宝宝中暑

常常让宝宝晒太阳

让宝宝晒太阳能够补充维生素D。

或感冒。春天和秋天可以多让宝宝晒晒，冬天天气暖和的时候也可以让宝宝晒，夏天要防止暴晒，可以让宝宝在树荫下、房檐下玩。

辅食添加的注意事项

在给宝宝添加辅食的时候，应该注意完善每一个环节，从工具选择，到食材选择，最好都是宝宝专用。给宝宝增加营养的时候，应该根据宝宝的特点来添加，可以询问相关专家或者医生，采取科学的建议以及喂养方法，而不应该盲目。此外，还应该观察宝宝的进食状况，以及宝宝的喜好。

 ## 不要嚼食喂宝宝

给宝宝添加辅食的时候，有的家长沿用老方法，自己把饭菜嚼烂了，再喂给宝宝吃，这样做是不对的。

嚼食喂宝宝的方式并不卫生，有些传染病能通过口腔分泌物，把病菌、病毒传给婴儿，如肺结核、传染性肝炎等。另外，由幽门螺杆菌引起的胃病，也可能通过唾液传给宝宝。

所以宝宝的辅食一定要另做，而不要嚼食喂宝宝。

不要给宝宝嚼辅食	①	②	③
	每个人的口腔内都含有很多细菌，容易传染给宝宝。	大人的疾病容易通过唾液传染给宝宝。	给宝宝喂辅食是在培养宝宝的独立咀嚼能力，因此，不宜帮助宝宝咀嚼。

 ## 如何给宝宝选择勺子

喂宝宝吃辅食，最好用勺子。对于那些细碎的食物，勺子比筷子方便得多。怎样给宝宝选择合适的勺子呢？

现在市场上有各种各样的勺子，材质上也分不锈钢和塑料的。给宝宝选勺子，要特别注意安全。勺子的样子要避免边薄或头尖的那种，选宽度窄、凹陷部稍浅的就可以了，这样的勺子不会伤到宝宝的嘴。

如何挑选适合宝宝的勺子
- 形状上头部不能过尖，边缘不能过薄
- 做工上要求要光滑，没有任何痕迹，以免刮伤宝宝
- 应结合宝宝嘴部的大小选择，不宜过大，不宜过深

为什么宝宝吃完就想拉

有的家长觉得宝宝简直是直肠子，吃完就要拉。其实，这一点也不奇怪，因为婴儿有一种生理反射，叫作"胃—结肠反射"。宝宝吃的食物进入胃以后，由于胃—结肠反射，会引起肠蠕动加快，食物残渣被推入直肠，就会产生便意。

所以，家长喂完宝宝后，应该让宝宝坐一会儿便盆，一般这时候可以排便。这样做既减少了给宝宝换洗脏衣服的麻烦，又可以培养宝宝定时排便的习惯。

宝宝吃完就要拉便便

妈妈要注意观察宝宝的排便规律，养成宝宝定时排便的习惯。

 ## 注意宝宝的粪便

宝宝的粪便可以反映他的饮食添加情况和消化情况。如果宝宝的膳食不合理，可以从粪便上反映出来。

如果宝宝摄入的脂肪过高，粪便为淡黄色或水泥色，极为油滑；刚排出时为条形，很快散开，有腥臭。摄入脂肪过多可能会发生腹泻。

如果宝宝摄入的糖类过多，粪便就会稀软如糊状，初排出时为黄色，渐变绿色。糖类过多也可致腹泻。

如果宝宝摄入蛋白质过多，粪便干硬，呈淡黄色，有可能导致便秘。

父母要经常观察宝宝的粪便，以便判断给宝宝的膳食是否合理，如果不合理，要及时做出调整。

给宝宝添加辅食后，宝宝的粪便会因摄入辅食的不同而不同。如给宝宝添加淀粉类食物，宝宝的粪便量增多、质软，呈暗褐色，臭气增加。而给宝宝添加菜泥，可有少量菜泥随粪便排出，如红色的胡萝卜、绿色的菠菜等，这都是正常现象。随着五谷、蔬菜、水果、禽畜肉等的添加，婴儿的粪便逐渐接近成人粪便。

宝宝的粪便反映出的问题	
宝宝粪便的颜色	反应的问题
淡黄色或水泥色，油滑，有腥臭味	所吃食物脂肪过多
初排出为黄色，后变为绿色	吃糖过多
淡黄色，较干硬	蛋白质过多

怎样喂宝宝果汁

喂宝宝果汁，可以让宝宝尝试一下奶味以外的味道，还可以让宝宝逐渐习惯用勺子进食的方式，为以后断奶做些前期准备。

原则上，喂宝宝什么水果的果汁都可以（自己榨的果汁比买现成的好）。不过，实际上，宝宝喜欢甜味，不喜欢酸味，所以应该在果汁里加点儿糖，而酸味较浓的果汁则应以后再喂。喂量从1~2匙开始，如果宝宝愿意喝，可以适量多喂点儿。等宝宝再大一点，可以增加喂食量。

而且，果汁能治疗宝宝便秘，越甜的果汁其效果越明显，因为果汁对便秘有效果，主要成分是糖。一般的水果都含有大量的果糖和葡萄糖，像柑橘类、苹果、草莓、洋李等，都可以。不过用草莓制果汁的时候，要把表面的颗粒物充分清洗。而洋李（李子的一种）对于通便的效果最明显。

喂了果汁的宝宝，大便通常呈绿色。这时候还要不要喂宝宝果汁呢？只要宝宝精神好有食欲，喂食果汁是没有问题的。婴儿大便呈绿色是肠道处于酸性的缘故，婴儿饮用的果汁在肠道内发酵使其呈现酸性，这是正常现象。所以，大便呈绿色不影响婴儿饮用果汁。

制作果汁时最重要的是要注意清洁卫生。为了预防细菌的侵入，要把使用的器具用开水消毒。当然，也可以使用榨汁机。现在的水果都喷洒农药，所以榨汁前要削掉果皮。需要注意的是，果汁不可替代白开水。一些妈妈认为孩子喜欢喝果汁，就用果汁替代白开水。减少宝宝喝水的次数，这种方法是错误的。这很容易养成宝宝只喝果汁，不饮用白开水的习惯。摄入过多的果汁，不仅会扰乱宝宝的消化系统，抑制宝宝的食欲，而且还会引起宝宝肥胖。因此，家长要切记不可用果汁代替白开水。

喂宝宝果汁不要强求

喂宝宝果汁的时候，应让宝宝自愿喝，不能强求。

午餐前不要饮纯果汁

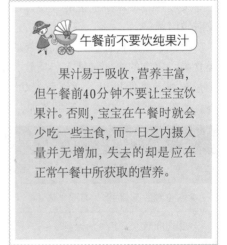

果汁易于吸收，营养丰富，但午餐前40分钟不要让宝宝饮果汁。否则，宝宝在午餐时就会少吃一些主食，而一日之内摄入量并无增加，失去的却是应在正常午餐中所获取的营养。

怎样选择米粉

婴儿米粉一般都由专业厂家生产,食用方便,安全卫生,弥补了家庭制作辅食费时费力的不足。

市场上的婴儿米粉品种繁多,家长购买米粉时可能会有困惑:选择哪种才好呢?正确选择米粉应注意以下问题。

1.蛋白质含量

蛋白质是构成身体组织必需的物质,只有蛋白质供应充足,各器官的发育才能完全。现在市场上的营养米粉一般分为婴幼儿全价配方粉和婴幼儿补充谷粉两类。其中,婴儿全价配方粉中的蛋白质含量高一些,家长购买的时候要注意。

2.是否含有足量碘元素

碘是人体的重要营养元素,婴儿缺碘可导致克汀病,表现为智力低下,听力、语言和运动障碍,聋哑发生率高,还可能出现畸形。

3.营养元素的全面性

宝宝的生长发育需要多种营养成分。好的营养米粉营养含量全面,能满足宝宝正常生长发育的需要。

4.米粉的颗粒细度

颗粒较粗的米粉会妨碍宝宝对营养元素的吸收。优质米粉必须符合颗粒精细、易消化吸收的原则,以适应宝宝尚未发育完全的肠胃。

5.是否为独立包装

独立包装不仅容易计量,而且不易受潮、不易污染,所以,应尽量选择独立包装的米粉。

 自制米粉

如果妈妈有条件或者有时间,可以给宝宝自制米粉,用新鲜的大米,磨成面粉,也可添加一些蔬菜或者水果等,做成果蔬米粉。自己制作米粉,不仅营养丰富,也更加安全卫生。

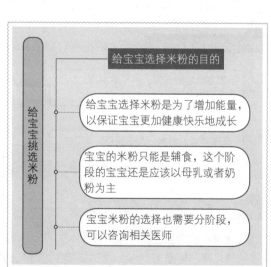

给宝宝挑选米粉

给宝宝选择米粉的目的

给宝宝选择米粉是为了增加能量,以保证宝宝更加健康快乐地成长

宝宝的米粉只能是辅食,这个阶段的宝宝还是应该以母乳或者奶粉为主

宝宝米粉的选择也需要分阶段,可以咨询相关医师

宝宝为什么会把辅食吐出来

宝宝刚开始吃泥状食物时，可能会先把食物吃进去，又用舌头顶出来。

爸爸妈妈看到这种情形，往往以为宝宝不愿吃这种食物，可是换了一种食物喂，宝宝还是照样给吐出来。爸爸妈妈据此认为宝宝不肯吃奶以外的食物，也就不给宝宝喂辅食了。这样做是错误的。

其实，宝宝之所以会把正在吃的食物吐出来，不是宝宝不愿吃，而是因为他不会吞咽食物。以前宝宝喝奶的时候，只要会"吸吮"就可以了，可是现

4~6个月宝宝添加辅食应遵循的原则

- 由稀到稠。
- 由少到多。
- 由细到粗。
- 辅食添加的时间要适宜。
- 辅食添加的频率要适宜。
- 腹泻或者积食时停止添加。
- 辅食中要避免添加调料。
- 避免宝宝食用过敏的食物。

在的食物单靠"吸吮"是不会自动往喉咙里流的，这需要"吞咽"。宝宝以前不会吞咽，他需要学习。

对于这一点，爸爸妈妈要给予充分的认识和理解，千万不要想当然地认为宝宝不肯吃，而让宝宝失去学习吃东西的机会。

吸吮和吞咽有很大的不同，吞咽需要用舌头把食物往咽喉里送，这种转换需要一个学习和适应的过程。在这个过程中，宝宝会表现出一些笨拙的现象，如把食物吐出来、溢出来、流口水等。

宝宝还没学会吞咽之前，不能自如地运用舌头。不过宝宝如果把食物顶出来挂在嘴边也没关系，总会吃下去一点点。这是一个学习的过程，家长们不用为此烦恼。

宝宝把辅食吐出来

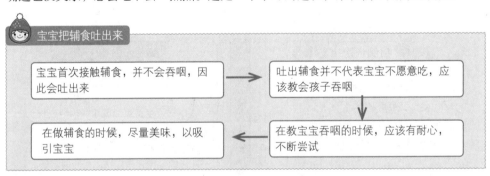

宝宝首次接触辅食，并不会吞咽，因此会吐出来 → 吐出辅食并不代表宝宝不愿意吃，应该教会孩子吞咽

在做辅食的时候，尽量美味，以吸引宝宝 ← 在教宝宝吞咽的时候，应该有耐心，不断尝试

 给宝宝准备色香味俱全的食物

此阶段的宝宝能明确地区分甜、酸、苦、辣等不同的味道，对不习惯的食物会拒绝，但多熟悉几次会慢慢接受辅食。能明确地闻出不同的气味，如果闻到不喜欢的气味，会拒绝，闻到香喷喷的食物，会表现出极大的兴趣，甚至伸出手来抓着往自己嘴里送。因此，家长不妨给宝宝做一些色香味俱全的食物。

注意给添加辅食的宝宝喂水

没有添加辅食以前，宝宝很少需要补充水，因为乳类含钠量少，100毫升牛奶才含钠37毫克。

4~6个月的宝宝一般都开始添加辅食，为了调味，辅食中多多少少总会放些食盐，即使不放，那些肝、肉、鱼、蛋黄等食物本身含钠量也至少超过乳类1倍。宝宝摄入钠多了，就需要多喝水，不然宝宝会口渴。

所以，给婴儿添加辅食以后，要注意喂水，特别是夏天，更要让宝宝多喝点儿水。

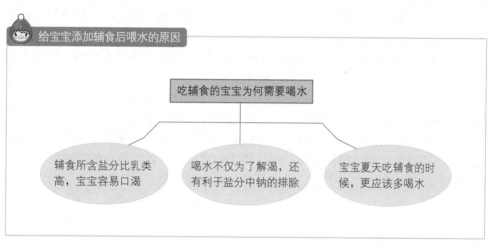

给宝宝添加辅食后喂水的原因

吃辅食的宝宝为何需要喝水

辅食所含盐分比乳类高，宝宝容易口渴

喝水不仅为了解渴，还有利于盐分中钠的排除

宝宝夏天吃辅食的时候，更应该多喝水

让宝宝学习用杯子喝水

让宝宝学习自己用杯子喝水，可以训练他的手部肌肉，促进其手眼协调性的发展，而且可以防止宝宝因长期频繁使用奶瓶导致的龋齿。

宝宝在5~6个月的时候，就应该让他自己学着用杯子喝水了。宝宝5个月时，可以先让他熟悉杯子，为用杯子喝水做准备。6个月时，可以在杯子里放少量的水，让宝宝双手端着杯子，在父母的帮助下，一口一口慢慢地喝。

如果宝宝能拿稳杯子，就可以让他自己喝水了。

教会宝宝用杯子喝水

让宝宝用杯子喝水能够锻炼宝宝独立喝水的能力，以便养成良好的习惯。

喂养孩子的错误观点

许多妈妈没有喂宝宝的经验，经常受错误观点误导，人云亦云，结果对孩子健康和生长发育造成不利影响。以下是几种常见的错误观点，家长们要特别留意。

（1）葡萄糖可以代替白糖。有的家长认为婴儿的消化能力比较差，而葡萄糖容易消化，于是应该经常给婴儿喂葡萄糖。

正因为葡萄糖容易消化，如果经常吃的话，宝宝肠道中的双糖酶和消化酶就会失去作用，使胃肠"懒惰"起来，时间长了就会造成消化酶分泌功能低下，导致消化功能减退，影响婴儿生长发育。

（2）麦乳精可以代替奶粉。有的家长认为麦乳精跟奶粉差不多，口味也好，给宝宝喂麦乳精和喂奶粉是一样的。

麦乳精的营养价值远远低于奶粉，其中蛋白质的含量仅为奶粉的35％，给宝宝吃麦乳精只能增加热量，不能供给机体足够的营养。

（3）果汁可以代替水果。有的家长认为果汁的原料是水果，跟水果营养价值一样，而且喂起来也方便，只要经常给宝宝喝些果汁，就可以不吃水果了。

因为新鲜水果不仅含有完善的营养成分，而且在孩子吃水果时，还可锻炼咀嚼肌及牙齿的功能，刺激唾液分泌，促进孩子的食欲；而各类果汁虽然也是水果制作的，但是都添加了食用香精、色素等食品添加剂，而且甜度高，会影响宝宝的食欲。

（4）鸡蛋可以代替主食。有的家长认为鸡蛋营养价值高，给宝宝多吃点鸡蛋，就可以不吃别的辅食了。

宝宝过多吃鸡蛋，会增加胃肠的负担，甚至引起消化不良性腹泻或过敏反应。1岁内宝宝只能吃鸡蛋黄，而且一般一天最多1个蛋黄就足够了。

宝宝的食谱需要科学搭配

给宝宝添加辅食的时候需要按照科学的比例平衡营养，无论是蛋白质还是维生素都需要均衡摄入

尽管宝宝的辅食在这个阶段只是宝宝饮食当中很少的一部分，但是同样需要科学指导

辅食的品种应该多样，每个阶段都应该有所侧重，以促进宝宝智力以及身体的成长

注意宝宝被动高盐

这个时期的宝宝可以吃盐了，辅食可以调成稍微有点咸味的，不过家长可要注意，不要用大人的口味来调剂宝宝的食物。因为大人的口味比宝宝重，宝宝如果总吃高盐的食物，就会长期处于被动高盐的状态中，这对宝宝的健康极为不利。

高盐对孩子成长不利

过量的食盐，对宝宝的身体健康有害处。

当然，适量的食盐对维护人体健康起着重要的生理作用，它不仅是不可缺少的调味品，而且能为人体提供重要的营养元素钠和氯，维持人体的酸碱平衡及渗透压平衡，合成胃酸，促进胃液、唾液的分泌，增进食欲。

不过，宝宝的机体功能尚未健全，肾脏功能发育也不够完善，没有能力充分排出血液中过多的钠，时间长了，就会引起血压升高，加重心脏负担。

而且，过多的盐分还会导致体内的钾从尿中丧失，而钾是人体活动时肌肉收缩、放松时必需的元素。如果钾丧失过多，就会引起宝宝心脏肌肉衰弱，严重的甚至会导致死亡。

给宝宝合理安排饮食

爸爸妈妈要注意，在这段时间应给宝宝合理安排饮食，补充各种营养素。

1.多吃富含维生素的食物

含维生素A、维生素D最多的食物是乳类及动物肝脏，维生素C则在各种蔬菜及新鲜水果中含量丰富。

2.多吃富含矿物质的食物

钙的最佳来源是乳类，另外粗粮、黄豆、海带、黑木耳等食物，含有较多的磷、铁、锌、氟，有助于牙齿的钙化。

3.多吃富含蛋白质的食物

含蛋白质的食物很多，而且分动物蛋白（如肉类、鱼类、蛋类、乳类等）和植物蛋白（包括豆类、干果类等）。

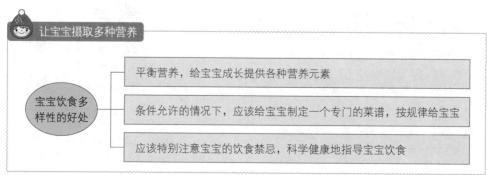

让宝宝摄取多种营养

宝宝饮食多样性的好处

- 平衡营养，给宝宝成长提供各种营养元素
- 条件允许的情况下，应该给宝宝制定一个专门的菜谱，按规律给宝宝
- 应该特别注意宝宝的饮食禁忌，科学健康地指导宝宝饮食

宝宝的牙齿与营养

很多宝宝6个月就开始长牙了。牙齿是"脏腑之门"，宝宝消化食物、学习说话都跟它有直接的关系。

宝宝牙齿的生长发育与营养物质的摄入有着密切关系，而且这段时间正是宝宝生长发育比较迅速的时期，如果营养跟不上，会对牙齿的大小、形状、颜色、强度产生一定的影响。牙齿不好，会影响宝宝对营养物质的消化吸收，有碍健康，同时还会影响宝宝的容貌。

牙齿的发育究竟与哪些营养素有着密切的关系呢？下面这些物质不可忽视。

（1）维生素A。维生素A能维持全身上皮细胞的完整性，当维生素A缺乏时，上皮细胞就会过度角化，导致小宝宝出牙延迟，牙齿的颜色变成白垩色。

（2）维生素C。维生素C与牙质、牙龈和牙槽骨基质的形成有关，并可影响牙齿的钙化。缺乏维生素C会使牙齿发育不良，牙骨萎缩，牙龈容易水肿出血。

（3）维生素D。维生素D可以促使钙、磷在牙胚上沉积钙化，如果缺乏维生素D，宝宝出牙就会延迟，牙齿小且牙间距稀。

（4）矿物质钙和磷。牙齿需要的钙和磷很多，它们是牙齿的主要组成成分，缺少它们，宝宝的乳牙就会长不大，坚硬度差，容易折断。

（5）矿物质氟。氟具有耐酸作用，适量的氟可以增加乳牙的坚硬度，使牙齿不受腐蚀，不易发生龋齿。

需要注意的是，氟的摄取并不是多多益善，氟过多又可使牙釉质变黄变脆，损害牙齿的健康。

（6）蛋白质。如果宝宝出牙期间蛋白质摄入不足，会使牙齿萌出晚、牙齿排列不齐，而且容易导致龋齿。

当然，除此之外，还有一些其他的营养素对牙齿的发育以及维持牙龈组织起重要作用，如脂肪、糖类及B族维生素。

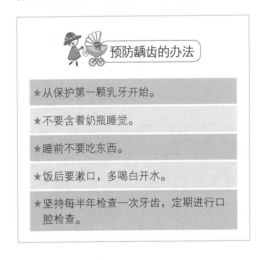

预防龋齿的办法

★从保护第一颗乳牙开始。

★不要含着奶瓶睡觉。

★睡前不要吃东西。

★饭后要漱口，多喝白开水。

★坚持每半年检查一次牙齿，定期进行口腔检查。

营养好，牙齿好

蛋白质　氟　磷　钙　维生素A　维生素C　维生素D

宝宝的牙齿健康，说明宝宝营养充足，发育良好。

如何保持宝宝的牙齿健康

宝宝的牙齿与身体发育和健康都有密切关系，所以妈妈一定要帮助宝宝保护他的小牙齿。保持宝宝牙齿的健康，应注意以下几点。

1.保持口腔清洁

每次进食后及临睡前，都应喝些白开水以起到清洁口腔、保护乳牙的作用。

2.限制宝宝吃过多甜食

甜食中的糖会发酵产生酸性物质，使口腔酸度迅速增加，这种酸可以溶解牙齿表面的钙和磷，从而形成龋齿。

3.及时添加辅食

使宝宝摄取足够营养，以保证牙齿的正常结构、形态及提高牙齿对龋病的抵抗力。

4.避免宝宝含着奶头睡觉

宝宝入睡后，唾液分泌和吞咽动作大大减少，留在口腔里的奶汁便为细菌繁殖提供了充分的养料，这很容易使宝宝产生龋齿。

5.锻炼宝宝牙质的坚固性

可以适当给宝宝吃些磨牙的食物，如一些干硬或含纤维较高的蔬菜、水果、饼干等，以锻炼宝宝的咀嚼肌，促进牙齿与颌骨的发育，并能帮助宝宝收住口水，解决牙龈的出牙发痒问题。

6.给宝宝补钙

为了更好地保持宝宝的牙齿健康，家长可以适量地为宝宝补充钙。而钙质的补充不仅能有效地促进宝宝在牙齿发育期的钙化，还能增强宝宝牙齿的坚硬度，让宝宝的牙齿能健康地发育。比如，家长可以让宝宝多吃一些骨头汤、牛奶、鸡蛋、豆类、新鲜蔬菜等，以满足机体生长发育的需要，促进牙齿钙化。

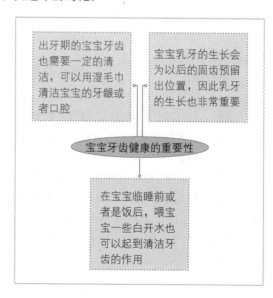

适合宝宝的蔬果汁

宝宝开始添加辅食的初期，需要补充多种营养，但是一般的蔬菜宝宝无法消化，因此，把蔬菜榨成汁是最好的方法。在此介绍几种适合宝宝的蔬果汁。

宝宝的营养蔬果汁

给宝宝喂蔬果汁的时候，应该注意观察宝宝的喜好。

1.西红柿汁

用料：成熟的西红柿1个，白糖10克，温开水适量。

制作：把西红柿洗净，用开水烫软去皮，然后切碎，用清洁的双层纱布包好，把西红柿汁挤入小碗内。将白糖放入汁中，用温开水冲调后即可饮用。

功效：西红柿富含丰富的胡萝卜素、B族维生素和维生素C，可维持胃液的正常分泌，促进红细胞的形成，利于保持血管壁的弹性，并可保护皮肤。

2.鲜橘汁

用料：鲜橘子1个，白糖、温开水适量。

制作：将鲜橘子洗净，切成两半，压榨出橘汁，加入适量温开水和白糖即可。

功效：酸甜可口，富含维生素C。

3.菠菜汁

用料：菠菜（油菜、白菜均可）500克、精盐3克，清水适量。

制作：将菠菜、油菜、白菜任选一种，洗净，切碎。将钢精锅放在火上，加上清水、碎菜，盖好锅盖烧开，稍煮，将锅离火，用汤匙压菜取汁，加入精盐少许，即可。

功效：含有丰富的钙、铁和维生素。

4.鲜柠檬汁

用料：鲜柠檬1个，白糖适量。

制作：将洗净的柠檬去皮，压榨取汁，加入适量白糖即可食用。

功效：富含维生素C和柠檬酸，促进宝宝食欲，帮助消化。

5.胡萝卜汁

用料：胡萝卜2根，白糖10克，水适量。

制作：将胡萝卜洗净，切碎，放入锅内，加入水，上火煮沸约20分钟。用纱布过滤去渣，加入白糖，调匀，即可饮用。

功效：保持视力正常、促进消化，并有杀菌作用。

适合宝宝的营养汤

1.菜花汤

用料：菜花150克，肉汤少许，开水适量。

制作：把菜花瓣开用水洗干净，放入开水中煮软，研碎并过滤去渣，放入锅内加肉汤煮，边煮边搅拌，煮熟为止。

功效：钙含量很高，可以补充钙质。

2.丁香酸梅汤

用料：清水550克，乌梅100克，山楂20克，陈皮10克，桂皮30克，丁香5克，白砂糖50克。

制作：将乌梅、山楂择洗好，逐个拍破，同陈皮、桂皮、丁香一道装入纱布袋中扎口，备用。锅中注清水约550克，把纱布袋放入水中，用旺火烧沸，再转小火熬约30分钟，取出纱布袋，静置15分钟，滤出汤汁，加白糖，溶化即成饮料。

功效：用于暑热伤津、吐泻、肠炎、痢疾、口渴等症。

3.冰糖乌梅汤

用料：乌梅6~12克，冰糖15克，水适量。

制作：先将乌梅洗净，然后放入锅中加水适量煎煮，煮沸后10分钟，再加入冰糖煮20分钟，糖化后即成。

功效：本品可和胃降气，生津止呕。

4.藕汁生姜露

用料：鲜嫩藕200克，生姜20克，白糖15克，水适量。

制作：将鲜嫩藕洗净切碎，绞汁，生姜去皮洗净切碎，绞汁，将两汁混合加糖水调匀即成。

功效：藕汁生姜露有散寒清热、生津、和胃、止呕的作用，也可用于胃肠型感冒、烦渴、呕吐合并腹泻等症。

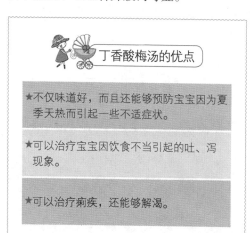

丁香酸梅汤的优点

★不仅味道好，而且还能够预防宝宝因为夏季天热而引起一些不适症状。

★可以治疗宝宝因饮食不当引起的吐、泻现象。

★可以治疗痢疾，还能够解渴。

宝宝爱喝的营养汤

汤中营养丰富，易于吸收，妈妈们不妨多给宝宝喝一些营养汤。

适合宝宝的蔬果粥

1.青菜粥

用料：大米2小匙，水120毫升，过滤青菜心1小匙（可选菠菜、油菜、白菜等）。

制作：把米洗干净加适量水泡1～2小时，然后用微火煮40～50分钟，加入过滤青菜心，再煮10分钟左右即可。

功效：补充蛋白质、碳水化合物、钙、铁、磷和维生素C，促进婴儿发育。

2.胡萝卜粥

用料：大米2小匙，水120毫升，胡萝卜1小匙。

制作：大米洗净，浸泡1～2小时，入锅用微火煮40～50分钟，停火前加入胡萝卜，再煮10分钟。

功效：富含维生素A，适用于食欲不振、消化不良、营养不良等患者。

3.青菜土豆粥

用料：切碎的青菜（菠菜、白菜都可）1/2匙，土豆1匙，牛奶1匙，肉汤适量。

制作：取菠菜或白菜煮软后过滤，然后和土豆一起放入锅内，再加肉汤上火煮，用勺子搅拌使其均匀混合加入牛奶再煮片刻。

功效：改善婴儿食欲、促进消化。

4.双萝卜粥

用料：大米20克，白萝卜20克，胡萝卜20克，水适量。

制作：将米淘洗干净加水适量熬煮成烂粥，将胡萝卜、白萝卜放在开水中余烫，至熟软后捞出，趁热磨成泥状，放入粥中调匀，略煮即可。

功效：可补中益气、健脾养胃、消积滞、化痰清热。

5.玉米粥

用料：新玉米面50克，白糖、清水适量。

制作：锅置火上，放入适量的清水烧沸，然后下入已用清水浸湿的玉米面，不断搅拌，煮至面熟、黏稠时停火，加入白糖搅匀即可喂食。

功效：健脾开胃，适用于脾胃虚弱、食欲低下者。

宝宝喝蔬果粥的好处	喝粥的禁忌
蔬果粥能够提供给宝宝一些维生素以及微量元素。	★ 不要给宝宝吃过多的粗粮，有碍消化。
能够补充身体每天所需要的水分。	★ 粥一定熬得黏稠，不要汤米分离状态。
让宝宝喝蔬果粥能够锻炼宝宝吃饭的能力。	★ 粥中不要放过多的盐或者糖。
	★ 可以换着花样来，以防宝宝厌倦。

适合宝宝的混合粥

1.牛奶粥

用料：大米2小匙、水120毫升、牛奶1大匙。

制作：把米洗净，水泡1～2小时，上火煮开后用微火再煮40～50分钟，停火前不久把牛奶加入粥锅内再煮片刻。

功效：此粥含钙丰富，是宝宝补充钙质的良好来源。

2.豆奶粥

用料：大米2小匙，水100毫升，豆奶粉1大匙。

制作：大米洗净用水浸泡1～2小时，上火煮开后再微火煮40～50分钟，停火前将豆奶粉放入粥锅内，再煮片刻。

功效：奶香浓郁，能促进宝宝食欲。

3.奶酪粥

用料：大米2小匙，鸡汤120毫升，奶酪粉1/2大匙。

制作：大米洗净放在细笊内控水30分钟左右，把鸡汤和大米同时倒入锅内用微火煮40～50分钟，然后加入奶酪粉再煮10分钟左右。

功效：奶酪中含有钙、铁、磷等矿物质，能增加钙含量。

4.奶油粥

用料：面粉1小匙，牛奶1/3杯，蛋黄1/4个，白糖1/2小匙。

制作：把牛奶和蛋黄放入锅内均匀混合，再加入面粉，边煮边搅拌，使其均匀混合，开锅后用微火煮至呈黏稠状为止，停火后加入白糖。

5.肉汤粥

用料：大米2小匙，肉汤120毫升。

制作：把大米洗干净放在锅内泡30分钟，然后加肉汤煮，开锅后再用微火煮40～50分钟即可。

功效：益智安神、生津开胃。

宝宝喝粥应该由易消化开始，逐渐变化

第一步

宝宝最开始喝粥的时候，花样不宜过多，应先从宝宝能够适应和接受的粥类开始，比如蛋黄粥、牛奶粥、奶酪粥、奶油粥等

第二步

当宝宝适应了粥类，且消化吸收功能良好之后，可以尝试让宝宝喝一些牛奶蔬菜粥、牛奶蛋黄粥等

第三步

肉汤类粥、肉末粥

 **适合宝宝的营养糊**

1.香蕉乳酪糊

用料：香蕉半根，天然乳酪25克，鸡蛋1个，牛奶适量，胡萝卜少许。

制作：鸡蛋连壳煮熟，取出用冷水浸一会儿，去壳，取出1/4只蛋黄，压成泥状。香蕉去皮，用羹匙压成泥状。胡萝卜去皮，用开水烫熟，压成胡萝卜泥。把蛋黄泥、香蕉泥、胡萝卜泥、天然乳酪混合，再加入牛奶调成浓度适当的糊，放在锅内，煮开后再烧一会儿即成。

功效：此糊有利于婴儿大脑、骨骼等各器官的生长发育。

2.豆腐糊

用料：豆腐10克（2小匙）、肉汤适量。

制作：把豆腐入锅加少量肉汤，边煮边用勺子研碎（煮时要注意，蛋白质凝固不好消化，所以煮的时间长短要适度），煮好后放入容器内研至光滑为止。

功效：有益于宝宝神经、血管和大脑的发育生长。

3.南瓜糊

用料：南瓜10克（大约火柴盒大小，去皮），肉汤适量。

制作：把南瓜切成大小适当的块，放开水中煮软（用蒸锅蒸烂更好），趁热时过滤，然后把过滤南瓜放在另一只锅内，加肉汤煮至黏稠状。

功效：南瓜含有丰富的脂肪、蛋白质和微量元素，能促进宝宝的骨骼生长。

4.白兰瓜糊

用料：切碎的白兰瓜1大匙，白糖少许，水适量。

制作：把白兰瓜削去皮，除去籽，研碎后与白糖水混合即成。

功效：香甜可口、清暑解热、健脾开胃。

5.过滤蚕豆糊

用料：蚕豆10克（剥去皮后取2～3粒），肉汤适量。

制作：把蚕豆去掉豆荚后，放少许盐煮软，再将蚕豆的内皮剥去后研碎过滤，把过滤蚕豆放锅内加肉汤煮至黏稠状停火。

功效：此粥清爽可口，易于吸收，便于消化。

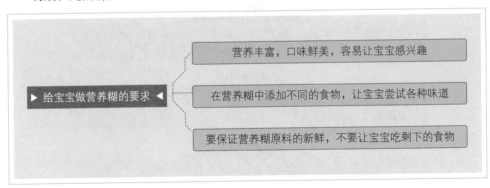

▶ 给宝宝做营养糊的要求 ◀

- 营养丰富，口味鲜美，容易让宝宝感兴趣
- 在营养糊中添加不同的食物，让宝宝尝试各种味道
- 要保证营养糊原料的新鲜，不要让宝宝吃剩下的食物

适合宝宝的营养粉

1.白糖藕粉

用料：藕粉1/2大匙（如果没有藕粉用淀粉也可），水1/2杯，白糖1/2小匙。

制作：把藕粉研细，不要有小疙瘩，然后把藕粉和水一起放入锅内均匀混合后用微火煮，注意不要煳锅，边熬边搅拌，直到煮成透明糊状为止，停火后加入白糖，调匀即可。

功效：清热润肺，对宝宝咳嗽具有很好的疗效。

2.牛奶藕粉

用料：藕粉1/2大匙，水1/2杯，牛奶1大匙。

制作：把藕粉和水、牛奶一起放入锅内，均匀混合后用微火煮，注意不要煳锅，边熬边搅拌，直到煮成透明糊状为止。

功效：能促进宝宝食欲。

3.蛋糊

用料：蛋黄1/2个，肉汤2大匙，淀粉少许，水适量。

制作：将蛋黄研碎后和肉汤一起入锅上火煮，然后把淀粉用水调匀后倒入锅内煮至黏稠状。

功效：促进宝宝的身体发育。

4.西红柿牛肉糊粉

用料：碎牛肉2小匙，切碎的葱头1小匙，碎胡萝卜1小匙，碎西红柿2小匙，黄油1/4小匙。

制作：取脂肪较少的牛肉，煮后放容器中研碎；把黄油放锅内加热后，再放入葱头均匀混合；把胡萝卜煮软研碎后与西红柿一起放入黄油锅内，放入牛肉，然后用微火煮成糊状。

功效：补充维生素C，提高机体免疫力。

5.牛肉菜糊粉

用料：牛肉1小匙，胡萝卜1小匙，土豆泥2小匙，碎葱头1小匙，黄油1/4小匙。

制作：选脂肪少的牛肉，煮烂后放容器中研碎，胡萝卜煮软研碎，与土豆泥、牛肉一起放入锅内，再加入黄油和切碎的葱头均匀混合后再煮片刻。

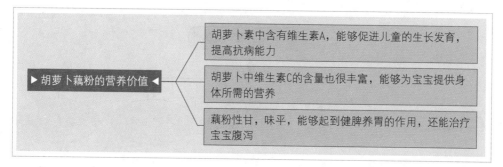

▶ 胡萝卜藕粉的营养价值 ◀

- 胡萝卜素中含有维生素A，能够促进儿童的生长发育，提高抗病能力
- 胡萝卜中维生素C的含量也很丰富，能够为宝宝提供身体所需的营养
- 藕粉性甘，味平，能够起到健脾养胃的作用，还能治疗宝宝腹泻

适合宝宝的营养羹

1.蛋黄羹

用料：熟鸡蛋黄1个，肉汤40克，精盐1克。

制作：将熟蛋黄放入碗内研碎，加入肉汤，研磨至均匀光滑为止。将研磨好的蛋黄放入锅内，加入精盐，边煮边搅拌混合。

功效：益中补气，增强体质。

2.青菜蛋黄羹

用料：煮熟鸡蛋黄1/2个，排骨汤适量，生菜末25克。

制作：将熟鸡蛋黄研碎，并加入少许的排骨汤；生菜择洗干净，放入开水锅内煮5分钟捞出切成碎末；把蛋黄、生菜末加入排骨汤拌匀上火煮，边煮边拌匀，煮开锅后即可食用。

功效：适用于食欲不振、消化不良的宝宝。

3.蛋黄玉米羹

用料：过滤蛋黄1/4个，过滤玉米面1大匙，肉汤1大匙，牛奶1大匙，菠菜末少许。

制作：将蛋黄和玉米面一起入锅，加入肉汤和牛奶用微火煮，停火时表面撒上一些菠菜末，使其漂浮表面即可。

功效：口味清新，富含多种宝宝生长必须的营养元素。

4.牛奶蛋羹

用料：蛋黄1/2个，牛奶1大匙，肉汤2大匙。

制作：把肉汤和牛奶一起加入蛋黄内，混合调匀后放蒸锅上蒸，用屉布盖好，开始用大火蒸，表面变白后改用微火蒸15分钟。

功效：利于消化，便于吸收营养。

5.白萝卜鱼羹

用料：鱼100克，擦碎的白萝卜2小匙，海味汤少许。

制作：把鱼收拾干净后放热水中煮一下，除去骨刺和皮后，放容器内研碎，并和白萝卜一起放入锅内，再加海味汤一起煮至糊状。

功效：有利于宝宝的大脑发育和智力开发。

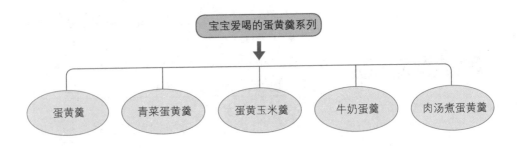

适合宝宝的营养泥

1.猪肝泥

用料：猪肝50克，香油1克，酱油、精盐各少许。

制作：将猪肝洗净，横剖开，去掉筋膜和脂肪，放在菜板上，用刀轻轻剁成泥状。将肝泥放入碗内，加入香油、酱油及精盐调匀，上笼蒸20～30分钟即成。

功效：此肝泥含有丰富的维生素A、维生素B$_1$、维生素B$_2$、维生素B$_{12}$等多种营养素。其中维生素A含量极为丰富，对防治婴儿维生素A缺乏所致的夜盲症具有良好的作用；还含有大量的铁，能预防缺铁性贫血的发生。

2.红枣泥

用料：干红枣50克，白砂糖10克，水少许。

制作：将红枣洗净，放入锅内，加入清水煮15～20分钟，至烂熟。去掉红枣皮、核，捣成泥状，加水少许，再煮片刻，加入白糖调匀，即可喂食。

功效：红枣泥含有丰富的钙、磷、铁，还含有蛋白质、脂肪、糖类及多种维生素。本品具有健脾胃、补气血的功效，对婴儿缺铁性贫血、脾虚消化不良有较好的防治作用。

3.肉汤豆腐泥

用料：鲜豆腐25克，牛奶50毫升，肉汤50克，小白菜12克。

制作：先把小白菜择洗干净，放入开水锅内煮5分钟后，捞出切成末；将豆腐放入热水中煮开，捞出并研成泥状；把豆腐放到锅里加入牛奶和肉汤混合拌匀后上火煮，煮开锅后加上小白菜末拌匀。

功效：口味清单，能补充蛋白质和钙质。

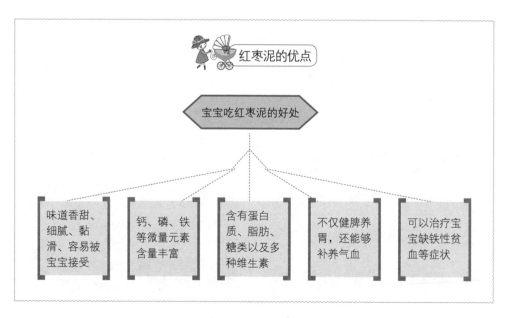

红枣泥的优点

宝宝吃红枣泥的好处

| 味道香甜、细腻、黏滑、容易被宝宝接受 | 钙、磷、铁等微量元素含量丰富 | 含有蛋白质、脂肪、糖类以及多种维生素 | 不仅健脾养胃，还能够补养气血 | 可以治疗宝宝缺铁性贫血等症状 |

适合宝宝的营养小食

1.牛奶小鱼干

用料：小鱼干1小匙，牛奶2大匙。

制作：把小鱼干放在水中浸泡，除去盐后用水煮一下，然后和牛奶一起放入锅内用微火煮。

功效：补充钙质，促进大脑发育。

2.苹果酱

用料：苹果1/8个，白糖少许，玉米面1小匙，水适量。

制作：把苹果洗净后去皮除籽，研碎成苹果酱，把玉米面和水放入锅内煮，边煮边放入苹果酱搅拌，煮片刻后稍稍加点水，再用中火煮至糊状加白糖搅匀即可。

功效：补充维生素C，健脾开胃。

3.菠菜色拉

用料：切碎的菠菜1大匙，蛋黄酱1/2小匙，蛋黄1小匙。

制作：把菠菜叶放开水中煮软后控去水，然后放在容器内研碎，再加入蛋黄酱进行均匀混合，最后将煮熟的蛋黄研成末撒在表面。

功效：补充各种维生素和膳食纤维，增强体质。

4.奶油南瓜

用料：切碎的南瓜2大匙，白酱油3大匙，肉汤1大匙，盐少许，奶油1大匙。

制作：把南瓜放入锅内，放入白酱油和肉汤，并加盐煮，使其稍具咸味，熟时加入奶油混合均匀。

功效：补充糖分，促进宝宝生长发育。

5.牛奶鱼

用料：鲽鱼或鳊口鱼50克，切碎的葱头1小匙，牛奶2大匙。

制作：把鱼煮后除去骨刺和皮，然后放容器内研碎，再放入锅内并加入切碎的葱头和牛奶一起煮至烂熟即可。

功效：能补充钙质，促进骨骼和大脑发育。

吃菠菜的注意事项

吃之前要焯一下，可以过滤掉草酸

一定要适量，不能过量食用

不要将根全部去掉，根里的营养也很丰富

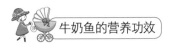

牛奶鱼的营养功效

★ 鱼肉能够促进宝宝的脑部发育。

★ 可以减少宝宝皮肤过敏的症状，而且还能够减轻结肠炎的发炎情况。

★ 牛奶的营养成分相对接近于奶粉，是宝宝成长必需的食物。

第四章
7～9个月婴儿喂养

　　7～9个月的宝宝开始慢慢地长出牙齿，在这个阶段，宝宝的辅食应该不断增加，可为以后断奶做好准备。由于这一阶段的宝宝要学习的东西比较多，饮食结构也处于过渡期，因此，应该特别注意给宝宝养成一个良好的习惯，以促进宝宝各方面习惯的养成。

　　在宝宝饮食方面，应该注意宝宝膳食结构的营养均衡，尤其要注意不能够让宝宝养成挑食、偏食的习惯，这些习惯极容易影响宝宝的健康成长。在给宝宝选择食物的时候，应该以促进宝宝成长为基本原则，以推动宝宝的成长以及智力发育。

本章看点

7~9个月婴儿的喂养原则 ▷

辅食添加的注意事项 ▷

7~9个月婴儿的喂养原则

这一阶段的宝宝喂辅食的比例在逐渐变大，在喂养宝宝辅食的时候，应该特别注意营养均衡，这样才能够让宝宝充分吸收身体成长所需要的营养。在教宝宝吃辅食的时候，应该注意培养宝宝良好的习惯，尽量避免宝宝挑食，让宝宝养成独立的好习惯，为以后的成长打下良好的基础。

 ## 7~9个月婴儿辅食的添加

7~9个月的婴儿多已出牙，所以应及时添加饼干、面包干等固体食物以促进牙齿的生长和培养咀嚼、吞咽等习惯。最初可在每天傍晚的一次哺乳后补充淀粉类食物，以后逐渐减少这一次的哺乳时间而增加辅食量，直到该次完全喂辅食而不再吃奶，然后在午间依照此法给第二次，这样可逐渐过渡到三餐谷类和2~3次哺乳。

人工喂养的婴儿，7个月时还应保证每天500~750毫升的牛奶供给。

1.辅食建议

这个时期的宝宝，可以喂粥、烂面、碎蔬菜、肝类、全蛋、禽肉、豆腐等食品，务必使食谱丰富多彩，菜肴形式多样，以增加宝宝的食欲。此外，还应继续添加水果和鱼肝油。

2.锻炼宝宝独立喝水的能力

练习用杯子喝水，可以培养婴儿手与口的协调性，促进婴儿智力发展。

推荐食谱		
7个月	8个月	9个月
上午6点：母乳或牛奶200毫升； 9点：煮烂面条15克； 12点：母乳或牛奶150毫升； 下午2点：苹果泥15克； 4点：稠粥半小碗，鸡蛋黄1/2个，碎青菜15克； 7点：青菜泥或煮烂面条20克； 晚上10点：母乳或牛奶200毫升	上午6点：母乳或牛奶200毫升，饼干少许； 10点：稠粥半小碗，鸡蛋黄1/2个，碎青菜15克； 下午2点：母乳或牛奶200毫升，小点心适量； 3点：肝泥15克，碎青菜15克； 6点：煮烂面条，碎猪肉20克； 晚上10点：母乳或牛奶200毫升	上午6点：母乳或牛奶200毫升，饼干少许； 10点：稠粥半小碗，蛋黄1/2个，碎青菜20克； 下午2点：母乳或牛奶200毫升，小点心适量； 3点：苹果泥或香蕉泥50克； 6点：煮烂面条加碎猪肉20克（或豆腐40克、肉松10克），碎青菜20克； 晚上10点：母乳或牛奶200毫升

给孩子添加辅食应注意什么

喂养7～9个月的婴儿，应在前一阶段的基础上继续添加辅食，锻炼宝宝接受其他食物的能力，养成婴儿良好的饮食习惯。

添加辅食的原则是先要综合考虑宝宝的身体状况、消化能力和对营养的需求，再决定何时加、怎样加和加什么。

除了以前提到过的从少到多、由稀到稠、由细到粗、由一种到多种的原则外，还要注意以下几点。

要根据季节和孩子身体状态来添加辅食。

家长在喂婴儿辅食时，不仅要有耐心，而且还要想办法让孩子对食物产生兴趣。

所要吃的蔬菜水果要新鲜、干净，并要煮3～5分钟。

所需原料应互相搭配以便营养成分互补。

不可让婴儿下顿吃上顿剩下的食物。总之，给宝宝添加辅食的时候，尽量选择干净、卫生、有营养和宝宝喜欢吃的食物。

另外，因为宝宝存在着个体差异，妈妈不要因为别的宝宝喜欢吃什么，或者吃的辅食多，就强迫自己的宝宝进食。这样做不仅不能增加宝宝的营养，还容易使宝宝产生厌食的心理。只要宝宝身体健康、发育正常，父母就不要过于担心。

适合宝宝吃的常见食物	
种类	食物
菜肴	炒白菜、炒西葫芦、炒茄子、炒鸡蛋等
米粥	软一些或者黏稠一些的大米或小米粥
面食	较软的面条、馒头、新鲜面包
鱼类	草鱼、带鱼等，做成肉泥，油炸或蒸成小丸子
水果	苹果、梨、橘子、葡萄等，可打成水果汁或弄得很碎
肝类	炒熟的鸡肝、牛肝、猪肝，也可做成肝汤
肉类	碎鸡肉，清炖
豆类	豆腐，豆腐汤或蛋黄炒豆腐都可以

 重视给宝宝添加辅食

1

这一阶段宝宝吃辅食的比重在加大，只有保证辅食的营养均衡，才能够促进宝宝健康成长。

2

在这个阶段，宝宝的饮食正在调整，很容易受到天气等外界气候的影响。

3

这个时期可以培养宝宝的习惯，重视饮食，让宝宝养成一个良好的习惯。

7~9个月的婴儿断奶准备

给婴儿断奶的具体月龄无硬性规定，通常在1岁左右，但必须要有一个过渡阶段，在此期间应逐渐减少哺乳次数，增加辅食，否则容易使婴儿不适应，并导致摄入量锐减、消化不良，甚至营养不良。7~8个月婴儿母亲的乳汁明显减少，所以这个时期可以准备给婴儿断奶。由于婴儿的辅食多种多样，因此在给婴儿断奶时，只要适合婴儿的生长发育的食物都可以喂给婴儿，不必强求一致。

1.宝宝的饭量因人而异

代乳食品的摄取量是因人而异的。有的孩子每日可吃2次粥，每次100克，而有的孩子每日只能吃50克，这都是正常的，父母不必为此感到烦恼。

2.宝宝开始有自己的喜好

在菜肴的选择上，有的孩子喜欢吃蔬菜，有的孩子则喜欢吃鱼类或其他肉类。蔬菜和薯类可以直接切碎或磨碎后煮熟给孩子吃；刚开始喂食鱼类时要给婴儿少喂一点儿含脂肪较多的鱼，如果没有不良反应发生的话，就可以继续增加；牛肉、猪肉可以做成肉末喂给孩子。

3.可以让宝宝多吃些爱吃的食物

如果宝宝不爱吃粥而想吃饭菜，也可以先试着给他喂一点儿，如果没有其他不适的反应，就可以给他喂米饭。喂米饭时，可加些肉汤、鱼汤、菜汤等，以供给宝宝足够的能量以及满足蛋白质、脂肪、维生素等需求，促进宝宝的生长发育。婴儿并不会因为没有长牙就不吃米饭，有很多孩子虽然牙还没有长出来，但并不喜欢吃粥而喜欢吃米饭，遇到这种情况时，只要把米饭煮得稍微烂一些就可以了。

4.这个阶段的宝宝不爱吃软食物

8~9个月的婴儿大部分已不再喜欢吃糊状食物。点心也一样，多数孩子已不再喜欢吃软的，而喜欢吃半固体的，这对宝宝牙齿的生长也较为有利。

 断奶的时候应牢记两大技巧

选择最佳时机——10个月左右是最佳时间，不要超过12个月

选择最佳季节——最好选择在春末或秋天，天气凉爽，温度适宜，宝宝容易适应

 宝宝断奶期的饮食调理

宝宝断奶期的饮食

宝宝的主食应该以软、容易消化为主，比较容易被宝宝消化吸收

让宝宝在愉快的环境中断奶，以免断奶综合征的发生

断奶期宝宝的辅食应该尽可能保证营养

断奶期婴儿饮食保健的原则

断奶是宝宝成长过程中必须经历的过程。一般来讲，宝宝出生后8～10个月为婴儿的最佳断奶期。但如果这时母亲母乳充足，且又处于动物食品和乳品缺乏地区，也可推迟断奶，但不宜超过1周岁。

由于长期接触妈妈的乳头或牛奶，宝宝早已习惯，并可能对妈妈乳头或牛奶产生了依恋情结。因此，要顺利地为宝宝断奶，就要将这种依恋情结逐渐削弱。

在宝宝出生后6个月或更早的一段时间里，父母应每日定时定量给宝宝提供一些辅助食品，吃完辅食后再酌情让孩子饮用50～100毫升牛奶或吃少量母乳，以培养孩子对一般家庭膳食的适应能力和兴趣。

断奶后的婴儿还应适当摄取鲜牛奶等奶品，因为奶类食物还是一种良好的营养性食品，可以充分满足机体对动物蛋白质的需要。摄取量以不影响正常饮食和食欲为度。

想要顺利地给宝宝断奶，父母在宝宝4个月的时候就要开始准备，逐渐让宝宝接触一点其他的食物。这样等到10～12个月断奶的时候，宝宝的咀嚼能力增强，也养成了用餐具进食的习惯，能快速地接受母乳之外的食物。乳汁在这个时期非常少的妈妈，尽量在这个时间给宝宝做到断奶，给宝宝添加一些奶粉饮用。否则，宝宝会因为贪恋母乳拒绝添加辅食。

很多断奶后的妈妈因为宝宝对乳头很依恋，就让宝宝吸吮已经没有乳汁的乳头。这是一种很不好的习惯，宝宝吸吮乳头形成习惯，就会拒绝用奶瓶喝奶粉，并且对辅食失去兴趣，这样不利于宝宝的健康成长。

如果宝宝因为对母乳的依恋拒绝吃其他食物或者大哭，妈妈不要太担心。要想办法转移宝宝的注意力，时间久了，宝宝就会自然淡忘，因为饥饿开始进食辅食。

给宝宝断奶

NO

慢慢让宝宝遗忘对母乳的依恋。

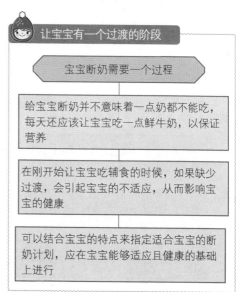

让宝宝有一个过渡的阶段

宝宝断奶需要一个过程

给宝宝断奶并不意味着一点奶都不能吃，每天还应该让宝宝吃一点鲜牛奶，以保证营养

在刚开始让宝宝吃辅食的时候，如果缺少过渡，会引起宝宝的不适应，从而影响宝宝的健康

可以结合宝宝的特点来指定适合宝宝的断奶计划，应在宝宝能够适应且健康的基础上进行

不要让婴儿偏食

婴儿所需的各种营养成分需要从不同的种类繁多的食物中获取，如果偏食，则易缺乏某些营养素，不利于身体健康。

偏食的习惯会对婴儿产生以下危害。

（1）影响生长发育。偏食的孩子遇到自己爱吃的食物会吃很多，不爱吃的少吃甚至不吃，这样饱一顿、饿一顿，易造成胃肠功能紊乱，影响消化吸收，若不纠正，可使婴儿生长发育迟缓，甚至停滞。

（2）影响消化功能。偏食可使婴儿食欲减退，久之可致营养不良及营养性贫血，抗病能力下降，容易患感染性疾病和消化道疾病。

宝宝偏食的危害

★ 体重下降　　★ 贫血、低血糖

★ 面黄肌瘦　　★ 血压下降

★ 皮肤干燥　　★ 体温下降、脉搏缓慢

★ 营养不良

（3）偏食还能引起各种维生素缺乏性疾病。如不吃全脂乳品、蛋黄、豆类、肝等食物，或不吃胡萝卜、番茄、绿色蔬菜等，可因维生素A缺乏而致夜盲症，严重者可引起角膜混浊、软化、溃疡甚至穿孔，最终导致失明。

（4）偏食的后果。爱吃荤菜而不吃新鲜的绿叶菜、番茄及水果的婴儿，可因体内缺乏维生素C而致坏血病。轻者牙龈出血，重者引起骨膜下、关节腔内及肌肉内出血，婴儿肢体疼痛，拒抱，影响肢体活动，严重时可引起骨折。

不吃鱼、虾、蛋黄、香菇等富含维生素D的食物，可致维生素D缺乏，如不及时补充与治疗，轻者婴儿多汗、夜啼；重者可抽风，并引起骨骼畸形，如"鸡胸"、"O"形腿、"X"形腿等。

因此，父母要对孩子加以引导，使其逐渐改变偏食的习惯。

宝宝偏食的对策

一旦发现，应该有针对性地纠正，由少到多地在宝宝的饭菜里添加，让宝宝适应

改变宝宝不喜欢的食物外形，做成让宝宝乐于接受的类型

把食物做成汤汁的形式，或者增加这类食物的营养，慢慢过渡

不要阻止宝宝用手抓东西吃

6个月以后的宝宝，手的动作灵活多了，这个时候的宝宝什么都想抓着玩，吃饭的时候也想抓饭玩。

宝宝能将抓到的东西往嘴里送，表示宝宝有了一定的进步，他已经在为以后自己吃饭打基础了。不过由于宝宝并不会自己吃饭，所以需要一个学习的过程，家长一定要有耐心。对于宝宝的这一行为，家长应该鼓励，不要因为担心不卫生而一味地阻止宝宝去做，应该从积极的方面采取措施。例如，可以把宝宝的手洗干净，给宝宝围上一个大一点儿的围嘴或穿上护衣，在他坐的周围铺一块塑料布等。这样即使饭碗翻倒了也没有

宝宝用手抓东西有好处

不要阻止宝宝用手抓东西，宝宝需要自己去体会。

关系。宝宝要抓饭，就让他抓好了，一般过上几分钟，宝宝新鲜劲过去了，家长就可以顺利地喂食了。

有些宝宝用手抓东西吃，可能会将食物撒出来，或者是将食物沾到了手上、脸上、头发上和周围的物品上，对于这种情况，家长不必在意，不要计较这些小节，让宝宝去学习、体会自己吃东西的乐趣比什么都重要。

另外，为了避免孩子将食物撒得遍地都是，孩子的饭碗里每次只放一点食物，减少遗洒。待发现碗里的食物不多时，再加一些进去，让孩子反复练习。

总之，让孩子学吃饭，最迟不得晚于第9个月。及早让孩子学会自己进餐，不仅有助于强化孩子对食物的认识，而且有助于吸引孩子对进餐的兴趣，并在进食的过程中锻炼他的手眼协调能力、生活自理能力，对培养孩子的自信心也有一定的好处。

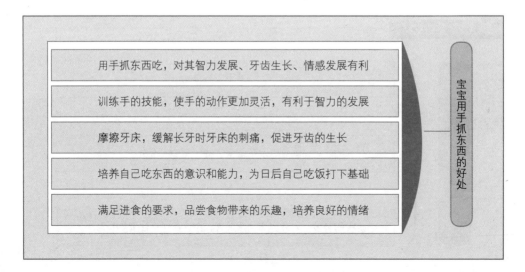

宝宝用手抓东西的好处
用手抓东西吃，对其智力发展、牙齿生长、情感发展有利
训练手的技能，使手的动作更加灵活，有利于智力的发展
摩擦牙床，缓解长牙时牙床的刺痛，促进牙齿的生长
培养自己吃东西的意识和能力，为日后自己吃饭打下基础
满足进食的要求，品尝食物带来的乐趣，培养良好的情绪

让宝宝练习用杯、碗

从练习用勺喂食物开始，宝宝就明白除了奶瓶外，勺中也有很多好吃的食物。现在也得让他知道，不仅是勺，还有杯、碗等里面也有很多好吃的东西，这样才能让他的注意力和兴奋点慢慢从奶瓶中脱离出来，去接触更多的物体。

1.让宝宝在玩耍中接受杯子和碗

一般婴儿随着月龄的增长，对外界的兴趣越来越大，会渐渐淡漠奶瓶和母亲的奶头，不再像从前那样迫不及待地抱着奶瓶或乳房一直吸个不停，而常常会吸几分钟停下玩玩再吸，这种漫不经心的态度无形中帮助宝宝很容易地接受了杯子或碗。

2.对于内向的宝宝应耐心引导

但有些婴儿的情况就不同了，尤其是比较内向、缺乏母爱的婴儿。他们会日益依恋奶瓶，把奶瓶当成母亲的化身，并到了爱不释手的地步，而对其他东西采取排斥的态度，他们会对杯子或碗里的奶看都不看，更别提让他吃了。为了防止这些婴儿对奶瓶养成持久的依赖性，应该逐步引导他们学会用杯、碗喝奶。

3.让宝宝学会用杯、碗

开始尝试时，可先给婴儿一只体积小、重量轻、易拿住的空茶杯，让他们学着大人样假装喝东西。有了一定兴趣后，父母每天鼓励他们从杯、碗里呷几口奶，让孩子意识到奶也可以来自杯中，时间一久，自然就愿意接受了。等孩子掌握了一定技巧后，再真正用杯子给他喝。

当然，这个过程是不能脱离父母帮助的。如果孩子过了一段时间后又走回老路，对杯、碗不感兴趣了，父母可想些办法，换一只形状、颜色不同的新杯、碗，或更换一下杯、碗中食物的口味，也许就会重新引起孩子的兴趣。宝宝从杯、碗中喝东西的熟练程度，完全取决于爸爸妈妈给他练习机会的多少。有的宝宝到了1岁也不会从杯、碗中喝东西，那只能算爸爸妈妈的错了。

教会宝宝用杯碗

宝宝学习用杯、碗须知

应该让宝宝在快乐中学习，有助于宝宝接受新事物。

吸引宝宝的注意力，可以示范给宝宝看，让宝宝模仿。

这个阶段的宝宝，对外界事物很好奇，应该抓住，让宝宝学习。

为婴儿选择较柔软的固体食物

这段时期给宝宝吃的食物，宜在糊状食物中添加柔软的固体颗粒状辅食，如肉末、菜末、南瓜、胡萝卜、红薯、土豆等细丁（煮烂后加入米糊、粥或面条中去）。也可给婴儿喂食蛋羹、豆腐等。添加的食物颗粒可以粗些，也可以不过筛，但豆沙仍要去皮，番茄和茄子仍要去皮、去籽。

为了促进婴儿长出乳牙，可给婴儿食用饼干、烤面包片、馒头片等，也可选购钙奶饼干。

锻炼宝宝吃固体食物

这个时期的宝宝多吃一些固体食物，对宝宝的牙齿有好处。

让婴儿围坐吃饭

7～9个月的婴儿大多都可以独坐了，因此，让婴儿坐在有东西支撑的地方来喂饭是件容易的事。重点是，婴儿每次喂饭靠坐的地方要一致，让他明白坐在这个地方就是为了吃饭。

这个月龄是培养定点吃饭的好机会，父母千万不要贻误良机。一般可选择在小推车上或婴儿专用餐椅上。这时候，婴儿对吃饭的兴趣是比较浓的，他们一到吃饭的时间，就表现得很兴奋，很乐意按父母的引导好好坐着吃饭，坐在一处吃饭的习惯就容易培养起来。

让宝宝跟大人一起坐着吃饭

让宝宝坐立吃饭，容易培养宝宝的好习惯，注意抓住宝宝的生长时期，培养宝宝的习惯。

如果到了1岁再来培养这种习惯就不行了，1岁的孩子一方面身体的需要减少，另一方面他的兴趣日益广泛，再也不把大部分的兴趣都集中在进食上。他们更感兴趣的是爬上爬下、玩扔东西，主见也多了，不会再听父母的任意摆布，老老实实地坐着吃饭，绝大多数也就会养成边吃边玩的习惯。

为了养成宝宝这个时期围坐吃饭的良好习惯，家长最好定时、定量、定场所，这样有助于营造熟悉的环境，使孩子一到这种环境中就不自觉地想要进食，形成良好的条件反射，从而促进孩子生活规律的稳定、消化系统的有序运行。

婴儿需重点补充健脑益智营养素

目前，世界上比较公认的健脑益智营养素有：脂肪、维生素C、钙、糖、蛋白质、B族维生素、维生素A、维生素E等。

（1）脂肪。脂肪是脑内重要的营养物质，脑内的脂肪占整个脑重的50%~60%，因此，营养学家将其列为第一健脑营养成分。在益智类食物中，含脂肪较多的有芝麻、葡萄、黄豆等。

（2）维生素C。维生素C是使脑功能敏锐的营养素，它在促进脑细胞的结构、消除脑细胞结构的松弛方面起着相当大的作用。在益智类食物中，含维生素C较多的有桂圆、枸杞、樱桃、藕等。

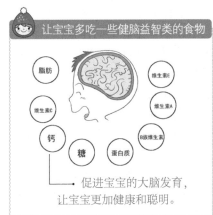

让宝宝多吃一些健脑益智类的食物

促进宝宝的大脑发育，让宝宝更加健康和聪明。

（3）钙。钙是保证脑顽强工作的营养素，它可以抑制脑神经的异常兴奋，使之保持在正常状态上。益智类食物中含钙量较多的有芝麻、苦菜、桂圆、人乳、淀粉、山药、枸杞、鸡心、木耳、乌贼肉、大枣、羊肾、乳酪、鳙鱼、鳝鱼、小米、鲳鱼、淡菜、绿豆、水芹、藕、羊心、黄花菜、牛乳、青鱼等。

（4）糖。糖可以提供脑所需的能量。益智类食物中含糖较多的有藕粉、桂圆、小米、大枣、木耳、荔枝、山药、枸杞、百合、海参、淡菜、莲子、绿豆、黄花菜、薏米等。

（5）蛋白质。蛋白质是脑细胞的主要成分之一，占脑干总重的30%~35%。在益智类食品中，含蛋白质较多的有芝麻、淀粉、鸡心、木耳、乌贼鱼肉、火腿、母鸡肉、乳酪、鳙鱼、鳝鱼、猪蹄、鲳鱼、海参、淡菜、莲子、绿豆、羊心、猪心、黄花菜、青鱼、薏米。

增强记忆力的食物

此阶段，宝宝大脑智力已经显著提高，不妨给宝宝多吃一些增强记忆力的食物。

蛋类	→	含有有助于提升记忆力的胆碱，吃蛋类的孩子更聪明
牛奶	→	含有优质蛋白以及有益于人体的维生素和矿物质
鱼类	→	含有较多的不饱和脂肪酸，有助于促进孩子大脑发育，提升记忆力
干果	→	含有利于大脑发育的多种卵磷脂，有助于提升记忆力

干果中的瓜子、花生、黑桃、芝麻灯，也含有利于大脑发育的多种卵磷脂，吃了有助于提升宝宝智力

碱性食品有益于宝宝健脑

做父母的都希望自己的孩子聪明，但是许多家长往往对酸性食品及碱性食品对大脑的影响认识不足。

人体血液的酸碱度，正常值是7.35，呈弱碱性。但是，人们在生活中，却有可能在大量食用着酸性食品，从而使人体的血液等体液酸性化，而这种"酸性体质"是很容易导致疾病的。

所谓酸性食物或碱性食物是指食物经过消化吸收和代谢后产生的阳离子或阴离子占优势的食物。一般来讲，碱性食品是指经代谢后产生的钾、钠、钙、镁等阳离子占优势的食品，如蔬菜、牛奶、水果等。而代谢后产生磷、氯、硫等阴离子占优势的食物属酸性食物，如谷类（大米、面粉）、肉类（牛、猪、鸡）、鱼贝类（干青鱼子、牡蛎、鲍鱼）、蛋黄等。

多吃碱性食品，可以维持体内的酸碱平衡，有助于宝宝成长。

婴幼儿正处于发育期，更要重视碱性食品和酸性食品的调配，因为碱性食品中所含的重要成分钙、钠、钾、镁等，是人体运动和脑活动所必需的四种元素。缺乏这些成分，尤其是缺乏钙质时，将直接影响脑和神经功能，引起记忆力和思维能力的衰退，严重的还要导致神经衰弱等疾病。

给宝宝补充碱性食物应该注意，只有在保证摄取足够的蛋白质、脂肪等重要营养素的基础上进行。否则很容易舍本逐末，达不到应有的效果。总之，在宝宝的喂养上，既要注意酸性食物的补充，还要注意多吃一些碱性食物，如海带、蔬菜、水果、谷类等食物，做到酸碱平衡，才能保证宝宝的健康发育。

碱性的食物种类	
种类	食品
菜类	菠菜、油菜、茄子、洋葱、青芋、萝卜、胡萝卜、南瓜、甘蓝、笋、百合等
水果类	草莓、橘子、苹果、柿子、梨、黄瓜、西瓜等
坚果类	栗子、核桃
海产	海带
豆类食物	大豆、小豆、豆腐等

乙酰胆碱可以改善智力

科学家们的研究表明，婴幼儿食用富含乙酰胆碱丰富的食品可以改善智力。乙酰胆碱对大脑有兴奋作用，有助于脑神经的传导功能，提高人的记忆力。口服胆碱能提高脑组织中乙酰胆碱的浓度，从而改善大脑的条件反射功能。

富含乙酰胆碱的食物有蛋黄、鱼、肉、大豆、动物肝脏等。这些食品进入人体后，所含胆碱能被大脑从血液中直接吸收，在脑中转化成乙酰胆碱。尤其是蛋黄，其所含卵磷脂较多，被分解后，能释放出较多的胆碱。所以幼儿最好每日都能吃一些蛋黄和肉、豆类等食物，以有利于智力的发展。

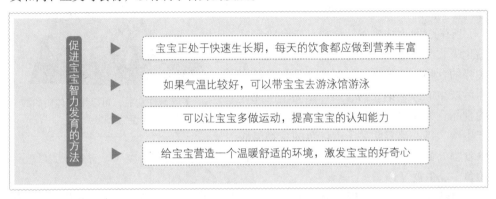

促进宝宝智力发育的方法

- 宝宝正处于快速生长期，每天的饮食都应做到营养丰富
- 如果气温比较好，可以带宝宝去游泳馆游泳
- 可以让宝宝多做运动，提高宝宝的认知能力
- 给宝宝营造一个温暖舒适的环境，激发宝宝的好奇心

 ## 白糖不可过量食用

白糖是典型的酸性食品，如果饭前多吃糖，对孩子的危害很大。因为糖分在体内过剩，会使血糖上升，让人感到腹满胀饱。而长期大量食用白糖，会引起脑功能障碍。因此，为了保护孩子的智力，尽量少吃白糖以及用白糖做的糕点饮料。

红糖则与白糖相反，它能提高脑功能。因为红糖含钙量与白糖相比，比例是293：2。长期食用白糖，容易导致酸血症，为了维持机体的运转，就不得不动用牙齿和骨骼中的钙质来保持平衡，使牙齿和骨骼不坚固，孩子变成脆弱体质。

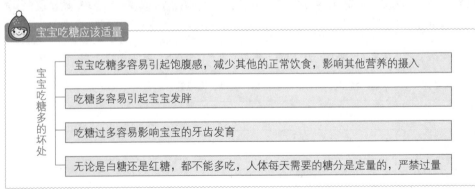

宝宝吃糖应该适量

宝宝吃糖多的坏处

- 宝宝吃糖多容易引起饱腹感，减少其他的正常饮食，影响其他营养的摄入
- 吃糖多容易引起宝宝发胖
- 吃糖过多容易影响宝宝的牙齿发育
- 无论是白糖还是红糖，都不能多吃，人体每天需要的糖分是定量的，严禁过量

重视婴儿期促进身体增高的营养

婴儿期和青春期是人的身高增长最快的两个时期，一般新生儿出生时的平均身高为50厘米，到1周岁时，平均身高已长到75厘米，以后每年平均增长5厘米，到了青春期，又进入身高增长最快的另一个时期，每年身高的增长约8厘米。在此之后，身高的增长日趋缓慢直至停止。

所以，除遗传因素的影响外，要想在成人后达到应有的身高，就需要在这两个增长高峰期及其前后注意人体的保健和营养，尤其是婴儿期的营养更应该引起重视。

用牛乳或其他食物喂养的婴儿，在营养摄取方面的效果比母乳喂养的婴儿要差一些，身高往往低于正常值。另外，喂养婴儿的一些辅助食品中，如果蛋白质、脂肪的含量较低，婴儿会显得虚胖，肌肉松软，身材矮小。

注意抓住宝宝的生长高峰

宝宝的身高除了遗传因素外，营养也是很重要的，如果营养补给及时，对身高大有裨益。

因此，在婴儿期，一定要保证足量的蛋白质供应，因为蛋白质是人体细胞增生和修复必不可少的物质，是骨骼、肌肉发育的基本成分，也是制造激素、红细胞和酶的原料。其次，要补充足够的钙、磷、锌、铁、铜等矿物质。钙和磷是小儿骨骼发育的主要物质；铁和铜是造血的原料，而锌能促进核酸代谢，参与人体70种酶的合成，缺锌会使食欲减退，并影响性发育成熟，直接导致生长缓慢。

此外，婴儿的骨骼处在迅速发育之中，这也需要足够的维生素D和钙，才能使骨骼向纵的方向发展，如果缺钙就会影响骨骼发育。让婴儿多在户外晒晒太阳，日光通过皮肤合成维生素D，就能促进小儿骨骼对钙质的吸收。

有助于宝宝长个子的食物		
食物种类	有益于宝宝长个子的食物	一般女性
五谷类	小米、荞麦、芝麻、花生	4500国际单位
蔬菜类	油菜、青椒、韭菜、芹菜、番茄	200国际单位
水果类	草莓、金橘、柿子、葡萄	30国际单位
海产品	淡红小虾、牡蛎、鳝鱼、海带、紫菜	60毫克
干果类	核桃、南瓜子	1.1毫克
肉类	鸡肉、羊肉	1.3毫克
豆类	毛豆、扁豆、蚕豆	1.6毫克
禽蛋类	鹌鹑蛋	2.0毫克
其他	脱脂奶粉、酵母蜂王精、蜂蜜	15毫克

适量吃赖氨酸食品

动物性蛋白质含有的氨基酸种类和比例与人体需要最为接近，因此称它为优质蛋白质；植物性蛋白质所含的氨基酸种类和比例就没有那么齐全及适宜，如小麦、大米、玉米和豆类（除黄豆外）等。

宝宝的生长发育迅速，尤其需要优质蛋白质，可宝宝的消化道尚未成熟，缺乏消化动物性蛋白的能力，主要食物还是以谷类为主，因此容易引起赖氨酸缺乏。

唯一的办法就是把食物进行合理的搭配。如小麦、玉米中缺少赖氨酸，就可添加适量的赖氨酸，做成各种赖氨酸强化食品，这样就可以显著地提高营养价值。宝宝吃了添加了赖氨酸的食品，如吃了经赖氨酸强化的乳糕，身高和体重会明显增加，对生长发育有帮助。

注意给宝宝增加适量的赖氨酸

赖氨酸

赖氨酸食品的添加，有助于宝宝的生长发育。

给宝宝添加赖氨酸必须适量，否则，长期食用会适得其反：出现肝脏肿大、食欲下降和手脚疼挛，甚至造成宝宝生长停滞并发生智能障碍。因为氨基酸摄入过多，会增加肝脏和肾脏的负担，造成血氨增高和脑损害。

 ## 营养素不能补过量

吃得贵、吃得多并不一定能吃出聪明宝宝。除了正常母乳和有营养的食品外，不科学、不合理地给婴儿频繁添加营养素，反而会影响孩子生长发育。

生活条件好了，贫血、佝偻病、营养不良的现象大大减少，反之，由于营养素补充过量而引起的一系列幼儿富贵病越来越频繁。如果孩子不明原因地出现体重减轻、频繁喝水、慢性咳嗽、胃口不好、呕吐、便秘、肾结石、神经系统兴奋、吐奶、腹痛或胃部不适等，都有可能是营养素中毒引起的。

营养素并不是越多越好

专家建议，父母要科学计算宝宝每日营养需求量和摄入量。鱼肝油每日摄入1000~2000个国际单位，钙剂每日摄入800毫克，锌每日摄入1.5毫克。同时，还可以通过晒太阳来补充维生素D，每星期晒半个小时就足够了。

一般来讲，科学喂养，均衡营养，从天然食品里摄取营养元素是最好的饮食方式。同时，还要纠正不正确的饮食习惯，让孩子从小不挑食，多晒太阳，在科学指导下补充营养素。

适宜宝宝的益智食品

现代营养科学研究证实，以下食品具有良好的益智作用。

（1）鱼类。鱼肉中含丰富的蛋白质，如球蛋白、白蛋白、含磷的核蛋白，还含有不饱和脂肪酸、钙、铁、维生素B_{12}等成分，是脑细胞发育必需的营养物质。

（2）蛋类。蛋黄中的卵磷脂经肠道消化酶的作用，释放出来的胆碱直接进入脑部，与醋酸结合生成乙酰胆碱。乙酰胆碱是神经传递介质，有利于宝宝智力发育，改善记忆力。同时，蛋黄中的铁、磷含量较多，均有助于脑的发育。

（3）动物的内脏。主要包括脑、心、肝和肾等，均含有丰富的蛋白质、脂类等物质，是脑发育所必需的。

（4）大豆及其制品。大豆富含优质的植物蛋白，即大豆球蛋白。大豆油含有多种不饱和脂肪酸及磷脂，对脑发育有益。

（5）蔬菜、水果及干果。这些食物富含维生素A、B族维生素、维生素C、维生素E等，常给宝宝食用，对大脑的发育、大脑功能的灵敏、大脑活力及防止脑神经功能障碍等，均起到一定的作用。

宝宝多吃益智类食品的好处	宝宝正处于生长发育期，益智类食物能够促进宝宝的智力发育
	多吃益智类食物能够让宝宝提高认知能力，激发创造力
	能够提高宝宝的灵敏度，让宝宝集中注意力

给宝宝喂牛奶的重要性

虽然7~9个月的婴儿在喂养时已经开始增加辅食的量了，但还是要将牛奶看作母乳一样，作为主食来喂养宝宝，时时刻刻不忘宝宝营养的全面、均衡。

通常来讲，7个月之后的宝宝，一定要保证每天600毫升的牛奶摄入量，直至1周岁。如果母乳分泌良好，白天至少要喂宝宝200~300毫升牛奶，如果母乳不足，则至少要喂400毫升牛奶。

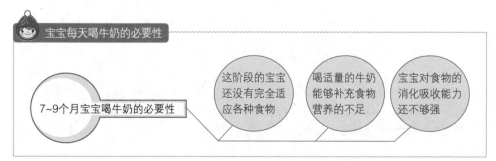

宝宝每天喝牛奶的必要性

7~9个月宝宝喝牛奶的必要性

这阶段的宝宝还没有完全适应各种食物

喝适量的牛奶能够补充食物营养的不足

宝宝对食物的消化吸收能力还不够强

培养宝宝正确的饮食习惯

家长应该注意从以下几点培养孩子养成良好的饮食卫生习惯。

（1）吃饭时集中精力。培养宝宝集中精力吃饭的习惯。在宝宝吃饭时，让宝宝专心就餐很重要，专心吃饭有利于胃酸和消化酶的分泌。专心吃饭的另一个好处是培养宝宝专心做一件事情的能力。

（2）吃饭时有个良好的氛围。大人不要在宝宝吃饭时呵斥他，即便是宝宝做了错事，也要等他把饭吃完了再说。因为如果宝宝在吃饭时受到训斥，他的心理就会受到影响，变得没心情吃饭，从而可能引起消化不良。

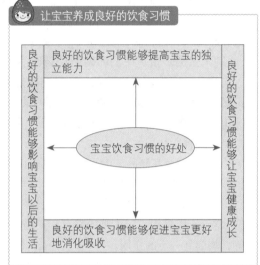

让宝宝养成良好的饮食习惯

良好的饮食习惯能够提高宝宝的独立能力

良好的饮食习惯能够影响宝宝以后的生活

宝宝饮食习惯的好处

良好的饮食习惯能够让宝宝健康成长

良好的饮食习惯能够促进宝宝更好地消化吸收

（3）吃饭时不能玩玩具。在宝宝吃饭之前，妈妈应该让宝宝做好进餐的准备，如将他手中的玩具放到指定的地点。时间一长，他自然就知道吃饭与玩耍是不一样的，而且在吃饭时是不能玩玩具的。当然，进餐前，还要洗手，从小让宝宝养成的这些好习惯会使宝宝受益终身。

（4）锻炼宝宝独立吃饭的能力。让宝宝学习自己拿东西吃。在宝宝吃饭时，可以让他自己拿饼干吃，也可以让他拿小勺，开始学着用勺子吃东西。即使孩子吃得到处都是，家长也不要坚持喂孩子，每个人都要有这个过程。但如果他只是拿着勺子玩，而不好好吃饭，就应该收走小勺。

（5）让宝宝自己拿着食物吃。给宝宝自己拿着吃的食物，食物要柔软小片，例如一小片香蕉或一小片面包都可以。坚硬圆形的食物，如花生、爆米花、葡萄、黄豆等，以及黏稠的食物，如花生酱等，都不适合给宝宝拿着吃。特别是花生，一不小心掉到气管里就容易使宝宝窒息。所以这些危险的食物要放到宝宝不能拿到的地方。

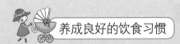

养成良好的饮食习惯

宝宝养成良好的饮食习惯能够增强宝宝的抵抗力，保证身体的健康。而且，健康的饮食习惯，还能保证宝宝生长所需要的各种营养。所以，父母要从小培养宝宝定时、定量吃饭的习惯，不要随意地改变宝宝饮食的时间和数量。

辅食添加的注意事项

宝宝在这个阶段已经适应了吃辅食，但还是属于断奶的过渡期，因而在吃辅食的时候，还是应该注意宝宝营养物质的摄取，及时给宝宝补充生长发育所需的各种营养元素。宝宝如果在这个阶段出现一些特殊情况，应该注意及时发现，并给予适当的引导和纠正。

 ## 此阶段的宝宝吃鸡蛋应只吃蛋黄

鸡蛋总是被妈妈们认为是喂食婴儿的最佳食品，于是尽可能多让宝宝吃，其实这是错误的做法。

如果婴儿过多地食用鸡蛋，就会增加消化道的负担。由于鸡蛋内含有优良的蛋白质，婴儿吃后还会使体内蛋白质含量过高，蛋白质在肠道积存造成异常分解，产生大量的氨，使血氨增高。未完全消化的蛋白质可能会在肠道中腐败，产生有毒物质，造成腹部胀闷、头晕目眩、四肢无力等蛋白质中毒综合征。

此外，鸡蛋中的蛋白质抗生素蛋白，在肠道中可以直接与生物素结合，从而阻止生物素的吸收，导致宝宝患生物素缺乏症以及消化不良、腹泻、皮疹等病症。

因此，在给7~9个月的宝宝吃鸡蛋时，应只吃蛋黄，而且必须注意观察婴儿的粪便，了解营养素的吸收情况。如果大便正常，可保持每天吃一个蛋黄。

蛋黄的主要成分是脂肪、蛋白质，并且含有宝贵的维生素A和维生素D以及维生素E和维生素K，有助于预防佝偻病，也可预防烂嘴角、舌炎、嘴唇裂口等。另外，蛋黄中还有磷、铁等优质矿物质，有助于预防缺铁性贫血。因此，对幼儿来说，蛋黄是一种不错的辅食，蛋黄通常是孩子的第一种辅食。

 ### 对鸡蛋过敏的宝宝该如何喂养

一般认为，孩子如果对鸡蛋过敏，可以让孩子先吃点蛋糕，但不必完全回避鸡蛋。过敏的根本原因是婴幼儿胃肠道系统发育不完善，妈妈可让宝宝吃一些妈咪爱或合生元等有益菌，进而改善孩子的胃肠道系统，待宝宝胃肠道系统趋于完善，就不会再出现鸡蛋过敏的情况。一般7~8个月后，宝宝的肠胃对异种蛋白的屏障作用增强，就可以继续添加鸡蛋。

 ### 为什么宝宝只能吃鸡蛋黄呢？

宝宝的消化系统还不够完善，还不能够很好地消化吸收鸡蛋清中的蛋白质。

鸡蛋清中的蛋白分子比较小，有可能直接进入宝宝血液中，让宝宝引起过敏，严重的时候还会引起湿疹、荨麻疹等疾病。

动物肝脏烹饪时的注意事项

动物肝脏是一种很好的食物，它含的铁质、蛋白质和维生素都很丰富，常吃可防止婴儿出现贫血。不过，在烹饪动物肝脏的过程中，有几点需要注意。

首先，选择动物肝脏应该注意新鲜度，因为肝脏比较容易腐败。

其次，动物肝脏一般有腥臭味，想要去除这种气味，就需要浸泡肝脏。先把肝脏放入清水中浸泡，等水浑浊了，换水同时用手搓洗，然后再放入淡盐水浸泡半小时，这样腥臭味就没有了。

再次，牛肝和猪肝有筋，烹饪之前要把筋剔除。

动物肝脏煮熟后，可以用勺子捣碎喂食，也可以用捣钵碾碎再放入锅内，加些汤汁、盐、酱油、砂糖等调料，搅拌均匀，做肝酱来吃。

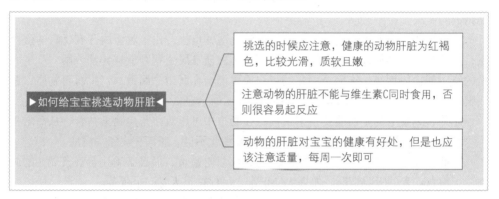

▶ 如何给宝宝挑选动物肝脏 ◀

挑选的时候应注意，健康的动物肝脏为红褐色，比较光滑，质软且嫩

注意动物的肝脏不能与维生素C同时食用，否则很容易起反应

动物的肝脏对宝宝的健康有好处，但是也应该注意适量，每周一次即可

宝宝能吃成人的罐头食品吗

宝宝吃一点成人食品罐头是完全可以的，比如说鲑鱼罐头。不过，给宝宝吃罐头食品，跟喂其他辅食一样，要把罐头里的鲑鱼切碎，拌在蔬菜泥、面条、粥等食物里来喂。注意不能单独喂鲑鱼罐头，因为鲑鱼罐头所含盐分对宝宝来说太多了。牛肉罐头也可以喂宝宝，喂法与喂鲑鱼罐头一样，与各种食物拌均匀了喂。需要注意的是，尽量让宝宝少食罐头。这是因为罐头食品的营养价值并不高，经过高温处理之后，其中的营养元素基本会被破坏掉。现在市场上出现的罐头在营养和卫生上都存在着缺陷，过了保鲜期，可产生对人体有害的毒性物质，若被宝宝食用后可造成食物中毒，其危害相当严重。

宝宝可以吃一点成人罐头

宝宝在吃成人罐头的时候，需要进行加工，且不能多吃。

保护婴儿乳牙

人一生有两副牙齿，即乳牙和恒牙。7～9个月的婴儿正处于乳牙萌出的时期。乳牙萌出的时间因婴儿的个体差异而有所不同，最早的可以4个月萌出，最晚的也有12个月才出的。

宝宝在长牙期的表现

异常流口水	容易出现皮疹
啃东西、咬乳头	容易拉肚子
牙龈肿胀	半夜醒来次数多
易怒，容易烦躁	脸发红、发热

乳牙萌出的顺序如下：下中切牙（2颗）在5～10个月时萌出，上切牙（4颗）和下切牙（2颗）在6～14个月萌出，第一乳磨牙（4颗）在10～17个月萌出，尖牙（4颗）在18～24个月萌出，第二乳磨牙（4颗）在20～30个月萌出，到2岁半出齐，共计20颗。6～7岁开始换牙，即乳牙脱落换成恒牙，直到20岁左右出齐。

乳牙的好坏不仅仅在于其咀嚼能力，它对宝宝将来的发音能力、恒牙的正常替换乃至全身的生长发育都有重要作用。因此，从宝宝萌出第一颗乳牙开始，家长就要做好乳牙的护理。

无论乳牙或恒牙，牙齿的质量与营养、卫生习惯、遗传等因素都有直接关系。如营养不良可影响牙齿钙化；不讲口腔卫生会患龋齿；吮手指、咬口唇会使牙齿排列不整齐，上下齿闭不合拢，有损容颜，影响进食和发音。

在宝宝乳牙期间，宝宝经常咬的奶嘴、玩具，家长要经常为清洗干净，并隔一段时间就消毒。宝宝的小手，应勤用清水洗干净，并为他勤剪指甲。如果宝宝能接受的话，妈妈还应将一块干净湿润的纱布包到自己的手指上，挤一些婴儿牙膏，然后将手指放到宝宝的牙齿上轻轻"刷牙"——切忌用力过猛。刷牙的过程要尽可能地"友好"，让宝宝感觉刷牙是一件很有趣的事情。

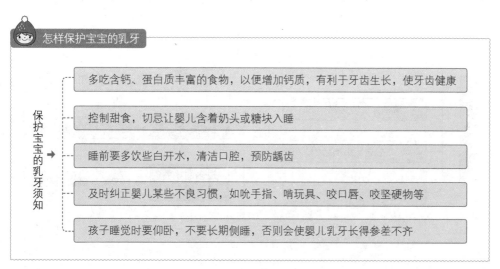

怎样保护宝宝的乳牙

保护宝宝的乳牙须知 →

- 多吃含钙、蛋白质丰富的食物，以便增加钙质，有利于牙齿生长，使牙齿健康
- 控制甜食，切忌让婴儿含着奶头或糖块入睡
- 睡前要多饮些白开水，清洁口腔，预防龋齿
- 及时纠正婴儿某些不良习惯，如吮手指、啃玩具、咬口唇、咬坚硬物等
- 孩子睡觉时要仰卧，不要长期侧睡，否则会使婴儿乳牙长得参差不齐

长牙期间的饮食

出牙，是婴儿生长发育中一个重要阶段。而牙齿的发育又与营养的供给有着密切的关系。

一般来讲，长牙期宝宝的喂养原则是：宝宝6个月后可吃泥状和半固体食品，例如稠粥、面包、婴儿营养饼干等，并慢慢让孩子尝试新的口感和口味。

一些父母认为，孩子没有长牙是不能吃固体食物的，其实并非如此。此时，应当及时添加一些半固体和固体性质的辅食，因为含有较大颗粒的食物有助于宝宝咀嚼能力的发展和牙齿的萌出。

宝宝8个月时，咀嚼能力进一步发展，可喂食一些固体食品，如饼干、烤面包片、苹果片、水萝卜片等，以锻炼咀嚼肌，促进牙齿与颌骨的发育。

注意保护宝宝的牙齿

在宝宝的长牙期，应该让宝宝多吃一些有助于咀嚼的食物。

12个月时，宝宝可吃一般家庭的普通饮食，如大人吃的小包子、小饺子、馄饨、排骨、牛肉干、锅巴、干馒头、苹果等，从而基本完成从完全靠吃奶生存时期转向吃成人类食品的过渡时期，不仅充分锻炼了宝宝口腔肌肉功能，而且能有效刺激下颌骨的生长发育。

由于出牙与婴儿添加辅助食品的时间几乎是一致的，孩子出现腹泻等消化道症状，可能是出牙的反应，也可能是抗拒某种辅食的表现。这时可以先暂停添加辅食，观察一段时间就能判断清楚。

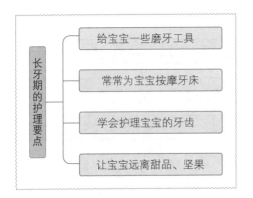

长牙期的护理要点
- 给宝宝一些磨牙工具
- 常常为宝宝按摩牙床
- 学会护理宝宝的牙齿
- 让宝宝远离甜品、坚果

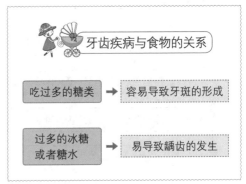

牙齿疾病与食物的关系

吃过多的糖类 → 容易导致牙斑的形成

过多的冰糖或者糖水 → 易导致龋齿的发生

怎样让宝宝吃肉

有的宝宝不爱吃肉，为了膳食的平衡，家长应该想办法让宝宝吃肉。

给宝宝吃的肉首选鸡肉，等宝宝大些，再喂猪肉和牛肉。因为鸡肉质地软嫩，味道清香，而猪肉、牛肉纤维较粗，肉质较硬，喂宝宝鸡肉比较容易让他吃下去。

给宝宝做鸡肉的时候，要尽量剁成肉泥，与蔬菜、面条、蛋羹等拌在一起吃，等宝宝吃惯了，就会爱吃了。

让宝宝接受肉食的方法

▶ 把肉做成羹，掺到食物里面，让宝宝在无意识中吃下去

▶ 示范给宝宝看，让宝宝在快乐的情绪中接受

▶ 投其所好，把肉做成宝宝喜欢的味道

香蕉会让宝宝坏肚子吗

香蕉细腻软滑，无特殊气味，一般情况下婴儿都爱吃。但是有些妈妈担心吃香蕉会让宝宝坏肚子。这样的担心是多余的吗？

吃香蕉并不会让宝宝坏肚子，香蕉具有通便作用，对便秘的婴儿很有帮助。一般宝宝在喂食香蕉的第二天，便中会出现黑丝，这是香蕉的纤维，香蕉纤维不太好消化，随大便一起排出体外，不会对宝宝造成任何不良影响。

吃了香蕉以后，有时宝宝的大便会稀软，但只要宝宝精神好就没问题，家长大可不必担心。但需要注意的是，香蕉不可以空腹食用。

只要宝宝精神健康，吃香蕉并没有坏处

给宝宝吃香蕉的时候，最好吃已经熟透的香蕉。

空腹时食用，使血液中钾含量大幅度增加，对人的心血管等系统产生抑制作用，出现明显的感觉麻木、肌肉麻痹、嗜睡乏力等现象。

给婴儿添加辅食的不良反应

在给婴儿添加固体辅助食品时，由于此时婴儿的肠道发育还不完善，以致部分蛋白质进入血液循环中，就可能引起不良反应。婴幼儿长大后，对某种食物的不良反应就会逐渐消失。

但是如果父母不注意婴幼儿的饮食调理，反复给宝宝吃容易引起不良反应的食品，就会使不良反应更加恶化，有可能导致终身都有反应，极个别的还会有危险。因此在给1岁以内婴儿添加食物时，一定要注意婴儿是否有不良反应。

一般来讲，以下食物容易引起婴幼儿的不良反应，如牛奶、奶酪、鸡蛋、鱼、虾、土豆、玉米、小麦、黄豆及其制品（豆腐、豆油、豆浆及豆油制的饼干）等。

一些食物的添加剂也容易引起不良反应，如调色剂、人工调味剂和防腐剂等，因其含有亚硝酸盐及硝酸盐。

牛奶引起的不良反应主要是腹泻。其他食物引起的不良反应还包括腹胀、腹痛、流鼻涕、流眼泪、耳朵发炎、鼻窦炎、咳嗽、气喘及尿布湿疹等。

有些宝宝吃鸡蛋后，会出现腹泻、皮疹、呕吐等不良反应，这是鸡蛋过敏现象。家长不要过分忧惧。这是因为，婴幼儿的消化道黏膜屏障发育尚不完全，某些过敏性物质容易透过较薄的肠壁进入血液循环，引起过敏。

一般认为，孩子如果对鸡蛋过敏，可以让孩子先吃点蛋糕，但不必完全回避鸡蛋。过敏的根本原因是婴幼儿胃肠道系统发育不完善，待宝宝胃肠道系统趋于完善，就不会再出现鸡蛋过敏的情况，到时就可以继续添加鸡蛋了。

 添加辅食不能太晚

添加辅食不能太晚，最迟不能晚于6个月（国际上认为添加辅食最晚不能超过8个月）。母乳中含铁量相对不足，随着宝宝生长发育的加快，如果6个月之后仍然不添加辅食，宝宝就容易患缺铁性贫血。另外，6个月之后的宝宝进入味觉敏感期，此时添加辅食可以及早让宝宝熟悉各种口味，避免以后养成挑食的坏习惯。

 怎样防止宝宝发生对食物过敏的不良反应

> **应对措施**

如果发现婴儿对某种食品出现不良反应时，要立即停止食用，可待孩子稍大时再吃

添加固体食物时，量要少，品种以单项为宜，观察无不良反应时再多喂或加入新的辅食

有家族过敏史的婴儿添加辅食的时间可稍晚些，不要在4个月时添加，可推迟到6个月时再添加

如何喂养缺铁性贫血婴儿

铁是人类生命活动中不可缺少的元素之一。婴儿在出生后的半年内，可以依靠肝脏内储存的铁，肝脏储存的铁耗尽了，就需要从每天的食物中来补充。婴儿的血容量是随着体重的增加而扩大的，血容量越大，需铁量越多。

1.宝宝生长对铁的需求量

据研究，一般情况下，体重每增加1千克，就要增加铁35毫克，婴儿发育过快就容易出现相对缺铁，而铁是人体造血的主要原料之一，所以也就出现相对缺铁性贫血。

2.如何预防缺铁性贫血

预防婴儿出现缺铁性贫血的有效办法，是适当增加含铁质丰富的食品，如瘦肉、蛋黄、动物肝脏和肾脏，以及番茄、油菜、芹菜等蔬菜，还有杏、桃、李子、橘子、大枣等果品。由于许多食物中的铁质不易溶解和吸收，所以应同时服用维生素C，对于尚无咀嚼能力的婴幼儿，可以喂些菜末、肝末和蛋羹等食物。

3.及时给早产儿补铁

早产儿在出生后4个月内，由于他们吸收铁质的能力差，即便是专门补充铁剂，他们也会因难以吸收而不能满足身体成长的需要。6个月后，由于婴儿吸收铁质的能力加强，这时就可以选择含铁质较丰富的食物作为婴儿的代乳食，如虾、紫菜等。喂宝宝时既可以把虾放到粥里煮着吃，也可以把紫菜煮得烂烂的，然后放点酱油或糖让婴儿吃。

总之，在具体补铁的时候，应根据"轻者食补，重者药补"的原则，优先通过食物补充，多让孩子吃可口的水果、蔬菜、肉食等微量元素丰富的食物。如果孩子已经严重缺铁，有异常表现，家长在食补的时候，可服用铁剂等药物。需要注意的是，宝宝服用铁剂药物，最好在医生指导下服用。

给宝宝补铁，能够促进宝宝更好地成长

铁

注意给宝宝选择含铁质丰富的食物。

给宝宝过量补铁的危害

1

过分强调补铁，容易中毒，导致肝部、胃部，心脏以及神经方面的问题，甚至导致死亡。

2

宝宝每天补铁的量不能超过10毫克，家长们应该特别注意。

3

家长们在选择补铁性产品的时候，应该注意上面的说明，谨慎选择。

怎样给8个月的婴儿喂鲜牛奶

有的孩子，到了8个月时，在白天已经不再吃母乳。对这样的孩子，最好给他喂鲜牛奶，因为牛奶比奶粉味淡，孩子较爱喝。

适量地让宝宝多喝一些鲜牛奶

让宝宝喝鲜牛奶只是一个过渡阶段，并不能让鲜牛奶代替奶粉或者母乳。

1.给宝宝换奶需有过渡阶段

但是，不管是母乳转向鲜牛奶，还是以鲜牛奶代替奶粉，都不能突然改变，而要有一个过渡。在最初的一天要把经稀释（4份牛奶加1份水）后的牛奶少量喂给婴儿。开始应将鲜奶煮熟。一般来说，市场上售的鲜奶只要家里人喝后没有发生腹泻，煮熟后喂给婴儿喝一般就不会有什么问题。

2.给宝宝喂牛奶不要加糖

给孩子喂的牛奶，如果不加糖他也喝的话，就不要加糖，就是加也只能在200毫升牛奶中加8~10克糖。婴儿能坐稳时，可试着用杯子让他喝，如果不会用就用奶瓶。

3.注意选准时间

如果婴儿对牛奶和奶粉喜爱程度差不多，则可将14: 00~15: 00给的那次奶粉换成鲜奶。临睡前的一顿，如果婴儿只喝200毫升的奶粉就睡的话，与牛奶比，还是奶粉浓稠而具有持久性，因此这顿的奶粉不宜换成牛奶。

4.夏季注意牛奶的保存

牛奶在气温高的环境里容易变质，因此买回牛奶后要立即放入冰箱。而在天气炎热的夏季，由于冰箱常常被打开，冰箱内很难保持10℃左右的温度，这样的话牛奶也可能变质。因此在夏天时，最好是早晨买的奶在午前喝完，傍晚和晚上用奶粉。

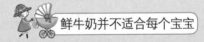 鲜牛奶并不适合每个宝宝

鲜牛奶并不是适合每个宝宝的，如果宝宝不喜欢喝，则不要勉强宝宝，继续给宝宝喝配方奶粉。此外，喝鲜牛奶的时候，不要喝太多，以防造成宝宝腹泻、腹胀等。

宝宝不能光喝鱼汤、肉汤

7~9个月的宝宝已经能够进食鱼肉、猪肉末、肝末等肉类食品了，虽然如此，有的父母在这个时候仍然不让宝宝吃肉，只让他们喝汤，这样做是不正确的。

动物性食品如鸡、鱼、猪肉等，煨成汤后，虽然有一部分营养成分溶解在汤里，但那只是一些少量的氨基酸、肌酸、肉精、嘌呤基、钙等，这些成分使汤变得更加鲜美，大家都爱喝。但食品中的大部分营养（如蛋白质、脂肪、矿物质等）都还保留在肉内，因此可以说，不管鱼汤、肉汤的味道多么鲜美，其营养成分仍然是远远比不上鱼肉、猪肉、鸡肉本身的。如果只给宝宝喝汤，宝宝获得的营养成分必定很少，满足不了自己身体的需要。

因此，爸爸妈妈在喂汤的时候还要给宝宝同时喂肉。

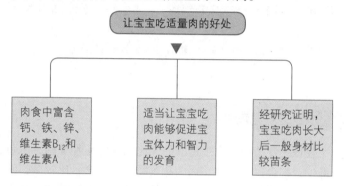

让宝宝吃适量肉的好处

肉食中富含钙、铁、锌、维生素B_{12}和维生素A	适当让宝宝吃肉能够促进宝宝体力和智力的发育	经研究证明，宝宝吃肉长大后一般身材比较苗条

母乳不足时的喂养

这个时期，如果母乳分泌逐渐减少，就要考虑用牛奶来代替母乳了。这么大的婴儿一般已不用奶瓶而用杯子喝了。

母亲在白天减少的母乳量，可用相应的牛奶来补充，但宝宝起床时的第一餐和夜里哭闹时还是喂母乳比较方便。如果母乳不足，晚上睡觉前的最后一次喂奶还是喂牛奶比较好些。因为宝宝吃不饱就会在半夜里因肚子饿而哭闹，从而使宝宝和父母的睡眠受到影响。另外，很多宝宝因为习惯了母乳，如果不愿意喝牛奶的话，可以给宝宝添加一些辅食。例如，果泥等一些食物，也可买些米粉或者营养餐。总之，只要宝宝喜欢的食物都可以添加。

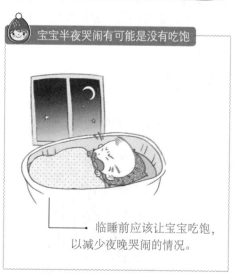

宝宝半夜哭闹有可能是没有吃饱

临睡前应该让宝宝吃饱，以减少夜晚哭闹的情况。

宝宝不愿喝牛奶怎么办

吃惯了母乳的宝宝要换成喝牛奶，可能有的婴儿会感到很厌烦，可是牛奶和奶粉中丰富的营养物质又是宝宝生长发育所必需的，补充不及时就可能导致宝宝营养不良。

不过，既然宝宝不喜欢喝，也不要强迫他喝，可以改变烹调方法，将牛奶加到米粥、米饭中，或掺入面粉中制作成馒头、发糕等，做出的食品既香甜、松软、可口，又保证了充分的营养。

> ### 为什么要让宝宝喝牛奶
>
> ★ 宝宝这个阶段正处于断奶期，每天的母乳量会逐渐减少，牛奶中的营养物质丰富，能够满足宝宝的生长需要
>
> ★ 宝宝这个阶段正在增加辅食量，但是宝宝的消化吸收能力不强，需要牛奶作为补充营养的途径
>
> ★ 牛奶中所含的营养比较接近母乳或者奶粉，而且容易被宝宝消化吸收

为什么宝宝会便秘

宝宝便秘，一般是膳食结构不合理造成的。比如食物品种单调，或鱼、蛋喂食得多，而蔬菜类喂得少，都会造成便秘。因为蔬菜类的纤维含量比较多，纤维并不会被身体吸收，而是会被排出体外，它会促进肠道的蠕动，具有帮助消化的作用。因此，像油菜、白菜、卷心菜等叶菜类和土豆等多纤维、多淀粉的蔬菜和一些水果，都应该多给宝宝吃。多喂食油脂类食物，也可以有效防止便秘。

另外，辅食中的水分通常是少于母乳和奶粉的，如果喂辅食的时候没有适量给宝宝喂水，也会造成宝宝便秘。

宝宝便秘

宝宝如果饮食结构不合理也会出现便秘，家长们需要特别注意。

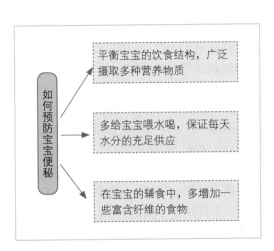

如何预防宝宝便秘

→ 平衡宝宝的饮食结构，广泛摄取多种营养物质

→ 多给宝宝喂水喝，保证每天水分的充足供应

→ 在宝宝的辅食中，多增加一些富含纤维的食物

适合宝宝的营养糊

1.黑芝麻桑葚糊

用料：黑芝麻、桑葚各60克，大米30克，白糖10克，清水3碗。

制作：黑芝麻、桑葚、大米分别洗净，同放入研钵中捣烂，沙锅内放清水3碗，煮沸后加入白糖，然后缓缓将捣烂的米浆调入，煮成糊状即可。

功效：黑芝麻含有多种不饱和脂肪酸、维生素E、卵磷脂等成分；桑葚也含有多种维生素及果糖，常服可治小儿先天发育不良、行动迟缓等。

2.番茄鱼糊

用料：鳜鱼100克，番茄70克，鸡汤适量，盐1克。

番茄鱼糊

鱼肉和番茄含有丰富的蛋白质、钙、磷、铁、维生素C、B族维生素以及胡萝卜素等多种营养成分。

制作：将收拾好的鱼肉放在锅里煮熟，捞出后除去鱼皮、鱼刺，将鱼肉弄碎。将番茄洗净后用开水烫一下，去皮，切细碎。将鸡汤倒入锅里，加入鱼肉末同煮一会，再加盐、番茄，小火煮成糊状，晾温后即可喂食。

功效：富含维生素D，促进宝宝对钙质的吸收和利用。

3.白糖橘糊

用料：橘子30克，绵白糖4克。

制作：将橘子洗净，剥去皮，再把内皮剥去，然后放入容器内研碎，食用时加入绵白糖搅拌均匀，使其具有一点柔和的酸味。

功效：口味酸甜可口，能增强宝宝食欲。

宝宝营养既要全面也要均衡

7~9个月宝宝营养糊的侧重点

这个阶段的宝宝正是智力发育的关键阶段，在辅食中应该让宝宝多吃一些益智类的食物

让宝宝适当多吃一些鱼肉，能够利于宝宝的消化吸收

如果宝宝出现一些身体不适症状，可以通过食疗减轻或者缓解宝宝的不适症状

适合宝宝的营养粥

1.鸡肉粥

用料：七倍粥小半儿童碗，鸡肉末1/2大匙，鸡汤、白糖1/4小匙，酱油少许。

制作：把鸡肉末和白糖放入锅内，加酱油后用微火煮，边煮边用筷子搅拌，煮到没有汤为止，然后放到容器内研碎，再加入七倍粥和鸡汤用微火煮片刻停火。

功效：富含多种营养素，可以促进宝宝的生长发育。

2.奶油面包粥

用料：面包2/3个，奶油蛋糕1大匙，牛奶、白糖各少许。

制作：把面包切成8块，然后和奶油蛋糕、牛奶、白糖一起放入锅内，均匀混合后用中火煮片刻即可。

功效：营养丰富，有利于宝宝吸收钙质。

3.杨梅麦片粥

用料：麦片4大匙，杨梅3粒，白糖少许，水适量。

制作：把水放在锅内烧开，把麦片放入开水中煮2～3分钟，把杨梅用勺子背研碎，再加入白糖均匀混合，然后放入麦片粥，边煮边混合，煮片刻后停火。

功效：生津润燥，对宝宝风热、可口具有一定的疗效。

4.肉糜荠菜粥

用料：荠菜250克，瘦猪肉100克，大米100克，黄酒、酱油、食用油、精盐、淀粉各适量。

制作：猪肉剁成泥，加黄酒、酱油、淀粉搅成肉糜，食用油烧热待用。荠菜洗净切碎末，大米煮成粥，先加入荠菜末，煮5分钟，再调入肉糜，煮沸后加油、盐调味即可。

功效：此粥补肾益气，可治由婴儿肾亏引起的发育不良。

给宝宝喝粥的好处	▶	粥类本身具有益气、润燥的作用，且本身有助于消化吸收
	▶	粥类能够滋养宝宝的身体，对宝宝的生长发育有益
	▶	粥类能够起到调和身体五脏的作用，且能够解渴
	▶	宝宝的营养粥，一般营养与美味兼具，能够让宝宝健康成长

适合宝宝的营养羹

1.香蕉羹

用料：香蕉200克，牛奶250克，白糖20克，藕粉、清水适量。

制作：把香蕉剥去外皮，用刀切成小片；藕粉用少许清水调好待用；再将牛奶倒入锅中，兑入少量清水，置火上烧开，然后加入香蕉片、白糖，待再烧开后，将调好的藕粉徐徐倒入锅内搅匀，开锅后离火冷却即成。

功效：此羹香甜味浓，软烂嫩滑，婴儿爱吃。

2.珍珠羹

用料：面粉250克，瘦肉100克，植物油25克，鸡蛋黄1个，黄酒、淀粉、盐、水适量，胡萝卜丁、青葱、姜、味精、麻油各少许。

制作：将面粉和好，做成黄豆大小的面珍珠。肉洗净、切成丁，加酒、盐、淀粉上浆，开油锅炒好取出备用。锅留底油，将姜、葱下锅，炒出香味，加适量水，旺火烧开，把面珍珠、肉丁、调料一齐下锅，将蛋黄搅匀，洒在锅里烧开即可。

功效：改善宝宝肤质。

3.脊丁山药羹

用料：熟里脊肉丁100克，熟鲜豌豆100克，肉汤100克，熟山药丁100克，鸡蛋黄1个，盐、葱、姜末、黄酒、淀粉、熟植物油、味精适量。

制作：将鸡蛋黄、肉汤、盐搅匀蒸咸蛋羹，盛进盆里；开油锅将葱、姜末下进煸炒，加黄酒、味精、肉汤旺火烧开，投入熟山药丁、熟豌豆、熟里脊肉丁，烧开后水淀粉勾芡，加熟植物油，浇在鸡蛋羹上即可。

功效：此羹可利湿解毒、补脾肾。

珍珠羹

此羹营养丰富，易于消化，适于病后胃虚弱的婴儿食用。

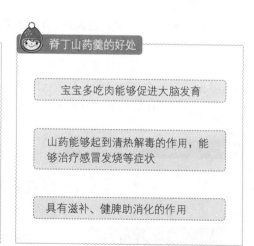

脊丁山药羹的好处

宝宝多吃肉能够促进大脑发育

山药能够起到清热解毒的作用，能够治疗感冒发烧等症状

具有滋补、健脾助消化的作用

适合宝宝的营养冻

1.葡萄果子冻

用料：动物胶粉1小匙，葡萄3大匙，水1大匙。

制作：把动物胶粉用两倍水调匀，葡萄去皮，用纱布包好把汁液挤出；在锅内加水烧开，再把调好的动物胶粉加入水中，停火加入葡萄汁混合后，倒入定型容器中，放冰冷冻室内冷冻定型。

功效：清热解暑、生津止渴。

2.西瓜冻

用料：动物胶粉1小匙，西瓜汁4大匙，白糖1/2小匙。

制作：把动物胶粉加两倍水调匀；用勺子把西瓜的水分全部挤出放入茶杯内，然后再将全部西瓜汁倒入锅内，加入调好的动物胶粉和白糖煮，煮至水基本蒸发完；在盘子底部涂上薄薄的色拉油，将煮好的西瓜冻扣在盘内，再放入冰箱冷冻室内冷冻定型。

功效：生津止渴，有利于宝宝排尿。

3.苹果冻

用料：苹果1个，动物胶粉1小匙，牛奶3大匙，白糖20克。

制作：把苹果洗净除去籽后切成片加白糖煮，煮后做成过滤苹果；把动物胶粉加两倍水调匀，放入锅内加牛奶煮至动物胶粉溶化，然后放入加糖的苹果均匀混合，最后将混合物倒入容器中冷却，使其呈冻状即可。

功效：对宝宝腹泻有一定的疗效。

4.香蕉冻

用料：香蕉1个，动物胶粉1小匙，牛奶1杯，白糖20克。

制作：把香蕉去皮后切成片加白糖煮，煮后做成过滤香蕉渣；把动物胶粉加两倍水调匀，放入锅内加牛奶煮至动物胶粉溶化，然后放入加糖的香蕉均匀混合，最后将混合物倒入容器中冷却，使其呈冻状即可。

功效：促进肠胃蠕动，有利于消化。

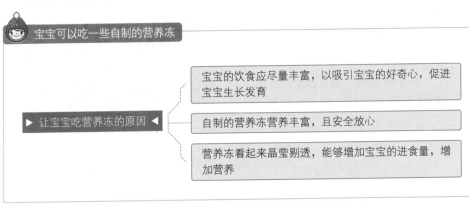

宝宝可以吃一些自制的营养冻

► 让宝宝吃营养冻的原因 ◄

宝宝的饮食应尽量丰富，以吸引宝宝的好奇心，促进宝宝生长发育

自制的营养冻营养丰富，且安全放心

营养冻看起来晶莹剔透，能够增加宝宝的进食量，增加营养

适合宝宝的豆腐菜谱

1.花豆腐

用料：豆腐50克，鸡蛋黄30克，小白菜叶子10克，淀粉（豌豆）10克，盐1克，大葱1克，姜1克。

制作：先将葱、姜捣碎成汁，将豆腐煮一下，放入碗内研碎，小白菜叶子洗净，用开水烫一下，切碎了放入碗内，加入淀粉、精盐、葱姜水搅拌均匀，将豆腐做成方块形，再把蛋黄研碎撒一层在豆腐表面，放入蒸锅内用中火蒸10分钟即可喂食。

功效：含有丰富的蛋白质、脂肪、糖类及维生素B$_1$、维生素B$_2$、维生素C和钙、磷、铁等矿物质，豆腐柔软，易被消化吸收，鸡蛋黄含丰富的铁质，对提高婴儿血色素极为有益。

2.浇汁豆腐丸子

用料：研碎的豆腐3大匙，淀粉3小匙，鱼汤适量，胡萝卜1根，豌豆50克，淀粉、酱油各少许。

制作：把胡萝卜和豌豆煮后切碎，加入鱼汤、淀粉、酱油拌匀，做成青菜馅。把豆腐和淀粉混合均匀后做成丸子，放入鱼汤锅内煮，煮好盛出后把青菜馅做成的熟汁浇在豆腐丸子上。

功效：富含丰富的植物蛋白和宝宝成长必须的多种微量元素和矿物质。

3.鸡肉豆腐

用料：碎豆腐2大匙，鸡肉末2小匙，豆酱、白糖、鱼汤各适量。

制作：把豆腐放开水中煮后控去水，然后放容器内研碎；把鸡肉末放入锅内，加少量鱼汤后上火煮，边煮边用筷子搅拌均匀，最后在锅内加入豆酱和白糖，再把鸡肉豆酱放在豆腐上。

功效：能够健脾开胃，适用于消化不良的宝宝食用。

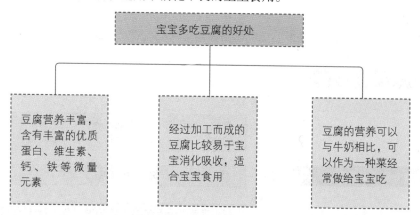

宝宝多吃豆腐的好处

- 豆腐营养丰富，含有丰富的优质蛋白、维生素、钙、铁等微量元素
- 经过加工而成的豆腐比较易于宝宝消化吸收，适合宝宝食用
- 豆腐的营养可以与牛奶相比，可以作为一种菜经常做给宝宝吃

适合宝宝的主食

1.蒸软面包

用料：面粉3大匙，鸡蛋黄1个，牛奶、白糖、色拉油各适量。

制作：把面粉用水和好，将鸡蛋黄放入，搅至起泡，加少量牛奶和白糖后均匀混合；在锅底上涂上薄薄一层色拉油，把和好的面倒入锅内。水汽干后放蒸锅内用中火蒸10分钟。

功效：补充碳水化合物和热量。

2.白薯面包

用料：切碎的白薯1大匙，热点心2大匙，牛奶1大匙，调好的鸡蛋黄2小匙，白糖少许，色拉油少许。

制作：把白薯加入白糖煮软；把调好的鸡蛋黄和牛奶均匀混合后与研碎的点心混合，然后再加入煮过的白薯，均匀混合后放入涂有色拉油的铁锅内，用中火蒸10分钟。

功效：富含多种营养元素，能够补充糖分、维生素、蛋白质和氨基酸。

3.烩丸子

用料：擦碎的藕2大匙，鸡肉末2小匙，切碎的生香菇1小匙，淀粉2小匙，鱼汤、芡汁少许。

制作:把藕和生香菇一起加入鸡肉末内，加淀粉调匀后做成丸子。将丸子入锅，加鱼汤用微火煮，煮好后用芡汁勾芡。

功效：能健脾开胃，促进生长发育。

4.烤玉米饼

用料：玉米面2大匙，脱脂奶粉1小匙，调好的鸡蛋黄1小匙，面粉、清水少许，黄油1/2小匙。

制作：把玉米面和脱脂奶粉及调好的鸡蛋黄混合，然后加入面粉和少许水和在一起做成小饼，把黄油放入平底锅内溶化，再把做好的小饼放入锅内，用微火烤至两面焦黄为止。

功效：富含不饱和脂肪酸，有利于增强宝宝的心血管功能。

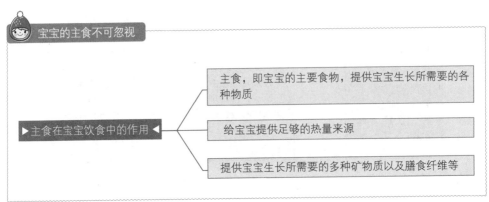

宝宝的主食不可忽视

▶ 主食在宝宝饮食中的作用 ◀

主食，即宝宝的主要食物，提供宝宝生长所需要的各种物质

给宝宝提供足够的热量来源

提供宝宝生长所需要的多种矿物质以及膳食纤维等

适合宝宝的开胃小食

1.鲜奶冰晶香蕉

用料：香蕉6只，牛奶150克，山楂糕50克，琼脂15克，冰糖250克，水1250毫升。

制作：香蕉去皮切片，加少许糖腌一下，琼脂加水泡软，加1250毫升水煮沸。加上冰糖，用文火熬20分钟，下牛奶、香蕉片，离火冷却后放冰箱内冰冻2小时至凝结，食用时切成小块，加入冰水，放上切成丁的山楂糕即可。

功效：此品清热解毒，对暑天生痱子、热疖及各类痤疮的孩子有一定作用。

2.山楂香橙露

用料：山楂肉50克，橙子2个，荸荠粉25克，糖100克，水适量。

制作：山楂肉加水用沙锅煮烂，用洁净纱布隔渣留汁；橙子捣烂用纱布滤取橙汁；两汁混合，放锅中煮沸，加入白糖、荸荠粉勾薄芡即可。晾凉后食用。

功效：此饮料富含维生素C及各种矿物质，可清凉醒脑。

3.番茄蛋

用料：煮鸡蛋黄1个，切碎的葱头1大匙，黄油1/2小匙，面粉1/2小匙，肉汤1/2杯，番茄酱1小匙。

制作：把黄油放入锅内溶化后，放入切碎的葱头用微火慢慢炒，同时撒入面粉一起炒，然后加入肉汤、番茄酱进行混合，最后再将煮熟切碎的鸡蛋黄放入锅内，混合均匀后停火。

功效：此菜品能够为婴儿提供丰富的维生素和卵磷脂，有助于促进婴儿大脑和神经系统的发育。

4.黄油番茄

用料：奶油玉米片1大匙，切碎的番茄1大匙，黄油1/2小匙，肉汤1/3杯。

制作：把奶油玉米片切碎，把黄油放入锅内溶化，再把切碎的番茄和玉米片入锅炒，然后加肉汤煮至玉米片变软为止。

功效：具有健胃开脾的功效，有助于改善婴儿营养不良的状况。

给宝宝吃开胃小食的原因

宝宝为什么需要吃开胃小食

★ 这个时期的宝宝正处于生长发育的重要阶段，需要增加多种营养。

★ 宝宝每顿饭的进食量有限，需要多吃一些小食，补充身体的需要。

★ 宝宝很容易消化不良，吃一些开胃小食有益于消化。

第五章

10～12个月婴儿喂养

　　10～12个月的宝宝，已经到了断奶期，而且各项能力都在不断提高和增强，在给宝宝制作辅食的时候，应该特别注意根据这一阶段的新特点来准备适合宝宝的食物。给宝宝制定一个科学的菜谱，让宝宝健康地成长。

　　每一个阶段的宝宝都会出现这样那样的情况，我们可以根据宝宝的反应，结合科学的喂养经验，给宝宝的进一步成长发育打下良好的基础。如果宝宝出现一些厌食、挑食情况或者是一些日常疾病，在做辅食的时候，应该注意做一些相应的调整，以适合宝宝的口味，减少宝宝身体的不适对成长的影响。

本章看点

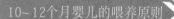
10～12个月婴儿的喂养原则 ❯

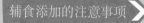
辅食添加的注意事项 ❯

10～12个月婴儿的喂养原则

在这个阶段，应该准备好给宝宝断奶的各种工作。一方面断奶，一方面给宝宝制订一个科学而又营养的饮食方案，以减少宝宝出现不适应的情况。同时，也是给宝宝养成良好习惯的好时机，家长们应该把握好时机，给宝宝养成一个良好的习惯。

什么时候断奶

宝宝10～12个月时，是断奶的最好时机。因为这段时间，母乳质量有所下降，宝宝也逐渐适应了母乳以外的食品；而且9～10个月时，宝宝已经长出几个切齿，胃内的消化酶日渐增多，肠壁的肌肉也发育得比原来成熟，所以，多数妈妈要给宝宝真正意义上断奶了。

给宝宝顺利断奶，需要考虑以下几点。

（1）宝宝对其他食物的接受程度。为了顺利给宝宝断奶，断奶前的准备工作必不可少，辅食的添加就是为断奶做准备。宝宝10～12个月时，就应该能吃相当数量的辅食了，而且宝宝的咀嚼能力已充分得到锻炼，也已习惯了用碗、勺、杯、盘等器皿进食。

（2）宝宝对母乳的依恋程度。吃惯母乳的

宝宝断奶

给宝宝断奶的时候，即使宝宝哭闹，也不能心软。

宝宝，不只是把母乳作为赖以生存的需要，而且对母乳有种特殊的感情，因为它给宝宝带来信任和安全感，所以断奶不是说断就能断掉的，更不可采用简单粗暴的方法。

（3）断奶季节的选择。断奶要选择合适的季节，一般春末和秋凉的时候比较合适。这时，生活方式和习惯的改变对宝宝的冲击较小。

（4）断奶时机的选择。要根据宝宝的身体状况来选择合适的断奶时机。只有宝宝身体状况好，消化能力正常，才可以断奶。

（5）父母的决心。断奶的时候，父母一定要下定决心。断奶时，宝宝大都会吵闹几天的。不要因宝宝一时哭闹就改变了主意，觉得再晚点断奶也无所谓，从而拖延断奶时间。

（6）断奶期间的营养均衡。在断奶期间，宝宝的喂养更要强调营养的合理搭配。宝宝生长发育很快，对营养需求量也大，如果不注意喂养方法而突然断奶，宝宝就会不习惯，严重的甚至会引起断奶综合征。

怎样顺利断奶

母乳喂养的宝宝断奶的方法最好使用自然过渡法。自然过渡法就是一顿一顿循序渐进地用辅助饮食代替母乳，逐渐断奶。比如，在宝宝10个月时，先减掉白天的一顿奶，因为白天有很多吸引宝宝的事情，所以他不会特别在意妈妈。断奶的时候，要加大宝宝的辅食供给量。过一周左右，如果宝宝没什么不良反应，可以再减一顿奶，加大断奶量。

需要注意的是，一定要在完全不吃母乳之前让宝宝习惯吃牛奶。人工喂养的宝宝断奶的方法也应该选择自然过渡法，就是在添加辅食的基础上，逐渐减少宝宝每日牛奶的奶量和喂奶的次数，到最后一天只喝两次牛奶。

开始，妈妈可以用辅食代替半顿母乳（牛奶）。逐渐地先减去白天的一次母乳（牛奶），以其他食物代替这顿母乳（牛奶），用同样的方法就可以逐渐减少白天哺乳或喂牛奶的次数。到宝宝1岁左右的时候，无论是母乳喂养还是人工喂养的宝宝，每天就只喝两次牛奶了，母乳也就自然断掉了，而一天喝两次牛奶的习惯则不需要再改变。如果条件不允许，至少也要让宝宝每天喝一次牛奶。

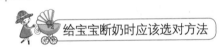 给宝宝断奶时应该选对方法

★ 给宝宝断奶的时候，最好要有一个过渡期，千万不能突然中断，否则容易引起宝宝不适应。

★ 母乳喂养的宝宝，应该让宝宝提前习惯牛奶，以便保证断奶后的营养。

★ 断奶的时候，不一定要妈妈与宝宝分开，否则容易导致宝宝和妈妈的焦虑。

断奶方法要得当

有些母亲平时未做好给孩子断奶的准备，未能逐渐改变孩子的饮食结构，想给宝宝断奶的时候就采用在乳头上抹黄连、辣椒汁、清凉油等办法，突然不给孩子吃奶，致使孩子因突然改变饮食而适应不了，连续多日又哭又闹、精神不振、不愿吃饭，致使宝宝消瘦，甚至引发疾病。这种方法显然是不正确的。

断奶后宝宝的饮食特点

★ 由母乳逐渐过渡到以米、面、肉、蛋等食物。

★ 还需要摄入足够的奶量来补充身体所需的营养。

★ 补充钙质，每天摄入不少于500毫升的牛奶或豆浆，同时多吃肉、蛋等食品。

★ 主食要以谷类为主，保证热量的供应。

★ 适当吃些动物肝脏来补充铁质。

★ 多吃一些蔬菜和水果。

★ 烹调方式和食物种类要做到多样化。

不要强迫宝宝吃东西

许多父母可能会担心宝宝不好好吃饭而长不好，就强制宝宝多吃一点儿。

其实，父母不必对宝宝不好好吃饭感到忧虑，因为宝宝有一种本能，他们的进食量恰恰与其需要量相等。

宝宝的饮食情况是变化莫测的。同一种食物，他们可能今天认为好吃，吃起来狼吞虎咽，明天又觉得不好吃而拒食，后天也许又喜欢吃了。但是，这种进食的不规律性，不会对每天消耗的热量产生影响。

宝宝有时也会因为心情、环境因素的变化而吃饭时多时少，父母不用太担心，不用刻意非得一餐固定喂多少量才满意。只要宝宝的生长曲线在合理范围内，精神很好，也没有肚子胀、便秘、拉肚子等症状，宝宝一餐吃得多一点少一点就不必太在意。

家长要顺其自然，不要指望宝宝对某种食品的喜爱有规律性，也不要指望宝宝每顿都吃得一样多。不过，应该给宝宝准备丰富的食物，使宝宝可以有选择地进食。

有些宝宝食欲很好，但却喜欢一边吃东西一边玩耍，不愿意坐下来好好吃饭。很多父母为此很烦恼，只好追着宝宝喂食，这是一种很不好的习惯，家长要想法改变宝宝这一习惯。

宝宝天生好动，一旦见到能够吸引自己注意力和兴趣的东西，就会想办法碰这个东西。父母可以根据宝宝这一特点，在饮食上吸引宝宝的注意力。在宝宝吃饭时，家长既要为宝宝创造一个良好的就餐氛围，又不能把足以引起宝宝兴趣的东西放在饭桌周围。

不要强迫宝宝吃东西

如果想要宝宝多吃东西，可以用宝宝喜欢的方式，千万不能强迫宝宝。

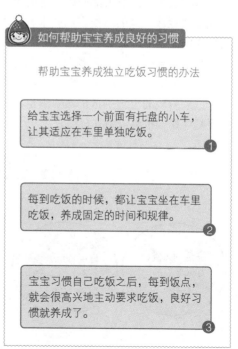

如何帮助宝宝养成良好的习惯

帮助宝宝养成独立吃饭习惯的办法

给宝宝选择一个前面有托盘的小车，让其适应在车里单独吃饭。 ❶

每到吃饭的时候，都让宝宝坐在车里吃饭，养成固定的时间和规律。 ❷

宝宝习惯自己吃饭之后，每到饭点，就会很高兴地主动要求吃饭，良好习惯就养成了。 ❸

给宝宝适当吃点儿硬食

宝宝的咀嚼能力是在不断的运动中获得发展而强健的。这个时期的宝宝有6颗左右的乳牙，具备了一定的咀嚼能力。

父母往往会低估了宝宝的咀嚼能力，喜欢给宝宝易嚼的食物。总以为没长几颗牙齿的宝宝吃不了成块的食物，实际上快1岁的宝宝是可以吃些松软碎块状食物的，他光凭几颗门牙和牙床就可以把熟菜块、水果块、饼干块弄碎嚼烂再咽下。为了给宝宝锻炼牙齿的机会，在不断地练习中使宝宝的咀嚼能力变得越来越强，父母应适当给宝宝一定硬度的食物，如烤薯片、干面包，注意食物的硬度不要太大，以免损伤宝宝的牙齿。

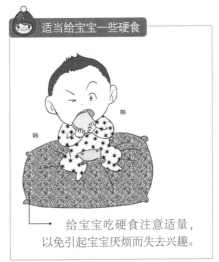

适当给宝宝一些硬食

给宝宝吃硬食注意适量，以免引起宝宝厌烦而失去兴趣。

 这个时期宝宝的饮食特点

这个时期的宝宝对食物的接受能力强了，应该习惯吃奶以外的很多食物了。

这时候宝宝能吃大部分成人吃的食物了，但对食品的要求还是要碎、烂、软。宝宝能吃些烂饭，煮的时候多加些水就可以了；宝宝能吃肉了，但是给宝宝做的肉一定要剁成肉泥。不过饭菜不用烂到糊状那种状态。

至于宝宝吃什么、吃多少，应该完全根据宝宝的喜好而决定，只要你能满足宝宝的爱好，他就会顺从地吃你给的食物。

这个阶段的宝宝奶量仍然要满足，每天要给宝宝喝500~600毫升牛奶。如果宝宝不爱喝牛奶，也可以顺其自然。

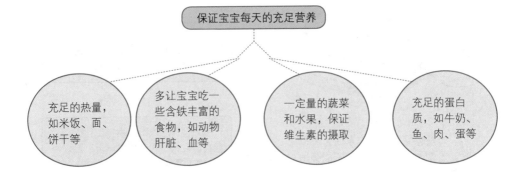

保证宝宝每天的充足营养

| 充足的热量，如米饭、面、饼干等 | 多让宝宝吃一些含铁丰富的食物，如动物肝脏、血等 | 一定量的蔬菜和水果，保证维生素的摄取 | 充足的蛋白质，如牛奶、鱼、肉、蛋等 |

断奶期宝宝的喂养

10个月以后的宝宝，如果断奶顺利，饮食应该已逐渐和大人一样，固定为每日早、中、晚三餐，主要营养的摄取已由奶制品为主转为以辅食为主。不过，生长发育所需蛋白质还是要靠牛奶提供。1周岁前的宝宝平均每天仍须喝500～600毫升的牛奶。

这个时期的宝宝，已经可以接受大部分易消化、刺激性不强的食物。

给宝宝断奶时，宝宝的食物构成会发生变化，要注意以下几点。

选择食物要得当，要给宝宝增加一些土豆、白薯等含糖较多的根茎类食物。经常给宝宝吃些蔬菜（包括海产品）和瓜果，它们能提供维生素和矿物质，促进消化、增加食欲。经常给宝宝吃一些动物肝脏、动物血，以保证铁的供应。

每日三餐应变换花样，巧妙搭配，以增进宝宝的食欲。

烹调食物要尽量做到色、香、味俱全，而且要软、细、碎、烂，不宜煎、炒、爆，以适应宝宝的消化能力，并能引起宝宝的食欲。

饮食要定时定量。刚断母乳的宝宝，每天要保证三餐。早、中、晚餐的时间可与大人统一。

如果宝宝在断奶过程中不适应，喂食要有耐心，让宝宝慢慢咀嚼。

除每日三餐外，还应该在两餐之间给宝宝一些点心、水果等。

每次进食后，再喂少量白开水，可清洁口腔，防止龋齿。

很多宝宝因为习惯了母乳香甜的滋味，也习惯了躺在妈妈怀中的温暖、舒适和安全感，断奶后会出现苦恼和不愿意饮食的状况。针对这种状况，母亲要循序渐进地断奶。宝宝一下子离开母亲怀抱，会产生不安全感或者焦虑感，母亲此时要多安抚宝宝，待宝宝情绪稳定下来，再哄宝宝进食。

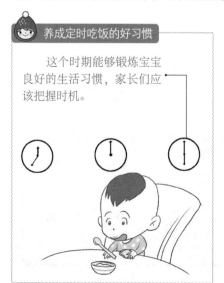

养成定时吃饭的好习惯

这个时期能够锻炼宝宝良好的生活习惯，家长们应该把握时机。

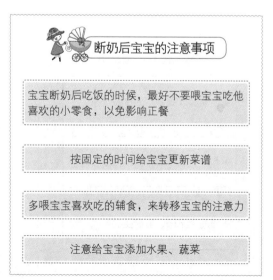

断奶后宝宝的注意事项

宝宝断奶后吃饭的时候，最好不要喂宝宝吃他喜欢的小零食，以免影响正餐

按固定的时间给宝宝更新菜谱

多喂宝宝喜欢吃的辅食，来转移宝宝的注意力

注意给宝宝添加水果、蔬菜

宝宝断奶后的饮食安排

宝宝断奶后，就少了天然的优质蛋白质、脂肪等营养素的来源，这个时候，一定要安排好宝宝断奶后的饮食，不要让孩子缺乏营养。那么，应该怎样安排断奶后的宝宝的饮食呢？

（1）蛋白质类食物。断奶的宝宝需要吃很多含蛋白质的食物。宝宝能吃的含优质蛋白质的动物食品有鱼、新鲜瘦猪肉、动物肝脏、牛奶、脱脂奶粉、乳酪等；能吃的含植物蛋白类食物有豆腐、豆类等。

因为动物性蛋白比植物性蛋白好，所以宝宝应该多吃动物性食物，如鱼、肉等。如果宝宝不爱吃，可以给宝宝每天喝一定量的牛奶。

（2）主食。断奶后，宝宝以前的辅食现在就成了主要食物，如面条、软饭、面包、通心粉、薯类、点心、饼、燕麦粥等。对于主食，宝宝也有自己的喜好，有的宝宝喜欢吃粥，有的宝宝喜欢吃米饭，有的宝宝喜欢吃面食，这些食物的营养成分没有多大的差别。

（3）海藻类食物。海藻类食物营养丰富，含有多种矿物质和多种人体必需的维生素等，所以也可以让宝宝适当吃一点儿海藻类食物，如紫菜、海带、裙带菜等。

（4）蔬菜。断奶后，宝宝应该多吃蔬菜。这个时候的宝宝可以吃的蔬菜品种也很多，像青菜、菠菜、番茄、胡萝卜、土豆、豆芽等。有的蔬菜味较浓，宝宝不愿吃也就不要勉强，这时可以给宝宝做他喜欢吃的蔬菜。

有的宝宝一点儿蔬菜都不吃，父母也不要太担心，宝宝早晚得吃蔬菜，不吃蔬菜造成的暂时营养损失，可以通过吃水果、肉、牛奶、蛋来弥补。

（5）水果。这个时候的宝宝吃水果一点儿也不费事，削（剥）了皮、去了籽，让他自己拿着吃就可以了。每个季节的时令水果都可以给他吃。

宝宝断奶后的不适现象

★ 宝宝喜欢哭闹，缺少安全感。

★ 拒绝吃其他的东西，体重变轻。

★ 抵抗力下降、容易生病。

断奶后宝宝饮食不宜采取的办法

◎让宝宝多吃饭、少吃菜或者多吃菜、少吃饭，应该保持平衡。

◎让宝宝多喝汤，认为营养全在汤里，其实汤里的营养并不多。

断奶期宝宝的喂养

宝宝牙齿不多，消化能力也不强，不适合吃比较硬的食物，所以，为宝宝做的饭菜跟成人的不能一样。

饭菜要做得细、软、碎、烂，便于咀嚼，利于消化。各种食物还要分别去壳、去核、去刺、去骨。油炸食物、粗纤维太多的食物，都不要给宝宝吃。

而且这个时候的宝宝并不会饭、菜搭配着吃，所以最好多做些菜粥，饭、菜比例适当，让宝宝吃得健健康康。

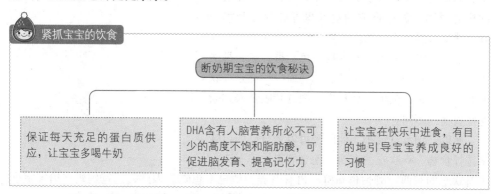

紧抓宝宝的饮食

断奶期宝宝的饮食秘诀

保证每天充足的蛋白质供应，让宝宝多喝牛奶

DHA含有人脑营养所必不可少的高度不饱和脂肪酸，可促进脑发育、提高记忆力

让宝宝在快乐中进食，有目的地引导宝宝养成良好的习惯

宝宝不喜欢吃主食怎么办

有些爸爸妈妈很在乎宝宝能吃多少主食，而不重视给宝宝吃鱼、肉类。其实，爸爸妈妈不用因为宝宝吃的主食少而烦恼。

如果宝宝吃的米饭或面食较少，但只要他能吃鱼、蛋黄或肉类等，就不会影响到其正常的生长发育。因为主食的营养只是糖和植物蛋白，而鱼、肉、蛋含的动物性蛋白远比植物蛋白要好得多。

而且，这个时期的宝宝喜欢吃饼干、蛋糕等点心或小食品，吃的主食自然就会少了。不喜欢吃主食的宝宝，如果喜欢吃点心或小食品的话，也可以给他吃。

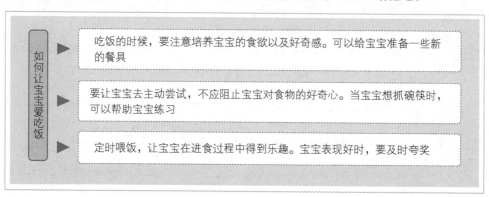

如何让宝宝爱吃饭

吃饭的时候，要注意培养宝宝的食欲以及好奇感。可以给宝宝准备一些新的餐具

要让宝宝去主动尝试，不应阻止宝宝对食物的好奇心。当宝宝想抓碗筷时，可以帮助宝宝练习

定时喂饭，让宝宝在进食过程中得到乐趣。宝宝表现好时，要及时夸奖

宝宝的食物也要色香味俱全

宝宝虽然小，但他也会享受食物的色香味，给宝宝做的食物不能是简单的大杂烩，只注意营养价值而忽略了味道。

宝宝需要色香味俱全的饭菜

色香味俱佳的食物能够促进宝宝进食。

食物的外观色泽和气味可以刺激人的食欲，而食物的味道可以由舌头品尝出来。人的舌头上有味蕾，味蕾可分辨出食物的酸、甜、苦、辣等味道。同样是豆腐，放在香浓的鸡汁里煮和放在开水中煮，味道自然是不同的。

宝宝可以分辨出不同食物的色、香、味，举例来说，宝宝吃的豆腐、蛋黄、动物血虽然都是柔软的东西，但是，他可以凭味觉、视觉和嗅觉来判断这些食物的不同。

所以，别看宝宝小，他已经可以凭自己的口味来选择食物。喜欢吃的东西，他会嚼得津津有味；不喜欢吃的东西，哪怕再新鲜、再有营养，他也不想吃。因此，爸爸妈妈在给宝宝准备食物的时候要注意色香味，以便调动宝宝的食欲，提高宝宝对食物的兴趣。

注意食物的色香味，并不是指要往食物中多加调味品，宝宝吃的食物最好是原汁原味，新鲜的食物本身就有它的香味和鲜味。适当加些调料可以提高食物的色香味，但是，糖精、人工色素则不要加。

爸爸妈妈不要轻视宝宝的品味能力，刚出生的宝宝，味觉就已经能发挥作用。把不同的食物放进他嘴里，他会有不同的表现。对微甜的糖水，宝宝会表现出愉快的表情，对酸涩的柠檬汁，宝宝则会表现出痛苦的表情。

宝宝在4~5个月的时候对食物的任何改变都会表现出非常敏锐的反应，10~12个月的时候就更敏锐了。

宝宝的食物要注意色香味俱全	
食物	食物的色香味与宝宝的反应
色	注意宝宝食物色彩的搭配，色彩鲜明的食物更能够引起宝宝的注意力
香	给宝宝做好饭之后，放入一些香油，不仅能够吸引宝宝，而且还能够补脑
味	宝宝的味觉很敏感，味口也很清淡，注意不要将大人的口味与宝宝做对比
外形	宝宝对于外形奇特的东西会特别感兴趣，食物也不例外，家长们需要多动脑筋

让宝宝练习自己吃饭

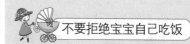

10个月以上的宝宝总想自己动手拿勺吃东西，喜欢摆弄餐具，这正是训练宝宝自己吃饭的好时机。对食物的自主选择和自己进餐，是宝宝早期个性形成的一个标志，而且对锻炼协调能力和自立性很有帮助。

如果宝宝自己想拿勺，就让他自己拿着试一试，即使把饭弄撒了也没关系。宝宝自己费劲地舀起食物送到嘴里，这是练习吃饭的开始。吃饭还是自己主动地吃才吃得香，所以保护宝宝的积极性是很重要的。

不要拒绝宝宝自己吃饭

有些父母怕宝宝自己吃饭将衣服或者饭桌弄脏。于是，就不让宝宝自己吃，其实这样的做法是错误的，时间久了，会影响宝宝的协调能力，同时，也会降低宝宝对吃饭的兴趣。

自己吃东西是一种能力，对宝宝来说不是一件简单的事，要花上一定的时间去学习，所以训练宝宝自己吃东西要有个过程，就像大人要学会做一件事也得花点儿时间练习一样。

宝宝开始练习使用勺子，爸爸妈妈要做好经常给宝宝打扫"战场"的思想准备，宝宝是不可能干干净净地使用勺子的。如果宝宝觉得练习用勺子吃饭麻烦，就会用手抓着吃，即使这样，爸爸妈妈也不要斥责孩子。宝宝长大了，自然不会用手抓着吃饭。

让宝宝自己吃饭需要的过程

1
最初，可以用匙子给宝宝喂东西。

2
让宝宝经常使用杯、碗来喝东西。

3
慢慢坐起来吃东西。

4
和父母一起吃饭。

5
让宝宝自己用碗和勺子吃饭。

注意锻炼宝宝的自主能力

让宝宝学会自己吃饭的好处

❶ 培养宝宝的自我意识，以及独立能力，满足宝宝的好奇心。

❷ 不断鼓励宝宝，培养宝宝的自信心。

❸ 在尝试的过程中，锻炼宝宝对失败的心理承受能力。

❹ 锻炼宝宝的手抓握能力和协调能力。

❺ 宝宝对吃饭感兴趣。

婴儿断奶后的营养调配

断奶的这个时期，婴儿每日需要热能1100～1200千卡，蛋白质35～40克，需要量较大。由于婴儿消化功能较差，不宜吃较硬的固体食品，应在原辅食的基础上，逐渐增添新品种。烹调时应将食物切碎、烧烂，可用煮、炖、烧、蒸等方法，而不用油炸及使用刺激性配料。

婴儿断奶后，不能全部食用谷类食品，也不可能与成人吃一样的饭菜。主食可以吃稠粥、烂饭、面条、馒头、花卷、馄饨、包子等，副食应经常吃鱼、瘦肉、肝类、蛋类、虾皮、豆制品及各种蔬菜等。

每日菜谱尽量做到多轮换、多翻新，注意荤素搭配，避免每顿都吃一样的食物。

要培养宝宝良好的饮食习惯，防止挑食、偏食。

断奶时期宝宝的饮食结构。

（1）由母乳逐渐过渡到以米、面、蔬菜、鱼肉、蛋类等组成的混合饮食为主。

（2）断奶之后还需要摄入足够的奶量来补充身体所需的营养，每天大约600毫升。

（3）补充钙质，每天摄入250～500毫升的牛奶或豆浆，同时多吃肉、蛋等食品。

（4）主食要以谷类为主，每天进食粥类或者面条100～200克，保证热量的供应。

（5）每天摄入25～30克的蛋白质，可以选择鱼、肉、鸡蛋、豆腐等食物。

（6）进主食的时候要吃50～100克的蔬菜，在烹制的时候要便于宝宝的消化。

（7）每一周要吃一两次的动物肝脏，摄入量为25～30克，来补充铁质。

（8）多吃一些蔬菜和水果，补充宝宝体内的维生素和无机盐。

（9）注意烹调方式和食物种类的多样化，在保证色香味的基础上要以清淡和易消化为主。

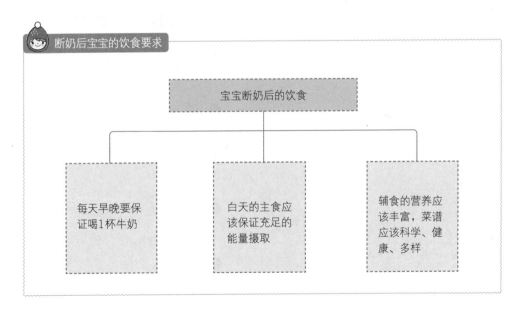

断奶后宝宝的饮食要求

宝宝断奶后的饮食

| 每天早晚要保证喝1杯牛奶 | 白天的主食应该保证充足的能量摄取 | 辅食的营养应该丰富，菜谱应该科学、健康、多样 |

婴儿餐具的选择

宝宝长大了一点儿，他喜欢自己抓着碗、勺吃饭了。这个时候，爸爸妈妈可以为宝宝准备一些宝宝喜欢的、能够自由抓握的餐具，这样会引起宝宝的兴趣。那么，应该怎样给宝宝选择餐具呢？

（1）选择婴儿专用的。这些餐具是根据孩子的生理特点加以设计的，比较适合宝宝使用。

（2）选材质安全的。一般来说，知名品牌的婴儿餐具经过严格检测，材质是安全无毒的，可以选用。

（3）选颜色少而浅的。那些色彩鲜艳、颜色杂乱的餐具，最好不要给宝宝用。因为颜料中铅的含量比较高，用这样的餐具吃饭，容易引起铅中毒。最好选择用无色透明的塑料制成的颜色比较单一且色泽很浅的餐具。

慎重为宝宝选择餐具

宝宝的勺子应该大小适中，边缘应该圆润，避免刮伤宝宝。

宝宝的餐具不能选择易碎的材质。

宝宝要多吃蔬菜、水果和薯类

蔬菜含有多种营养成分，是人体获取维生素的主要食物来源。蔬菜品种多，可以变换着花样吃。

水果肉质细腻，好消化，是维生素C的良好来源。

相对而言，蔬菜中的维生素C和纤维素含量稍高，水果中便于吸收的糖分比较多，二者各有侧重点，妈妈既要注意给宝宝补充水果，又要补充蔬菜，不要只偏重其一。薯类，不管是红薯、土豆还是木薯，都含有丰富的淀粉、纤维素、无机盐和维生素。

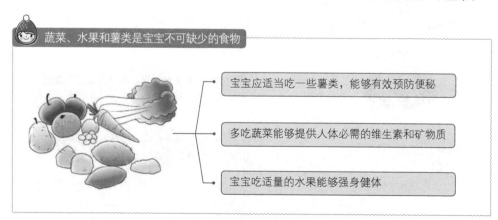

蔬菜、水果和薯类是宝宝不可缺少的食物

宝宝应当吃一些薯类，能够有效预防便秘

多吃蔬菜能够提供人体必需的维生素和矿物质

宝宝吃适量的水果能够强身健体

全面补充营养，宝宝更聪明

宝宝学会爬行后，他的游戏空间就无限扩大了，宝宝的智力发育也进入了一个飞跃发展时期。此时，除了给予宝宝一定的感官、视觉、听觉刺激外，给予合理的营养对于他的智力发育也非常重要。

除了足够的微量元素、维生素、蛋白质和糖类等营养，脂肪的摄入也必不可少。因为脂肪是构成人类大脑的主要物质，脂肪家族中的磷脂、胆固醇等都与神经组织细胞的结构和功能密切相关，尤其是DHA、EPA等必需脂肪酸是神经髓鞘的重要组成物质，在宝宝的大脑发育过程中起着重要的作用。

在为宝宝制作辅食时，可适当选用一些富含多不饱和脂肪酸的食物，如杏仁、榛子、松子、芝麻、大马哈鱼、金枪鱼、沙丁鱼、鲭鱼、亚麻子、葵花子、南瓜子、核桃等。由于DHA多存在于深海鱼类中，而有些海洋鱼类较易引起过敏，因此，在给宝宝食用之前最好先确定孩子对其是否过敏。尤其父母有食物过敏史、哮喘史或宝宝有过敏表现的，在宝宝1岁以内最好避免食用。

核桃、花生、芝麻等干果类食物不直接含有DHA，但其中的α-亚麻酸可在人体内转化为DHA。所以，为了补充DHA，家长不妨让宝宝多吃一些此类的干果。需要注意的是，宝宝此时的胃肠功能很弱，还不能直接进食这些颗粒状的食物。在喂食的时候，家长可将这些干果碾碎做成粥，给宝宝喂食。

另外，现在很多的配方奶粉的营养餐中都含有DHA和EPA等营养物质，家长在添加辅食的同时，也可以让宝宝喝些配方奶粉。

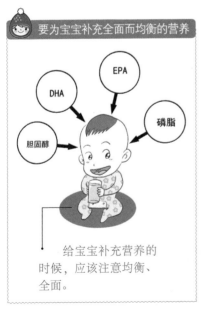

要为宝宝补充全面而均衡的营养

EPA

DHA

磷脂

胆固醇

给宝宝补充营养的时候，应该注意均衡、全面。

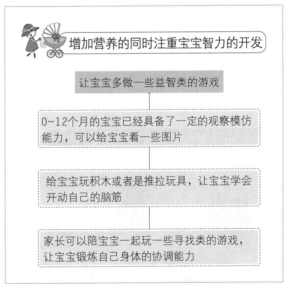

增加营养的同时注重宝宝智力的开发

让宝宝多做一些益智类的游戏

0~12个月的宝宝已经具备了一定的观察模仿能力，可以给宝宝看一些图片

给宝宝玩积木或者是推拉玩具，让宝宝学会开动自己的脑筋

家长可以陪宝宝一起玩一些寻找类的游戏，让宝宝锻炼自己身体的协调能力

婴儿营养不良的判断

如果宝宝喂养不当或膳食搭配不合理，会造成某些营养素的缺乏。我们可以用肉眼判断宝宝的营养状况。

1.蛋白质不足

蛋白质不足的宝宝会消瘦、肌肉量少，皮肤头发无光泽，头发稀疏、色淡、易脱落，皮下组织水肿。

2.维生素A不足

维生素A不足的宝宝有皮肤干燥、脱屑，毛囊角化，头发干枯易脱落，指甲脆薄，易眨眼、畏光等症状。

3.B族维生素不足

B族维生素不足的宝宝会有阴囊皮炎、口角炎、舌炎、嘴唇干裂等症状。

4.维生素C不足

维生素C不足的宝宝会有牙龈肿胀、出血，皮肤出现淤斑等症状。

5.维生素D不足

维生素D不足的宝宝会有方颅、乒乓头、前囟闭合晚、肋外翻、"X"形腿、"O"形腿等症状。

6.锌不足

锌不足的宝宝会有全身性皮炎、复发性口腔溃疡等症状。

7.铁不足

铁不足的宝宝会有口唇、眼结膜苍白，匙状指甲等症状。

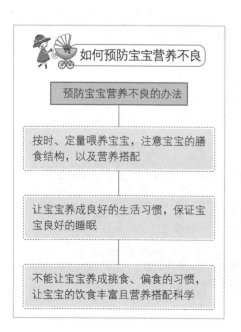

如何预防宝宝营养不良

预防宝宝营养不良的办法

按时、定量喂养宝宝，注意宝宝的膳食结构，以及营养搭配

让宝宝养成良好的生活习惯，保证宝宝良好的睡眠

不能让宝宝养成挑食、偏食的习惯，让宝宝的饮食丰富且营养搭配科学

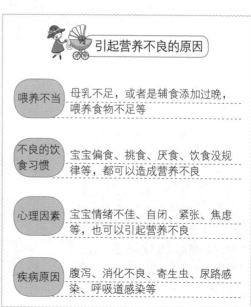

引起营养不良的原因

喂养不当：母乳不足，或者是辅食添加过晚，喂养食物不足等

不良的饮食习惯：宝宝偏食、挑食、厌食、饮食没规律等，都可以造成营养不良

心理因素：宝宝情绪不佳、自闭、紧张、焦虑等，也可以引起营养不良

疾病原因：腹泻、消化不良、寄生虫、尿路感染、呼吸道感染等

辅食添加的注意事项

辅食这个时候对于宝宝来说，已经成了生活中必不可少的一部分。而且，宝宝的消化吸收能力也开始不断地增强，能够吃的东西越来越多。但还是应该注意结合宝宝的生长情况来选择适合宝宝的食物，留心观察宝宝身体上的反应，如果有不适情况，及时找出原因或者去看医生。

 婴儿何时吃固体食物

这个时期的婴儿，长了几颗牙齿，也有了一定的咀嚼能力，但要吃固体食物，还有一个适应的过程。这个时间如果早了，宝宝可能会不消化，或堵住嗓子眼儿而发生意外；如果迟了，宝宝也许不能摄入足够的营养，影响发育。

什么时候让宝宝学吃固体食物比较好呢？儿科专家认为，孩子在12个月大时，就可以开始吃固体食物了，因为在这个阶段，宝宝通常已能掌握拿东西、嚼食物的基本技巧了。

开始时，可以先让宝宝吃去皮、去核的水果片和蒸过的蔬菜（如胡萝卜）等，也可以把固体食物弄成细条，便于孩子咀嚼。

如果宝宝吃这些东西没问题，就可以让他们尝试吃煮过的蔬菜（不宜太甜、太咸或含太多的脂肪，以免倒了胃口，产生厌恶、拒食行为），然后逐渐吃和大人一样的食物。

刚开始为宝宝添加固体食物的时候，可能会出现宝宝吃了之后，拉出的大便含有很多固体食物的颗粒，并且很多食物甚至出现整块没有消化的想象。对此，家长不要过于忧心，只要宝宝精神状态良好，照常进食和玩耍，家长不必太担心。这些食物可能没起到增加宝宝营养的作用，但会很好地锻炼宝宝的肠胃。经过多次训练，宝宝的肠胃会慢慢适应固体食物，对吃进的食物也能完全消化了。

 让宝宝逐渐适应硬食

在让宝宝逐渐适应不同硬度的食物时要有耐心，一定要把固体食物弄成小块、小片或小条，方便宝宝吃。这样做也是为了让宝宝吃得更安全，因为宝宝牙齿的切磨、舌头的搅拌和咽喉的吞咽能力还不够强，如果固体食物太大，会阻塞咽喉，发生危险。

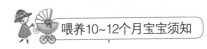 **喂养10~12个月宝宝须知**

★ 这个阶段的宝宝好奇心比较旺盛，在宝宝可以触摸到的位置，不能放一些比较小的物品。

★ 让宝宝自己学会去尝试吃饭以及玩游戏，培养宝宝的分析、观察能力。

★ 如果是宝宝在玩耍，家长一定要留意观察，宝宝会习惯性地把一些小东西往嘴里塞。

宝宝夏天没食欲怎么办

夏天天气炎热，宝宝的食量大减，食欲不佳。为了宝宝的身体健康着想，家长应该尽量喂宝宝吃东西。

到了夏天，宝宝会对冰凉爽口的食物感兴趣，家长可以拿些凉羹、泡沫奶、鸡蛋豆腐、酸奶等食物来喂他，也可以喂食凉豆腐（加热后放凉）、凉面条、凉蒸鱼、肉丸凉汤等，凉牛奶泡玉米片也不错。不过，不要喂食刚从冰箱里拿出来的食物。

宝宝如果吃不多也不要紧，能吃多少喂多少，不用勉强。夏天一过，宝宝的食欲自然会好起来。

 夏季如何增加宝宝的食欲

★ 让宝宝吃一些冬瓜，冬瓜营养丰富而且能够清热解暑。吃的时候，可以将冬瓜做成泥。
★ 让宝宝适当喝一些绿豆粥或者红豆粥，有利尿的作用。需要注意，绿豆、红豆都要煮烂才可让宝宝食用。
★ 让宝宝吃一些燕麦，能够起到通便的作用。

为什么要限制宝宝吃冷饮

冷饮味道爽口，宝宝都喜欢吃。但是，宝宝吃冷饮不知道节制，常因吃多了而腹痛、腹泻。

为什么会这样呢？因为宝宝的胃肠道的黏膜柔嫩，对温度刺激的反应十分敏感，吃冷饮多了，胃肠受到冷刺激，蠕动加快，就会出现腹痛、腹泻的症状。

不仅如此，过多的冷饮会使胃肠道黏膜的血管急剧收缩，消化液分泌减少，从而造成消化功能减退，饭前吃冷饮还会让宝宝不想吃饭。

所以，父母应限制宝宝吃冷饮。

宝宝不能多吃冷饮

宝宝娇嫩的脾胃还无法适应冷饮。

 宝宝吃冷饮的坏处

宝宝正处于快速生长发育的阶段，很容易引起肠胃功能紊乱

容易引起宝宝咽喉部位的不适以及炎症

宝宝吃冷饮，就会减少正常的饮食量，影响每天充足的营养摄入

哪些食品不适合喂宝宝

这个时候的宝宝很可爱，他能够理解大人的一些话，模仿大人做一些事，会用手势加上发音来表示自己的要求，尤其是看到大人吃东西，也会迫切地想要吃。父母看到宝宝这样子，一般都会把食物给他一点儿，让他尝尝。不过，爸爸妈妈可要分清哪些是可以给宝宝吃的，哪些是不能给宝宝吃的。

不适合这么大宝宝吃的食品有如下几种。

1.小颗粒的食品

瓜子、花生、糖果都是人们爱吃的零食，可是却不能给宝宝吃。因为这些食品又小又滑又硬，虽然这时宝宝已长牙，但他的咀嚼功能不完善，还没有能力去吃这些东西。而且，宝宝这些东西，容易把食物呛入气管发生意外。

2.糯米食品

元宵、粽子等食品虽然很好吃，但是比较黏，又不易消化，不宜让宝宝食用。

3.刺激性食品

咖啡、浓茶、辣椒这些食品，不利于宝宝神经系统及消化系统的正常发育，也是不适合宝宝的。

4.太甜、太油腻的食物

这种食物营养价值低，宝宝吃后会影响正常吃饭，最好也不要给宝宝吃。

让宝宝吃适合的食物

小宝宝伸出手来要东西吃的动作太可爱了，常常让爸爸妈妈不忍心拒绝。但是，爸爸妈妈一定要考虑到宝宝的安全和健康。这么大的宝宝好奇心强，什么都想尝一尝。所以有这么大的宝宝的家庭，最好不要准备上述食品，免得被宝宝看见。幸亏小宝宝的注意力是很容易转移的，家里一定要有适合宝宝吃的食品，如饼干、蛋糕之类，如果被小宝宝看见别人在吃不适合他吃的东西，伸着手要，就给他蛋糕之类的代替。

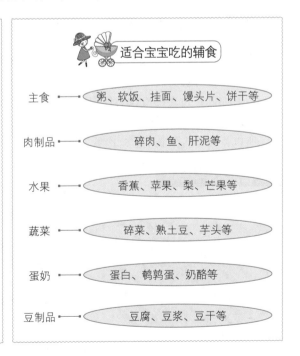

适合宝宝吃的辅食

主食 →	粥、软饭、挂面、馒头片、饼干等
肉制品 →	碎肉、鱼、肝泥等
水果 →	香蕉、苹果、梨、芒果等
蔬菜 →	碎菜、熟土豆、芋头等
蛋奶 →	蛋白、鹌鹑蛋、奶酪等
豆制品 →	豆腐、豆浆、豆干等

怎样增进宝宝的食欲

宝宝吃饭香，父母都会高兴。那么，怎么才能让宝宝在吃饭的时候食欲旺盛呢?

1.给宝宝准备专用餐具

给宝宝准备一套他专用的碗盘和汤匙，可以选择有可爱造型的，这会让宝宝吃得更好，更有参与感。

2.减少外界的刺激

吃饭的时候，不要开电视，避免声音太嘈杂，让宝宝分心。尽量让家里保持安静，这样宝宝吃饭会专心一点儿。

让宝宝餐餐胃口大开

要给宝宝一个愉快的心情吃饭

3.选择颜色鲜艳的蔬果

父母可以在辅食中添加颜色鲜艳的水果做成的水果泥，吸引宝宝的注意力，让宝宝开胃。

4.给宝宝洗个澡

宝宝玩耍一天后，妈妈可以给宝宝洗个澡，这样也会增加宝宝的食欲。因为宝宝玩耍、消耗热量后，情绪仍处在兴奋状态，洗澡可以舒缓宝宝的情绪，宝宝自然就会胃口大开。

5.父母要做好模范作用

父母是宝宝最好的老师。吃饭的时候，父母最好给宝宝做好模范作用。比如说可以让宝宝感觉到父母吃饭很香，宝宝有天生的模仿能力，看到父母认真地吃饭，就会不自觉地学习并加入。另外，宝宝这个时间已经能听懂大人批评或者赞扬的话语。如果宝宝吃饭表现好的话，父母不妨多表扬宝宝，让其体会到成就感，会更愿意好好进食。

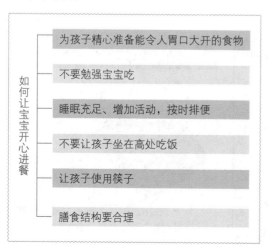

如何让宝宝开心进餐

- 为孩子精心准备能令人胃口大开的食物
- 不要勉强宝宝吃
- 睡眠充足、增加活动，按时排便
- 不要让孩子坐在高处吃饭
- 让孩子使用筷子
- 膳食结构要合理

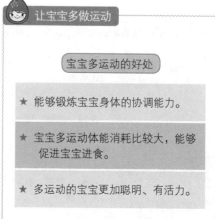

让宝宝多做运动

宝宝多运动的好处

★ 能够锻炼宝宝身体的协调能力。

★ 宝宝多运动体能消耗比较大，能够促进宝宝进食。

★ 多运动的宝宝更加聪明、有活力。

如何喂养过敏体质的宝宝

有些宝宝在添加辅食过程中，经常有过敏现象。例如，脸上、前胸、后背出现红斑，有的还会腹泻。如果宝宝是过敏体质，该怎么喂养呢？

1.容易引起宝宝过敏的食物

葱、蒜、韭菜、香菜、洋葱、羊肉等有特殊气味的食物。

辣椒、胡椒、芥末、姜等有特殊刺激性的调料。

番茄、生核桃、桃、柿子等可以生吃的东西。

海鱼、海虾、海蟹、海贝、海带等海产品。

豆类、花生、芝麻等种子类食物。

死鱼、死虾、不新鲜的肉。

蘑菇、米醋等含真菌的食物。

牛奶、鸡蛋等富含蛋白质的食物。

2.当心过敏宝宝的饮食

喂养过敏体质的宝宝，一定要注意宝宝的饮食。在添加辅食的过程中，首先应仔细观察宝宝对何种食物过敏，确定后应暂时避免吃能引起宝宝过敏的食物。牛奶是个例外，虽然有些宝宝对牛奶过敏，容易造成湿疹，但仍然要给宝宝喂牛奶。一般来说，只要了解有关湿疹的常识，保持宝宝皮肤凉爽，湿疹会自行消退。

其次，要尽量找到导致宝宝过敏食物的代替物。如对海鲜过敏的宝宝，可以从其他肉类中吸收适当的蛋白质，以保证宝宝营养均衡。

3.宝宝的常见过敏症状

宝宝过敏常见的症状有过敏性角膜炎、呼吸道出现气喘、过敏性鼻炎，皮肤出现异位性皮炎、荨麻疹等。出现过敏，主要是因为宝宝体内某种蛋白质变异、缺陷或功能发育迟缓，影响宝宝对食物的吸收、消化。

如果宝宝的家族中有人是过敏体质，喂养宝宝就要格外注意了，过敏体质会遗传。

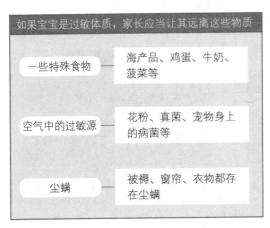

如果宝宝是过敏体质，家长应当让其远离这些物质

一些特殊食物 —— 海产品、鸡蛋、牛奶、菠菜等

空气中的过敏源 —— 花粉、真菌、宠物身上的病菌等

尘螨 —— 被褥、窗帘、衣物都存在尘螨

过敏体质的宝宝应该多注意饮食

在给过敏体质的宝宝挑选食物的时候应该提前知道食物的禁忌。

此阶段的宝宝不宜多吃蛋清

蛋白质是人体维持生命所必需的元素之一，比如人体骨细胞的生长、肌肉以及脏器的发育都不能没有蛋白质。因而，家长应及时为宝宝补充蛋白质，而且人体生长发育的越快，就越需要补充足够的蛋白质。富含蛋白质的食物主要有豆制品、禽蛋、鱼、虾、花生、瘦肉等。

宝宝的生长需要大量的蛋白质，断奶后，应该给宝宝吃含高蛋白的食物。有的父母认为，蛋清含蛋白很多，应该给宝宝多喂鸡蛋。

这种想当然的做法是错误的。原因有两个。

给宝宝补充蛋白质应该采用多种方法

让宝宝的饮食品种丰富起来，保证宝宝各种营养的摄取。

1.易使宝宝消化不良

宝宝胃肠道消化功能尚未成熟，各种消化酶分泌较少，鸡蛋吃多了会增加宝宝胃肠负担，甚至导致消化不良，引起腹泻。

2.会引起宝宝过敏

宝宝的消化系统不完善，肠壁的通透性较高，鸡蛋蛋清（蛋白）中的白蛋白分子较小，有时可以通过肠壁而直接进入宝宝的血液，可能使宝宝机体对白蛋白分子产生过敏现象而发生湿疹、荨麻疹，所以1岁前的宝宝最好少吃鸡蛋清。

宝宝断奶后并不只是缺少蛋白质，母乳中含有多种对宝宝生长发育极其有益的营养成分，所以还要补充其他营养成分。即使需要补充蛋白质，也不应该让宝宝多吃鸡蛋。

蛋白质含量高的食物	
种类	食品
奶类	牛奶、羊奶
肉类	牛肉、羊肉、猪肉
蛋类	鸡蛋、鸭蛋、鹌鹑蛋
禽类	鸡肉、鸭肉、鹅肉、鹌鹑、鸵鸟
豆类	黄豆、大青豆、黑豆
海产品	鱼、虾、蟹
干果类	芝麻、瓜子、核桃、杏仁、松子

适合宝宝的胡萝卜菜谱

列举几个小食谱，这样做出来的胡萝卜，既好吃，营养价值又可以被充分利用。

1.什锦煨饭

原料：米饭100克，胡萝卜1/4根，鸡蛋1个，猪肝30克，土豆1/4个，豌豆、葱、盐适量。

做法：将鸡蛋加葱花、盐和猪肝末炒熟，将胡萝卜、土豆、豌豆煮烂。以上食品连同煮菜的汤，加少许米煮沸，用勺搅动2～3次，再用小火焖20分钟。

功效：能够健脾开胃，对宝宝消化不良、便秘、肠胃不适等症具有一定的疗效。

2.胡萝卜肉末氽丸子

原料：胡萝卜1根，肉末适量，鸡蛋1个，淀粉、盐、葱花适量。

做法：将胡萝卜擦丝剁烂，加肉末、鸡蛋、淀粉、盐、葱花，调匀，制成小丸子，放入沸水中煮熟。

功效：能够补充维生素，增强宝宝体质。

3.胡萝卜馅饺子或包子

原料：胡萝卜1/2根，肉馅150克，香菜适量，盐、油、味精适量。

做法：将胡萝卜擦丝剁烂，加肉末、盐、油、味精、少量香菜，和成馅，做成小饺子或小包子。不过，吃胡萝卜馅饺子、包子不宜蘸醋，因为酸会破坏胡萝卜素。

功效：补充维生素A，具有明目、润肤、止咳的功效，预防宝宝呼吸道感染。

4.胡萝卜土豆泥小饼

原料：胡萝卜1/2根，土豆1个。

做法：将胡萝卜和去皮的土豆蒸烂，压成泥，加葱花和少许盐、味精拌匀，做成小饼，下油煎到外焦里嫩的程度。

功效：健脾开胃，明目养肝。

5.胡萝卜蛋丁

原料：胡萝卜1/2根，鸡蛋1个。

做法：将胡萝卜放在笼屉里蒸熟，将鸡蛋煮熟，然后分别将两者切成小丁混合在一起即可。蒸的时候，胡萝卜要蒸得软一些。

功效：口感脆嫩，能补充蛋白质和多种微量元素和矿物质。

让宝宝专心吃饭的方法	
	饭前不宜做剧烈运动，保持宝宝情绪稳定，可以放一些轻柔的音乐
	宝宝吃饭的时候不要有其他事情干扰引起宝宝的注意力，尽量把玩具等一些宝宝感兴趣的物品放在远处
	多跟宝宝沟通、交流，给宝宝吃爱吃的食物

白开水是最好的饮料

为什么说白开水是最好的饮料呢？原因有以下两点。

生水烧开后，水的密度和表面张力增大，活性增加，温开水很容易透过细胞膜，使细胞得到滋润。

白开水不含糖，不含甜味剂、色素、香精之类对人体有害的添加剂，这样就不会因为饮用过多而伤肝、伤肾、变胖。

喝白开水的好处多

注意及时给宝宝补充水分

宝宝每天的需水量以及补水的时间

宝宝每天所需要的水分：	冬季约为1000毫升，夏季约为1500毫升
宝宝每天的补水时间：	在两餐之间，饭后半个小时，下午5点之后尽量让宝宝少喝水

夏天要多吃"富水蔬菜"

夏天，人体出汗多，需要补充很多水分。

人体摄取水分，不外吃、喝两种途径，喝就不用说了，白开水、果汁、饮料，都可以补水。吃就有讲究了，天气热的时候，应该多吃"富水蔬菜"。

"富水蔬菜"就是含水分多的蔬菜，比如，冬瓜含水96.1％，苦瓜含水94.0％，丝瓜含水94.3％，黄瓜含水94.2％，这些都是"富水蔬菜"。

蔬菜里所含的水，天然、纯净、富含营养素。而且，上述的"富水蔬菜"都有除暑湿、解毒凉血的作用。所以，夏天应该多给宝宝吃"富水蔬菜"。

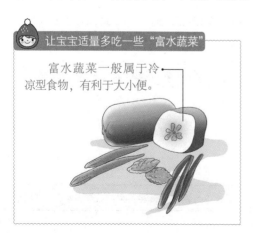

让宝宝适量多吃一些"富水蔬菜"

富水蔬菜一般属于冷凉型食物，有利于大小便。

多吃"富水蔬菜"的好处

1 夏季宝宝体内水分很容易流失，多吃能够补水。

2 蔬菜的水经过多层过滤，且具有降血压的好处。

3 "富水蔬菜"水分含有多种营养成分，对身体有益。

偏食宝宝的喂养

偏食是指儿童对饮食挑剔或仅吃几种自己喜欢或习惯的食物。偏食是一种不好的饮食习惯，既不利于营养的摄入，也不利于健康发育。由于儿童对食物不感兴趣，吃得少，或只挑自己喜欢的食物，往往会造成体重下降、面黄肌瘦、皮肤干燥，甚至出现贫血、低血糖、体温下降、脉搏缓慢、血压下降、营养不良等情况。

宝宝这么小，却也会偏食，对某种或某几种食物拒不接受。应该怎么对待偏食的宝宝呢？

1.不要对宝宝采取强制态度

有的宝宝在8个月时，就会对食物表示出喜恶，这就是最初的"偏食"现象。不过，这种偏食并不是真的偏食。家长有时候会发现，宝宝在这个月不喜欢吃的东西，到了下个月又喜欢吃了。相反，最爱吃的食物也会在不知不觉中吃腻。因此，不要过早地下结论宝宝爱吃什么不吃什么。此时，家长不要较真或采取强硬的态度，否则，这种态度会结合这种食物在宝宝的脑海中留下不良印象，使宝宝以后很难再接受这种食物，从而导致真正的偏食。

2.耐心地帮助宝宝适应

如果宝宝拒绝某种食品，家长不要气馁，隔一段时间再把同样的食品拿来给宝宝尝试。或者把食物变一下造型，配上别的菜，使其口味有点儿改变，宝宝就有可能接受了。

3.不要娇纵宝宝

有的宝宝碰到喜欢吃的食物，就会吃很多。这时候，家长可不要一味地娇纵宝宝，因为某一种食物吃得过多，可能会使宝宝倒了胃口，以后再也不吃这种食物。这是导致偏食的另一原因。

发现宝宝偏食应该及时纠正

改掉宝宝偏食的习惯应该以智取胜。

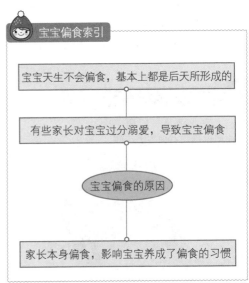

宝宝偏食索引

宝宝天生不会偏食，基本上都是后天所形成的

有些家长对宝宝过分溺爱，导致宝宝偏食

宝宝偏食的原因

家长本身偏食，影响宝宝养成了偏食的习惯

厌食的原因

不管父母的意愿如何，总有些宝宝会出现不愿意吃饭的现象。如果宝宝厌食，就可能导致体格发育达不到正常的平均值，智力发育也受到影响，因此一定要引起注意。宝宝为什么会厌食呢？一般来说，有以下几个原因。

（1）甜食影响食欲。甜食是大多数宝宝喜爱的食品，这些食物虽好吃，却不能补充必需的蛋白质，而热量却很高，会严重地影响宝宝的食欲。食欲不振的宝宝，喜欢喝各种饮料，如橘子汁、果汁、糖水、蜂蜜水等，这样就使大量的糖分被摄入体内，无疑使血糖浓度升高，血糖浓度达到一定水平，会使饱食中枢兴奋，抑制摄食中枢。因此，这些宝宝难有饥饿感，也就没有进食的欲望了。

（2）冷饮的影响。夏天，各种冷饮陆续上市，这些好味道的冷饮同样会使宝宝缺乏饥饿感。因为冷饮中含糖量很高，而且宝宝的胃肠道功能还比较弱，常喝冷饮会造成胃肠功能紊乱，宝宝当然就没什么食欲了。

（3）消化不正常。有的妈妈认为宝宝多吃就好，不知道宝宝吃多少合适，所以盲目地让宝宝多吃。还有的妈妈片面地追求宝宝的营养，凡是自以为有营养的东西都给宝宝吃，吃了饭还要吃补品，用吃的东西哄孩子，破坏了宝宝消化吸收的正常规律，加重消化系统的负担，因而造成宝宝厌食。

（4）精神状态差。10~12个月的宝宝，已懂得了家长的斥责，若在进餐前训斥宝宝，或逗宝宝大哭大闹，都会使宝宝处于紧张、精神不集中状态而不能愉快进餐，影响宝宝的食欲。时间长了，宝宝就会厌食。

（5）心理因素使然。一般来说，孩子在饥饿时，胃内空虚，血糖下降，都会表现出很好的食欲。但是，有的父母往往不知道孩子的胃肠功能可自行调节，总是勉强孩子吃，甚至有的采取惩罚手段强迫孩子吃，长此以往，这种强迫进食带来的病态心理也会影响孩子的食欲。

找出宝宝厌食的原因

不能让宝宝过度食用冷饮。

引起宝宝厌食的食物

家长们应该注意吃过多的甜食对宝宝有害。

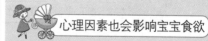

心理因素也会影响宝宝食欲

在影响宝宝食欲的因素中，宝宝的心理因素也是不能忽视的，因而家长应密切关注孩子的进餐心理，努力为孩子创造一个适宜的就餐环境。做饭的时候，妈妈若能经常变换饭菜花样，而且不断提高厨艺，这无疑会让闻到香味、看见花色不同饭菜的孩子很高兴地就餐。

 缺锌容易厌食

缺锌引起味觉改变。锌含量低于正常值的宝宝，其味觉比健康宝宝差，而味觉敏感度的下降会造成食欲减退。

锌对食欲的影响，主要体现在以下几个方面：唾液中的味觉素的组成成分之一是锌，所以锌缺乏时，会影响味觉和食欲；锌缺乏可影响味蕾的功能，使味觉功能减退；缺锌会导致黏膜增生和角化不全，使大量脱落的上皮细胞堵塞味蕾小孔，食物难以接触到味蕾，味觉变得不敏感。

肉眼观察一些缺锌宝宝的舌象，可以发现其舌面上一颗颗小小的突起即舌乳头。与正常的宝宝相比，缺锌宝宝的舌乳头多呈扁平状，或呈萎缩状态。有的缺锌宝宝口腔黏膜明显剥脱，形成地图舌。

如果宝宝缺锌，就会引起厌食、食欲不振、消化不良、身高体重偏低、口腔溃疡、秃发、异食癖、夜盲症等症状，严重的还会影响其智力的发育。一般来说，2～3岁的宝宝每天应当摄入10毫克的锌，如果低于这个数量，很容易引起锌缺乏。

另外，孩子锌缺乏以后免疫功能下降，容易生病，锌本身对生长发育也有一定的影响。所以，综合起来看，锌缺乏对孩子长个儿影响还是比较大的。铁缺乏对孩子智力是有影响的。

爸爸妈妈在日常生活中，要多注意观察孩子，如果孩子出现一些异常情况，要及时检查，以防是锌缺乏症状。如果发现孩子缺锌，要及时补充，可以在医生的指导下，让宝宝服用一些锌制剂，例如葡萄锌、硫酸锌、甘草锌、醋酸锌糖浆、复合维生素锌糖浆等。

另外，在平时，可为孩子准备一些富含锌的食物。富含锌的食物有：虾皮、紫菜、牡蛎、芝麻、花生、鱼粉、大豆、牛奶、动物肝脏、西瓜子等。因为宝宝肠胃功能比较薄弱，妈妈可以将富含锌的食物做成辅食，以帮宝宝食用。

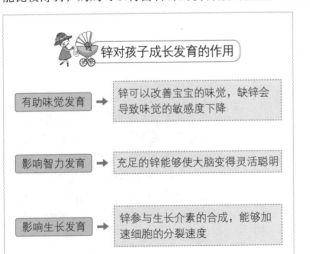

 补锌的方法

多吃馒头，面包等发酵类的食物有利于锌的吸收

给宝宝的食物中添加一些坚果类的食物，比如花生、核桃等

在宝宝的食谱中添加肉类、鱼类的频次，且有周期循环

不良喂养导致厌食

有些父母爱挑选那些他们认为最好的、最有营养的食品给孩子吃，这种挑挑拣拣的做法给孩子留下深刻的印象，孩子自然就会趋向于那些所谓好的食品，而对所谓不好吃却又含丰富营养的食物，就少吃甚至不吃了。

父母的认知对宝宝的影响很大

父母不能在宝宝面前抽烟，对宝宝的健康不利。

父母吸烟会影响宝宝的食欲。宝宝对烟雾非常敏感，因为他的脑发育尚未完成，血脑屏障功能和肝脏解毒功能还没有完善，吸入尼古丁后，不能迅速解毒，尼古丁会在体内停留较长时间。如果宝宝长期生长在烟雾缭绕的环境中，也会产生厌食现象。

有学者做过这样的实验：一只喜欢喝糖水的白鼠，喝了糖水后，放在有烟雾的环境中，过半小时再喂糖水，白鼠便会对糖水产生厌恶感。

同样的道理，如果宝宝在香烟烟雾缭绕的环境中吃饭，那么他就会对食物产生恶心的反应，以后就不喜欢再吃这种食物了。

所以，有一部分宝宝厌食可能是由于父母吸烟造成的，年轻的父母最好不要在宝宝身边吸烟。

 ## 厌食宝宝的喂养

厌食的宝宝应该怎样喂养呢？

（1）养成良好的饮食习惯。注意培养婴儿的良好习惯，做到饮食有规律，少吃零食，使宝宝的消化系统功能保持正常。

（2）使宝宝心情愉快。要亲切地诱导宝宝吃各种食物。不能在吃饭前训斥宝宝，不要在宝宝面前议论什么好吃、什么不好吃，也不要在孩子面前议论孩子的饭量。

（3）药物治疗。可用鸡内金或焦山楂等煮水服用。

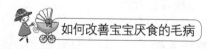

如何改善宝宝厌食的毛病

★ 找出宝宝厌食的原因，去医院做常规检查。

★ 减少宝宝零食的供应，先保证一日三餐的主食量。选择宝宝喜欢使用的食物让宝宝使用。

★ 给宝宝做的饭菜，尽量可口，品种类型多样，吸引宝宝的注意力。

宝宝应吃什么样的点心

宝宝一般都喜欢吃点心，那应该怎样给宝宝吃点心呢？是他想吃就给吗？

这样的问题不能一概而论。我们先来看一下点心的成分。点心的主要成分是糖，与粥、米饭和面条的成分基本相同。如果婴儿能很好地吃米饭或面条的话，从营养学的角度来讲，就没有必要给婴儿点心吃。

那么，应该给宝宝什么点心吃呢？这需要根据宝宝的营养状况分析。

（1）体重正常的宝宝。这样的宝宝，在正餐之间应适量给他吃点心。

（2）体重过重的宝宝。过重的宝宝应该限制他吃过多的粥、米饭和面食。这样的宝宝，如果不到吃饭时间要吃东西，应该给他水果吃。

（3）体重过轻的宝宝。有的宝宝吃的粥、米饭、面食等都很少，体重也比同月龄的宝宝低。对这样的宝宝，在中餐和晚餐之间要给他喂一些点心。

体重过轻的宝宝如果不喜欢吃饼干或蛋糕之类的甜食，那就给他吃咸味的饼干。

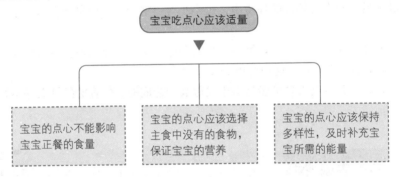

宝宝吃点心应该适量

| 宝宝的点心不能影响宝宝正餐的食量 | 宝宝的点心应该选择主食中没有的食物，保证宝宝的营养 | 宝宝的点心应该保持多样性，及时补充宝宝所需的能量 |

 坚果有哪些营养价值

坚果是指外有硬壳、内含果仁的干果。坚果的营养成分不一样，花生、核桃、杏仁等坚果富含脂肪，栗子、莲子等坚果富含淀粉。

杏仁、花生、松子、核桃等富含脂肪的坚果，所含的脂肪多半是不饱和脂肪酸，家长应该多给宝宝吃些坚果。

制作坚果食品应该把坚果炒熟，碾碎了拌在各种粥里，这样宝宝就容易吃了。

在宝宝的粥里放一些坚果

宝宝的健康成长离不开多种营养。

怎样喂食发烧的宝宝

宝宝不知凉热，经常会感冒，而感冒时常常会伴随发烧，这个时候，应该怎样喂食呢？

如果宝宝发高烧，应该注意补充水分和维生素。因为发高烧时，体内的各种维生素消耗很大，所以，应该多喂些橙子、柑橘等水果或果汁。

此外，还应多喂牛奶、鸡蛋、鱼、豆腐等营养价值高又易于消化的食物，做法上应尽量做到易入口、易消化。

另外，如果宝宝咳嗽，就不要一次喂太多，以免因咳嗽引发呕吐。

宝宝发烧后应注意护理

宝宝发烧后，肠胃受到影响而变得敏感，饮食上需要特殊调理。

宝宝发烧后的饮食

- 宝宝发烧后，体内水分被大量消耗，多注意用多种方法补水，也可以喂宝宝一些清淡的粥
- 一些食疗的菜谱补养宝宝的身体，但应该谨慎采纳，结合医生的意见
- 宝宝发烧后，饮食上应该注意补充蛋白质和维生素，例如可以给宝宝做些清淡的鸡蛋羹，还可以给宝宝做些水果泥让其食用

怎样喂食咳嗽的宝宝

很多情况都会引起宝宝咳嗽。如果宝宝咳嗽了，父母要让宝宝多喝温开水，以稀释痰液，还应多吃清凉食物，如百合、芥菜、萝卜、豆腐、藕等。

咳嗽的宝宝在饮食上，要忌食过咸、过酸、黏滞、煎炸、熏烤及辛辣刺激性食物。痰液黏稠的宝宝还应忌食温热上火的食物，如狗肉、牛羊肉或荔枝等。

宝宝机体防卫能力较差，而且他本身不知冷热，容易受到病毒的侵袭，常因呼吸道感染而引发咳嗽，也会因为病后失调、肺气虚弱而引起咳嗽。

咳嗽并不是什么重症，不过，却会使宝宝睡不安宁、吃不好，影响生长发育，所以父母应多加注意。

宝宝咳嗽时的饮食宜忌

- 先去医院找出宝宝咳嗽的原因，及时在饮食上做好调理
- 吃一些滋养润肺的食物，比如冰糖雪梨饮
- 尽量少让宝宝吃饼干类的食物，过干的食物容易呛到宝宝的肺管里去

适合宝宝的营养粥

1.香蕉玉米面粥

用料：玉米面2大匙，牛奶1杯，香蕉1/6根，白糖少许。

制作：把玉米面、牛奶一起放入锅内，上火煮至玉米面熟为止，再把香蕉剥皮切成薄片和白糖一起加入，煮片刻即可。

功效：养胃润肠，能促进婴儿肠道功能发育和强化。

2.胡萝卜肉粥

用料：大米2汤匙，胡萝卜牛肉汤3杯，煮烂的胡萝卜1~2片，盐少许。

制作：大米洗净，加入清水浸1小时（米浸软能加速煮烂）；将胡萝卜压成蓉；胡萝卜牛肉汤除去汤面上的油，放入小锅内烧开；放入米及浸米的水烧开，慢火煮成稀糊，加入胡萝卜蓉，搅匀再煮片刻，加入盐调味。

功效：胡萝卜含有丰富的胡萝卜素，有助于提高婴儿的免疫力，促进婴儿生长发育，强身健体。

3.土豆粥

用料：米饭半碗，中等个儿土豆1/4个，盐少许，水适量。

制作：把土豆去皮后切成1厘米大的小块，放水中煮；将米饭放入锅内，加足够的水煮；煮熟后再加入煮软的土豆，并加入少许盐，使其稍有咸味，然后再煮5分钟。

功效：此粥具有养胃健脾，滋阴润燥的功效，能很好地促进婴儿的身体健康。

4.栗子粥

用料：大米粥1小碗，栗子3个，盐少许，水适量。

制作：把栗子剥去内、外皮后切成块，然后放入锅内，加足够量的水，煮熟后再与大米粥混合，最后加少许盐，使其稍有咸味。

功效：栗子粥具有调养脾胃，补虚养身的功效，能够提高婴儿的免疫力，抵抗疾病侵袭。

宝宝爱喝的粥类

宝宝常喝粥，可以调理脾胃，滋补身体，对生长发育有益。

适合宝宝的包子、饺子

1.蒜苗肉包

用料：玉米面、白面各500克，蒜苗250克，鲜蘑菇100克，猪肉末250克，发酵粉、黄酒、酱油、麻油、精盐、白糖、味精适量。

制作：玉米面、白面拌和，加发酵粉、水，发成面团；蒜苗切成米粒大；用盐略腌后，加蘑菇末和用黄酒、酱油、盐、糖调味的肉末，加入麻油拌成馅；面团分成20份，分别包上馅上屉蒸熟即可。

功效：清热解毒，健胃消食，促进婴儿食欲。

2.鸡汤煮饺子

用料：饺子皮10个，鸡肉末5大匙，切碎的圆白菜5大匙，鸡蛋5小匙，鸡汤、芹菜末、酱油少许。

制作：把鸡肉末放容器内研碎；将圆白菜和鸡蛋混合均匀，用鸡肉末和混合好的圆白菜做馅包成饺子，并把包好的饺子放入鸡汤内，上火煮，煮后撒入芹菜末，并倒入酱油，使其稍有咸味。

功效：具有补肾壮骨的作用，有助于促进婴儿骨骼发育，防止缺钙。

3.虾肉小笼包

用料：面粉500克，面肥150克，虾仁70克，五花猪肉60克，肉皮25克，精盐2克，酱油2.5克，味精2克，熟芝麻1克，麻油10克，碱面少量，姜末适量。

制作：先把肉皮洗净，入锅上火焖至六成熟，和姜末一起剁碎，再用旺火熬成浓汁，冷却成冻，即成肉皮冻。猪肉剁成泥，加入酱油、精盐、味精、姜末、芝麻、肉皮冻搅拌均匀，然后把虾仁加入，和精盐、味精、麻油调好，和肉馅一起拌匀。将面肥放入盆内，用温水125克化开，加入面粉和成发酵面团，待酵面发起，加入碱揉匀，稍醒，搓成长条，揪成30个小剂，擀成圆片，放上馅，包成包子。包好后，放进小笼，用旺火、沸水蒸5分钟左右即成。

功效：鲜嫩润滑，营养丰富，能为婴儿提供生长发育不可缺少的营养物质。

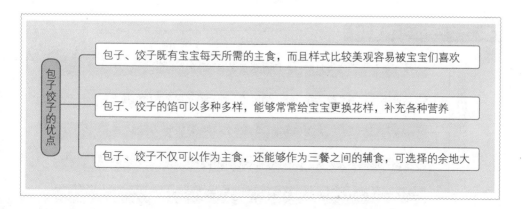

包子饺子的优点

- 包子、饺子既有宝宝每天所需的主食，而且样式比较美观容易被宝宝们喜欢
- 包子、饺子的馅可以多种多样，能够常常给宝宝更换花样，补充各种营养
- 包子、饺子不仅可以作为主食，还能够作为三餐之间的辅食，可选择的余地大

适合宝宝的营养豆腐

1.芝麻豆腐

用料：豆腐1/6块，炒熟的芝麻、豆酱、淀粉各1小匙。

制作：豆腐用开水烫后控去水分，然后研碎再加入炒熟的芝麻、豆酱、淀粉混合均匀后做成饼状，再放入容器中用锅蒸15分钟即可。

功效：益肝养发，强身健体，有助于提高婴儿的免疫能力。

2.月亮豆腐

用料：豆腐1/3块，鹌鹑蛋1个，鱼汤2大匙，白糖、酱油、青菜末、淀粉各少许。

制作：在豆腐中央用勺子挖一个圆槽，然后将鹌鹑蛋打入槽内；将豆腐放容器中，用中火蒸7~8分钟；把白糖、酱油用淀粉做成汁，浇至蒸熟的豆腐上，并撒上青菜末。

功效：含有钙、铁、磷等矿物质，能为婴儿提供人体必需的微量元素。

3.虾油煎豆腐

用料：豆腐2块，虾油2匙，植物油100克，酱油、黄酒、盐、味精、糖、葱末、笋丁适量。

制作：豆腐切成3厘米见方，油温四成，将豆腐下锅，煎成两面焦黄后，放进虾油、酱油、黄酒、笋丁、糖、盐、味精，加少量水烧开，撒上葱末即可。

功效：本菜肴鲜美香嫩，清爽可口，能大大促进婴儿的食欲。

4.什锦豆腐

用料：豆腐1/3块，生香菇1个，煮后切碎的胡萝卜、扁豆各2大匙，鸡肉末1大匙，鱼汤2大匙，白糖、酱油各1小匙。

制作：把豆腐放开水中紧后控去水；把生香菇洗净切碎；将鸡肉末放入锅内，加少量鱼汤、白糖、酱油，再把蔬菜和切碎的豆腐一起放入锅内，煮至收汤为止。

功效：含有丰富的蛋白质，能为婴儿提供生长发育所必须的8种氨基酸，其营养价值极高。

豆腐的营养价值以及功效

豆腐的营养价值及功效

- 豆腐含有丰富的蛋白质，多种人体需要的氨基酸等
- 含有不饱和脂肪酸，容易被人体吸收，而且能够提高人体免疫力
- 豆腐与蛋类或者肉类食物搭配营养最容易被人体吸收
- 豆腐能够滋养人体气血，补养身体虚弱的作用
- 豆腐对人体肝脏有好处，能够促进人体的新陈代谢

适合宝宝的营养饭

1.番茄饭卷

用料：软米饭1小碗，切碎的胡萝卜、葱头各2小匙，切好的番茄2小匙，鸡蛋1/2个，色拉油适量。

制作：把鸡蛋调匀后放平锅内摊成薄片；将切碎的胡萝卜和葱头用色拉油炒软，再加入米饭和番茄拌匀；将混合后的米饭平摊在蛋皮上，然后卷成卷儿，切成段即可。

功效：健胃消食，其所含丰富的维生素C可以调理婴儿的肠胃。

2.肉松饭

用料：软米饭1小碗，鸡肉末1大匙，胡萝卜1片，白糖、酱油、料酒各少许。

制作：把鸡肉末放入锅内，加入白糖、酱油、料酒，边煮边用筷子搅拌使其均匀混合，煮好后放在米饭上面一起焖，熟后切一片花形的胡萝卜放在上面作为装饰。

功效：为婴儿提供丰富的B族维生素，有助于均衡婴儿的营养。

3.豆腐饭

用料：米饭1小碗，豆腐50克，鱼汤、酱油少许，青菜末1大匙。

制作：把豆腐放在开水中煮一下，然后切成小方块；将米饭放入锅内加入鱼汤一起煮，煮软后加入豆腐和少许酱油，使其稍有咸味，最后撒入青菜末，再煮片刻。

功效：含有丰富的营养元素，促进婴儿的身体发育。

4.香菇饭

用料：软米饭1小碗，干香菇1个，鱼汤、白糖、酱油各少许。

制作：把干香菇洗干净后用热水泡发，待其变软后切成小方块放入锅内，加鱼汤煮，煮好后加入白糖和酱油，使其稍有咸味；把香菇加入米饭中搅拌均匀后再焖一会儿即可。

功效：含有丰富的维生素D和钙、磷、铁等矿物质，能为婴儿提供全面的营养。

让宝宝的主食花样翻新

宝宝每天的主食必不可少，让主食花样多一些，能够吸引宝宝吃饭。

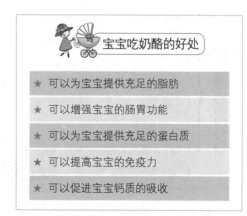

宝宝吃奶酪的好处

★ 可以为宝宝提供充足的脂肪

★ 可以增强宝宝的肠胃功能

★ 可以为宝宝提供充足的蛋白质

★ 可以提高宝宝的免疫力

★ 可以促进宝宝钙质的吸收

适合宝宝的营养糕点

1.苹果面包

用料：面包粉3大匙，鸡蛋1/2个，发酵粉少许，苹果1/6个，白糖1小匙，色拉油适量。

制作：把面包粉和发酵粉和在一起；将苹果切碎煮软，用白糖调匀，使其稍有甜味；把鸡蛋调至起泡并与和好的面粉和苹果混合，然后放入涂有色拉油的容器中，蒸熟即可。

功效：容易被婴儿消化吸收，促进婴儿大脑发育。

2.烤蛋糕

用料：面粉2大匙，发酵粉少许，鸡蛋1/6个，牛奶2大匙，白糖1/2小匙，色拉油、果子酱适量。

制作：把面粉和发酵粉和在一起，把鸡蛋和牛奶放在一起，加白糖调匀后再与面粉混合；在油锅内放入薄薄一层油，将和好的面倒入，用微火烤，烤好后将果酱刷在蛋糕上面。

功效：口感香甜松软，含有丰富的蛋白质和糖类，能补血益气。

3.黄油小面包

用料：面粉50克，核桃仁、芝麻各7.5克，黄油、白糖、鸡蛋浆、砂糖、酵母各适量。

制作：先将面粉和黄油糅合，再放入白糖并加进适量溶开的鲜酵母，揉成面团。待面发好后，搓成长条，斜切成块，抹上鸡蛋浆，撒上白糖、桃仁、芝麻。然后把面包坯放平锅上，烤熟即可食用。

功效：含有碳水化合物和糖类，能够为婴儿补充营养。

 宝宝面包的制作要点

给宝宝做面包的要求

尽量少放一些添加剂，普通的材料也能做出松软可口的面包

宝宝的面包可以造型别致一些，宝宝喜欢外形奇特的东西

如果需要放佐料，尽量照顾宝宝的口味，不能放辛辣刺激性的佐料

一次做面包没必要太多，最好当天就能吃完。吃不完的面包要放在冰箱内，但切忌放置3天以上还让宝宝食用。

适合宝宝的营养薯类

1.煮白薯

用料：中等大小白薯1个，苹果半个，白糖少许，水适量。

制作：把白薯洗干净去皮后切成薄片，把苹果洗净去皮除核后也切成薄片，然后把白薯和苹果片先后放入锅内，加入少许水后用微火煮，煮好后放入白糖。

功效：白薯中含有的食物纤维可以促进肠道运动，有利于刺激婴儿排便。

2.葡萄干土豆泥

用料：土豆30克，切碎的葡萄干1小匙，白糖少许，水适量。

制作：把葡萄干放温水中泡软后切碎；把土豆洗干净后去皮，然后放入容器中上锅蒸熟为止，趁热做成过滤土豆，将土豆做成泥后与碎葡萄干一起放入锅内，加2小匙水，放火上用微火煮，熟时加入白糖，使其稍具甜味。

功效：白薯中含有的食物纤维可以促进肠道运动，有利于刺激婴儿排便。

3.肉馅马铃薯

用料：马铃薯3个（约600克），洋葱末150克，色拉油1中匙，猪肉末100克，豌豆50克，盐适量，黄油20克。

制作：洗净马铃薯，擦干表面，用牙签或针扎数孔于其表皮，以防微波炉加热时膨胀爆炸，置马铃薯于转盘内，高功率加热4分钟后翻转，共两次。

取一深盘，加入洋葱末和色拉油拌匀，加盖高功率加热3分钟，中途搅拌1次。烹调中，观察其色味生熟程度。加入肉末、豌豆和盐，拌匀后，加盖高功率加热3分钟。加热时间过半小时，搅拌1次。

功效：含有丰富的碳水化合物和蛋白质，能为婴儿提供能量。

4.甘薯玉米粥

用料：甘薯250克，玉米渣100克，水适量。

制作：将玉米渣淘洗干净；甘薯去皮，切块，备用。之后将锅上火，加水浇沸，放入玉米渣煮，待玉米渣快煮熟时，放入甘薯煮烂即可。

功效：香甜可口。含有丰富的糖、蛋白质、粗纤维、维生素A、维生素B_1、维生素B_2和烟酸，还含有钙、磷、铁等矿物质。这些物质有利于人体酸碱平衡，有益健康。

宝宝吃薯类的好处	»	易于被宝宝消化吸收，而且比较柔软、细腻，也便于宝宝吞咽
	»	白薯有通便的作用，能够促进宝宝肠胃的蠕动，对预防便秘也有很好的作用
	»	土豆不仅含淀粉多而且还含有多种维生素，营养丰富，是适合宝宝使用的健康食品

适合宝宝的营养汤

1.荠菜荸荠汤

用料：荠菜100克，荸荠100克，水发香菇50克，麻油、味精、盐适量。

制作：荸荠去皮与香菇分别切丁，荠菜洗净切末；油烧热，倒入双丁翻炒后加水煮沸，倒入荠菜末，调味勾芡即可。

功效：健脾开胃，清热生津，能缓解婴儿肺热咳嗽的症状。

2.雪羹汤

用料：海蜇头150克，荸荠50克，葱、麻油、盐、味精适量。

制作：将海蜇头洗净撕成小块，荸荠去皮切片；油烧热后爆香葱花，放荸荠片翻炒，再加水煮沸，下海蜇头及调料即可。

功效：此汤可清热化痰。

3.肋排海带汤

用料：猪肋排500克，水发海带500克，植物油、姜、葱、花椒、八角、桂皮、盐、味精、黄酒、醋、糖各适量。

制作：将肋排洗净切好，开油锅，下进盐、黄酒、葱煸透，加入水（略浸过肋排），用纱布将花椒、八角、桂皮、姜包好放进锅里，旺火烧开，文火烧15分钟，下进切好的海带，加糖旺火烧开，文火烧10分钟，加醋，再烧开后加味精即可。

功效：此菜可补中益气、软坚化痰，可治疝气、水肿及各种缺碘症。

4.小黄鱼汤

用料：小黄鱼250克，植物油100克，雪菜25克，肉汤250克，黄酒、盐、糖、淀粉、味精、葱、姜末、麻油适量。

制作：小黄鱼洗净去头和内脏，加盐、黄酒、淀粉腌一会儿，开油锅，油温七成，把小黄鱼放到油里两面煎黄即捞出；锅留底油，将姜、葱末、雪菜煸炒一会儿，下进肉汤、糖烧开放进小黄鱼，加麻油、味精烧开即可。

功效：此汤滋补健身、开胃消食，且黄鱼肉质细嫩，含大量优质蛋白，是理想的营养菜肴。

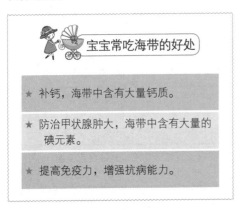

宝宝常吃海带的好处

★ 补钙，海带中含有大量钙质。

★ 防治甲状腺肿大，海带中含有大量的碘元素。

★ 提高免疫力，增强抗病能力。

小黄鱼汤的功效

小黄鱼含有丰富的蛋白质，营养丰富

多吃鱼类能够促进宝宝的智力发育

汤一般具有温和滋补的作用，能够补充宝宝体内所需的水分

适合宝宝的营养丸子

1.蒸鱼丸

用料：收拾干净的鱼1/2条，淀粉、蛋白粉1大匙，胡萝卜1根，扁豆2根，海味汤、酱油少许。

制作：把收拾干净的鱼除去骨刺，剁碎后加入淀粉和蛋白粉搅拌均匀并做成鱼丸子，然后把鱼丸子放在容器中蒸；将胡萝卜洗净后切成小方块，扁豆切成丝，各取1大匙，放入鱼汤中，加少许酱油煮，用淀粉勾芡后浇在蒸熟的鱼丸子上。

功效：消暑止渴，补气顺气，能促进婴儿大脑发育。

2.白菜狮子头

用料：猪肉250克，白菜250克，鸡蛋1个，黄酒、酱油、姜、盐、麻油、白糖、味精适量。

制作：猪肉洗净后，肥、瘦肉分开切丁，先将瘦肉剁碎，再加肥肉剁成蓉，加酒、酱油、蛋液、白糖、麻油、淀粉用力搅至有黏性，制成4只肉球，用温油慢火煎至金黄色盛起；将白菜切成块入锅，上面码好炸过的肉丸，加少许水煮沸，调味后改文火炖20分钟，勾芡加味精即可。

功效：此菜可滋养脏腑、清热解渴、通利肠胃。

3.猪肝丸子

用料：猪肝泥1大匙，面包粉1大匙，切碎的葱头1大匙，淀粉1/2小匙，调好的鸡蛋1大匙，色拉油适量，切碎的番茄1大匙，番茄酱少许。

制作：把猪肝泥、面包粉、碎葱头、调好的鸡蛋、淀粉均匀地混合后做成丸子；把色拉油放锅内加热后，将丸子放锅内煎熟；把番茄和番茄酱放在一起熬，熬至半糊状，倒在丸子上即可。

功效：含有丰富的蛋白质和铁元素，能维持婴儿的血红色素正常。

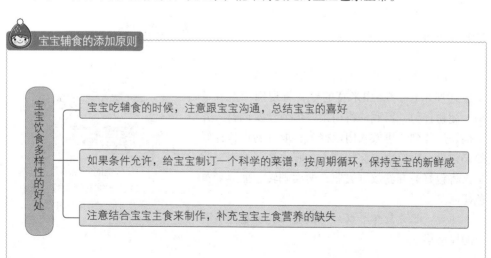

宝宝辅食的添加原则

宝宝饮食多样性的好处

- 宝宝吃辅食的时候，注意跟宝宝沟通，总结宝宝的喜好
- 如果条件允许，给宝宝制订一个科学的菜谱，按周期循环，保持宝宝的新鲜感
- 注意结合宝宝主食来制作，补充宝宝主食营养的缺失

适合宝宝的营养面点

1.番茄通心面

用料：切碎的通心面3大匙，肉汤5大匙，番茄酱1大匙。

制作：把肉汤和切碎的通心面一起放入锅内用火煮片刻，然后加入番茄酱煮至通心面变软为止。

功效：增进食欲，改善婴儿的消化，并调整肠胃功能。

2.萝卜丝饼

用料：白萝卜500克，叉烧肉100克，面粉500克，盐、植物油适量。

制作：白萝卜削成丝，用植物油略炒，再加叉烧肉末、盐调成馅；面粉和好，擀成面片，将萝卜馅摊在面片上，按常法制成若干小面饼，烙熟即可。

功效：此饼有健胃、理气、消食、化痰的功效，可治消化不良、食欲不振等症。

3.鱼豆饼

用料：收拾干净的鱼肉150克，蚕豆5粒，面粉1大匙，调好的鸡蛋1小匙，色拉油适量。

制作：把蚕豆放开水中煮软，剥去皮后研碎；把收拾好的鱼肉研碎，再把蚕豆和鱼混合，同时加入面粉、鸡蛋和色拉油搅拌均匀后，做成饼状，把做好的小饼放入平底锅内烙成两面焦黄色即可。

功效：含有人体所必须的氨基酸，有助于为婴儿补充营养。

4.煎春卷

用料：春卷皮250克，冬笋、白菜心、瘦肉各150克，胡萝卜丝适量，植物油、盐、黄酒、淀粉、葱、姜各少许。

制作：瘦肉、冬笋煮熟；白菜、冬笋、瘦肉各切成10厘米长、0.5厘米宽的丝，将瘦肉加盐、黄酒、淀粉拌匀，留底油将白菜、冬笋丝及调料一齐下锅，炒片刻，再放入肉丝拌匀；取春卷皮将拌好的馅包进，边口用水淀粉糊上，旺火烧开油锅，改文火将包好的春卷放进去煎；两面翻转，煎成老黄色即可。

功效：此菜营养丰富，清淡适口，也是立春时节的风俗菜肴。

番茄通心面

面点营养丰富，要让宝宝食欲好，还需要做得别致才能够吸引宝宝。

煎春卷

宝宝的面点精致，造型多样，才能够吸引宝宝的注意力，让宝宝增加食欲。

适合宝宝的营养肉食

1.柠檬炒肉片

用料：瘦猪肉200克，竹笋50克，胡萝卜150克，柠檬原汁1匙，植物油50克，糖、细盐、淀粉、黄酒、味精、葱、姜末适量。

制作：猪肉洗净切成薄片，用盐、黄酒、淀粉上浆，锅放油烧开，油温四成，旺火将肉片下锅翻炒熟，出锅待用。锅底留油，将笋、胡萝卜切成片，入锅翻炒，加进调料，放少许水，旺火炒片刻，放进肉片、柠檬汁拌匀即可。

功效：开胃健脾，增进食欲，有助于缓解婴儿的消化不良。

宝宝适量吃肉，强身健体

做肉食的时候，加入一些有食疗作用的菜，不仅美观，而且对宝宝的生长有帮助。

2.花生米鸡丁

用料：花生米250克，鸡脯肉丁100克，植物油50克，黄酒、盐、淀粉、味精、姜、葱末适量。

制作：花生米洗净入锅加水烧开，点入冷水再烧开，再点冷水再烧开，共点5次左右，中火煮烂，旺火收汤。鸡丁用盐、酒、淀粉上浆，开油锅，油热入鸡丁，炒几下，加葱、姜末、酒炒匀，将煮烂的花生米放进，加盐、味精搅匀，水淀粉勾芡即可。

功效：此菜益气补精，调中和胃，还可治各种内脏出血及血小板减少性紫癜。

3.煎大排

用料：猪大排500克，植物油250克（实耗50克），盐40克，黄酒25克，蛋清1只，淀粉、味精、姜、葱、水适量。

制作：猪大排洗净剁块，每块大排的两面都用刀背横竖拍打，然后用酒、蛋清、盐稍腌，干淀粉擦匀，开油锅将大排逐块下锅，炸熟取出，再把姜、葱、盐、黄酒下锅，稍加点水烧开，下进大排，翻身加味精即可。

功效：促进婴儿对铁元素的吸收，改善缺铁性贫血。

宝宝吃鸡肉的禁忌

★感冒发热期间不宜吃鸡肉。

★鸡肉不宜和鲤鱼、豆浆等同时食用。

★便秘宝宝不宜吃鸡肉。

★上火时，不宜吃鸡肉。

适合宝宝的营养海鲜

1.鱼松

用料：鲜鱼1条（约750克），花生油40克，酱油、精盐、白糖、料酒各适量。

制作：将鱼去鳞，去内脏，洗净，放在锅内蒸熟，去骨、刺、皮待用；将锅放在小火上，加入花生油，把鱼肉放入锅内烘炒，至鱼肉香酥时，加精盐、料酒、酱油、白糖，再翻炒几下，即成鱼松。

功效：营养丰富，容易被婴儿的肠道消化吸收，帮助婴儿摄取营养元素。

2.番茄鱼

用料：小鱼2条，切好的葱头、番茄、土豆各1大匙，扁豆2～3根，肉汤、面粉、色拉油、盐适量。

制作：把鱼切成小块，涂上薄薄一层面粉，把色拉油放入平底锅内烧热后将鱼煎好，再把切碎的蔬菜放入锅内炒，并加入肉汤，再把煎好的鱼放入锅内一起煮，熟时加入少许盐，使其稍有咸味。

功效：开胃滋补，能强身健体，增强婴儿的免疫力。

3.炸夹馅鱼

用料：收拾干净的鱼1/2条，白酱油1大匙，煮鸡蛋1/2个，面粉、调好的鸡蛋、面包粉、植物油各适量。

制作：把煮鸡蛋切碎后与白酱油均匀混合，把收拾干净的鱼中间切开去掉骨刺，并把混合了白酱油的煮鸡蛋末塞进鱼肉中间，再将鱼粘上调好的鸡蛋和面包粉，放油锅内用微火煎炸，待两面焦黄即可食。

功效：含有多种人体所必需的氨基酸，能促进婴儿的大脑和神经发育。

4.水晶黑鱼

用料：黑鱼500克，蛋清1只，熟火腿丝25克，黄酒、葱、姜、麻油、胡椒粉、盐、白糖、味精、猪油适量。

制作：黑鱼去鳞、内脏，切片，加酒、蛋清、水淀粉、少许花生油拌匀腌15分钟。油烧热，略降温爆葱、姜丝，加少许水煮开，下鱼片余熟捞起。猪油少许烧热加鱼汤、酒、盐、胡椒粉、味精，煮沸勾薄芡，淋上鱼片再浇麻油，撒上火腿丝、葱丝即可。

功效：此菜可加速皮肤疮伤愈合，治风疮、顽癣等症。

宝宝吃海鲜宜忌

宝宝吃的海鲜，应该以河里的为主，因为河中所产鱼虾不容易引起宝宝的过敏症状。 **1**

宝宝吃海鲜尽量少吃油炸类的，不容易消化，应该以蒸煮为主。 **2**

注意海鲜的新鲜程度，大鱼并不一定都好。 **3**

清理鱼虾的时候，一定要认真、干净。 **4**

适合宝宝的营养鸡蛋

1.卷心蛋

用料：鸡蛋1/2个，土豆1/2个，黄油1/2小匙，牛奶2小匙，色拉油适量。

制作：把土豆洗净、去皮、煮软，趁热时研成泥状，加入黄油和牛奶均匀混合；把鸡蛋调匀；在平底锅内放入色拉油，油热后将鸡蛋摊成片状，半熟时将土豆泥放在鸡蛋片上，然后将蛋片卷起，烤片刻即可。

功效：营养丰富，味道鲜美，有助于促进婴儿消化吸收。

2.疙瘩汤

用料：鸡蛋1个，面粉2大匙，切碎的葱头、胡萝卜、圆白菜各2小匙，肉汤1大匙，酱油少许。

制作：把鸡蛋和少量水放入面粉中，用筷子搅拌成小疙瘩；把切碎的葱头、胡萝卜、圆白菜放入肉汤内煮软后，再把面疙瘩一点一点放入肉汤中煮，煮熟之后放少许酱油即可。

功效：健胃开脾，有助于维持婴儿的胃部健康。

3.奶酪球

用料：煮鸡蛋1个，过滤土豆2大匙，蛋黄酱1小匙，奶酪粉1/2小匙。

制作：把煮鸡蛋的蛋黄做成过滤蛋黄，把蛋白切碎后和土豆泥、蛋黄酱及奶酪粉混合，再把蛋黄裹在心内，做成球状食品。

功效：增进婴儿食欲，促进消化吸收。

4.番茄鸡蛋汤

用料：番茄150克，鸡蛋2个，海米10克，香菜3克，花生油、精盐、味精、香油、水适量。

制作：先将番茄洗净，用开水烫一下，剥皮，切成橘子瓣形；将鸡蛋打入碗内，用筷子搅匀；将海米用温水泡好；将香菜洗净，切成末备用。然后将锅烧热后，倒入底油，放入精盐，待油热冒烟时，投入番茄炒几下，加开水，放入海米。开锅后，将鸡蛋缓缓淋入锅内，汤沸蛋花浮起，撒入香菜末，放味精、香油，盛入大碗中即可。

功效：营养丰富，含有优质蛋白质、矿物质、多种维生素和有机酸。

宝宝吃鸡蛋须知	1岁以内的宝宝最好不要吃鸡蛋清，只能吃鸡蛋黄。	尽管鸡蛋黄的营养丰富，但是也应注意适量原则，每天不能超过3个蛋黄。	如果宝宝不爱吃鸡蛋不要强迫，可以用其他的食物代替或者做出新的花样让宝宝接受。

适合宝宝的营养蔬菜

1.菠菜洋葱牛奶羹

用料：菠菜200克，洋葱50克，牛奶50克，清水20克。

制作：将菠菜清洗干净，放入开水中氽烫至软后捞出，拧去水分，选择叶尖部分仔细切碎；洋葱洗净切碎；将菠菜泥与洋葱泥、清水20克一同放入小锅中用小火煮至黏稠状；出锅前加入牛奶略煮即可。

功效：补虚损，益肺胃，生津润肠。

> **宝宝的食谱中不可缺**
>
> 蔬菜一般色彩比较鲜艳，搭配起来造型别致，容易吸引宝宝的注意力。

2.糯米糖藕

用料：鲜藕1节（约450克）；糯米1/2杯，红糖1杯，水7杯，水淀粉少许。

制作：将糯米用水泡一晚；切除鲜藕的两端约2厘米作为盖子，把糯米塞入洞中，两端用牙签固定，备用；锅中放水再放入塞入糯米的鲜藕，煮沸后转为中火煮3小时左右，直到可用牙签刺穿为止，取出削除薄皮；6杯水加红糖，放入鲜藕，煮2小时，中途加1杯水，直到剩1/2杯煮汁为止；取出鲜藕切片，煮汁加水淀粉勾芡，淋在莲藕片上。

功效：补中益气，健脾养胃。

3.肉汤南瓜

用料：南瓜适量，鸡胸肉1/2小块，煮过切碎的虾1小匙，生香菇1/2个，肉汤2/3杯，酱油少许。

制作：把南瓜和香菇都切成小块，把鸡肉切成碎丁和虾、南瓜、香菇一起放入锅内加肉汤煮，熟时放入少许酱油，使其稍有咸味。

功效：有助于促进婴儿的生长发育。

4.醋熘大白菜

用料：大白菜250克（去外帮），植物油25克，酱油、醋、糖、花椒、淀粉适量。

制作：将白菜洗净，切成小块，旺火将油和花椒放入锅内，油烧热时放大白菜煸炒，熟后加入糖、醋、酱油，用水淀粉勾芡，翻炒片刻即可出锅装盘。

功效：在流行乙脑、流脑、流感的季节常吃此菜，可起到一定的预防作用。

吃大白菜的禁忌	
	腐烂的大白菜不能吃。里面含有大量的硝酸盐，吃后会引起人体中毒
	半生半熟的大白菜不能吃。宝宝食用这样的白菜，会引起消化不良等疾病
	熟的白菜不能反复加热。反复加热，里面的营养大量流失掉，不利于健康
	保存时间过久的白菜不能吃。储存过久，白菜里的硝酸盐会增加，吃后不利于人体健康

适合宝宝的营养小甜点

1.脆皮香蕉

用料：香蕉8只，干面粉、白糖、植物油适量。

制作：香蕉去皮，每只切成2～3段，面粉、糖加水和成面糊，开油锅，油温四成，把切好的香蕉放在面糊里滚一下，再放进油锅里煎成老黄色即可。

功效：味道香甜，对促进婴儿的消化吸收很有好处。

2.杏仁麦冬饮

用料：杏仁6克，麦冬10克，白糖适量。

制作：将杏仁去皮打碎，麦冬洗净；同放锅内，加适量清水，旺火烧沸后，文火煮5分钟，去渣，留汁加适量白糖饮用。

功效：清热凉火，益胃生津，有助于缓解婴儿的干咳症状。

3.炖银耳

用料：银耳150克，冰糖适量。

制作：银耳泡发洗净入容器内，加冰糖或白糖、清水，用文火炖至胶状即可。

功效：此菜具有强心、补肾、润肺、补气等功效。

4.蚕豆泥

用料：鲜蚕豆500克，山楂糕50克，白糖150克，糖桂花、植物油适量。

制作：蚕豆剥皮洗净，放入锅内煮烂捞出，放入凉水中冷却后，放菜墩上砸成泥；山楂糕切成小丁待用；油烧热，下入白糖、蚕豆泥、糖桂花，中火推炒，炒透后装入盘中，撒上山楂糕丁即可。

功效：此菜富含优质植物蛋白、磷、钙、维生素C等营养物质，并可健胃消食、补脾利湿、活血化淤，是婴儿理想的保健食品。

5.翡翠泥

用料：鲜蚕豆50克，京糕25克，桂花1克，白砂糖15克，花生油5克。

制作：将鲜蚕豆剥去老、嫩皮，放入锅内煮烂，捞出，用冷水过凉，放菜板上剁成泥状放入碗内；将京糕切成绿豆大小的丁；炒锅置火上，放入油，加入白糖、蚕豆泥、桂花，用中火推炒，炒透后盛入大盘内，撒上京糕丁即成。

功效：含有丰富的营养物质，能促进婴儿身体健康。

宝宝吃小点心的时间安排	
时间	食量安排
上午10点左右	300克左右，过多则会影响正餐的食量
下午4点左右	宝宝游戏之余，300克左右
晚上临睡前	可灵活把握，宝宝喝牛奶之后，可以根据情况确定

第六章
1～2岁幼儿喂养

　　1~2岁的宝宝，无论身体还是心智都已经得到了很大的发展，宝宝也变得好动起来，开始学习说话、走路。同时，宝宝能够吃的食物也越来越多了，他的咀嚼能力进一步发展。因此，父母在喂养的时候，需要更用心思，及时为宝宝添加更多的食物，以便满足宝宝的营养需求。在喂养的时候，家长同样要注意对宝宝饮食喜好的培养，从小养成一个良好的饮食习惯，有利于宝宝今后的进食。

本章看点

1~2岁幼儿的喂养原则 >

辅食添加的注意事项 >

1～2岁幼儿的喂养原则

1～2岁的宝宝的牙齿已经长出十几颗了，他的咀嚼能力也很强了。因此，宝宝的饮食应当由以奶类为主逐渐转变为混合食物为主。此阶段的宝宝，可以多吃一些固体食物，适当增加一点粗粮等。

幼儿饮食指导

孩子满周岁以后，体格发育的速度相对减慢了。以体重的增加情况为例，第一年内增加6～7千克，第二年增加2.5～3.5千克，第三年只增加2千克左右；又如身高，第一年增加25厘米左右，第二年增加约10厘米，到第三年只增加5厘米左右。

宝宝2岁时，体重可达12千克，身长达85厘米，前囟门闭合，乳牙基本出齐达20颗；2岁以后，婴幼儿体重每年增加2千克，身高每年增加4～7厘米。

虽然宝宝体格的发育相对减慢了，但其动作发育、智力发育及语言能力发育迅速，各器官逐渐成熟。此年龄阶段保健护理的重点是培养宝宝良好的生活、卫生习惯及预防各种传染病。

这段时期，婴幼儿的饮食处在从以乳类为主转变为以谷类、肉类及蔬菜等为主的过渡时期。随着婴幼儿消化功能的不断完善，食物的品种与烹调方法可逐渐接近成人。吃些杂粮，少吃精米面，注意供给足量的优质蛋白、钙、铁以及各种维生素，保持膳食平衡。

周岁以后，宝宝饮食需调整

一周岁

宝宝周岁过后，能吃的食物越来越多了，妈妈要适当为宝宝增加辅食，一方面可以满足宝宝的营养需求，另一方面也可以满足宝宝对食物种类的欲望。

由于消化能力还比较弱，胃容量较成人小得多，对营养物质的需求相对较多，这就需要少量多餐，一般每日要安排"三餐二点"，并于晚间睡前1～2小时加1次牛奶。

幼儿饮食建议

★忌用油炸。

★烹调食物仍应切碎煮烂。

★避免食用刺激性食品。

★可以吃烂饭、馒头、烂菜等多种食物。

★注意平衡饮食，以防营养不良或肥胖。

1~2岁幼儿所需的营养

在幼儿的生长发育过程中，应保证孩子摄取以下一些营养素。

（1）蛋白质。蛋白质是构成人体细胞和组织的基本成分，是人体所需的最主要的营养素之一。为了摄取足够的蛋白质，应给幼儿多吃鱼、肉、豆制品、蛋和各种禾谷类等含有丰富蛋白质的食物。1~2岁的幼儿一般每日蛋白质需要量为35~40克。

（2）脂肪。脂肪可给人体提供热量，保证人体活动，调节体温。肉、鱼、乳类、蛋黄中都含有丰富脂肪。

（3）水。水也是人体最主要的成分之一。没有足够的水分，人体就不能进行新陈代谢和体温调节。幼儿每日所需的水量与体重成正比，即1日需水量为：体重（千克）×（125~150）毫升。

（4）糖类。糖类主要提供人体所需的热能，在幼儿的主食中（禾谷类）可以获得，同时豆类、蔬菜、水果等也富含糖类。幼儿每天需糖类140~170克。

（5）矿物质。人体所需的矿物质主要有钙、碘、铁、锌等。钙主要从乳类、蛋类、蔬菜等中摄取，幼儿每天大约需要500毫克。铁主要存在于瘦肉、动物肝脏、蛋黄、绿色蔬菜中，每天所需量为8~10毫克。碘可从盐、海产类食品中获得，幼儿每日所需的碘量不多，约为0.7毫克。

营养素的摄取应科学、适量，过多或过少都会造成营养不良。只有各种营养摄取平衡，才有利于孩子的身体发育。

幼儿注意事项

★ 注意食物要新鲜干净，变质食物坚决不能吃。

★ 不要给幼儿吃太粗糙的食物，一定要把食物弄碎。

★ 不要给幼儿吃刺激性强的食物和难消化的食物。

★ 不要给幼儿吃刚从冰箱里拿出来的食物，以免损伤胃肠或降低胃肠功能，引起胃肠道疾病。

给宝宝零食或者加餐要适量

宝宝吃太多零食的话，会在吃饭的时候影响宝宝进食的食欲，因此给宝宝吃零食或者加餐点时要适量。对饭量小的孩子，正餐之间吃点儿零食是有好处的。但是，不停地吃零食没有好处，它只能给孩子养成不好好吃饭的习惯。建议在早餐和午餐后以及睡觉前，适量让孩子吃点儿有营养的食物。但应避免让孩子吃太多，或者给宝宝吃一些高热量没有营养的食物。

培养幼儿良好的饮食习惯

偏食、挑食等坏习惯，会给幼儿生长发育带来严重后果。那么，如何培养孩子良好的饮食习惯呢？

（1）食物要多样化。有的宝宝长大后，只吃自己喜欢的，对于自己不喜欢的食物，即使营养再好也不感兴趣。其实，这就是由小时候养成的挑食习惯造成的。因此，从小就应该教育孩子吃各种各样的食物，不论是鱼、肉还是豆腐，不论是水果还是蔬菜，不论是细粮还是粗粮，都应搭配着吃，不能只吃某些食物而不吃其他食物，以保证孩子获得全面的营养。

（2）在固定而安静的环境中进餐。不要在吃饭前或吃饭时责备孩子，也不要强迫他进餐，避免孩子情绪紧张，影响其大脑皮质的功能，使其食欲减退；更不要催促宝宝吃这、吃那，也不要总盯着宝宝，这些因素都会导致他情绪紧张，一到吃饭时就感到不舒服和恐惧。这样对宝宝的发育很不利。

不要边吃饭边玩

让孩子接受饮食变化，关键在于坚持，家长要平静、有耐心，直到宝宝慢慢养成正确的饮食习惯。

（3）吃饭要定时定量。饮食要定时，按顿吃饭，食量要基本固定，少吃零食。一般安排每天三顿正餐，上午、下午加一次点心，每顿饭间隔4小时左右，如果每天坚持按这种规律进食，孩子就会养成按顿吃饭的好习惯。

（4）培养宝宝良好的就餐习惯。每次吃饭前用肥皂仔细洗手，让孩子坐稳，细嚼慢咽，切不可边吃边玩、边说边笑。这些习惯都是要经过长期强化才会逐渐养成的，所以妈妈不要心急，只要大人在进餐的时候给宝宝做出榜样，久而久之，宝宝就会习惯成自然。

宝宝食谱安排要点

★ 根据当地的情况和季节选用食材，培养孩子不挑食、不偏食的好习惯。

★ 饭桌上特别可口的食物应根据进餐人数适当分配，培养孩子关心他人、不独自享用的好习惯。

★ 要注意桌面清洁，餐具齐全、卫生，饭菜冷热适度。

★ 妈妈照顾孩子饮食时，应该细心讲解或提问各种食物的名称、颜色、烹调方法，使孩子既获得知识，又提高语言表达能力。

怎样为幼儿安排饮食

1岁以后的孩子，乳牙依次长出，咀嚼能力逐渐加强，此时幼儿的生长发育仍处于较快阶段。为了满足幼儿生长发育所需的均衡营养，父母必须科学地为幼儿安排饮食。

幼儿每日饮食摄入量	
品种	摄入量
主食	约100克
肉、鱼、蛋、奶	约100克
青菜	50~100克
水果	50克

幼儿每日所需食品要按参考量供给，把每日应吃的食物种类和数量合理分配到三餐和点心之中。分配比例为早餐20%～25%，中餐30%～35%，晚餐15%～25%。总的原则是早餐吃好、中餐吃饱、晚餐吃少。从幼儿的食欲和活动情况来看，这一顿少吃点下顿多吃点，或今天少吃点明天多吃点，均是正常现象。

1～2岁幼儿其主食应以米、面等谷类食物为主，这是热量的最主要来源。蛋白质主要来自肉、蛋、乳类和鱼类食物。钙、铁和其他矿物质主要来自蔬菜，部分来自动物类食物。维生素则主要来自水果和蔬菜。

当然，食物量也不是固定不变的。如果一日的饮食中鱼、肉、蛋类供应多了些，便可少吃些豆制品；如果蔬菜供应得多些，那么就可以适当减些水果；副食如果吃多了些，主食就可少供应一些。

对于那些不喜欢吃正餐的孩子，每天补充奶尤其重要，最好每天喝不少于500毫升的牛奶。妈妈们不要认为宝宝喝奶就影响宝宝吃饭，为了让宝宝更多吃些饭，就一点都不给孩子喝牛奶。妈妈可以根据宝宝的食量，在宝宝饭后给宝宝适当添加一些牛奶。

对于那些喜欢吃饭食的宝宝，妈妈可以适当减少宝宝的饮奶量，一天大约300毫升即可。如果宝宝不喜欢喝配方奶粉，妈妈可以让宝宝常食鲜奶、酸奶或者其他乳制品均可。对于那些任何奶制品都不喜欢的宝宝，妈妈也可以尝试让宝宝喝一些羊奶。

 1～2岁幼儿的点心安排可参考以下标准

◇ **早点**

奶是钙质最好的来源，一定要保证孩子足量的摄入。宝宝上午活动量大，1瓶奶是不够的，而且牛奶不宜空腹喝，最好再让孩子吃一点点心，如饼干、蛋糕、面包之类。

◇ **午点**

提供午点一般在宝宝午睡后，此时宝宝容易口渴，喝1瓶乳酸奶，可为宝宝下午的活动提供充足的能量。午点还可以是水果，因为水果可以保证宝宝所需的维生素。

◇ **晚点**

1瓶奶加适量米粉，可使宝宝在夜间睡得更安稳。

平衡膳食的方法

婴幼儿大多在8～12个月断奶，之后其食品种类开始向成人过渡。在这个转变过程中，必须做到各种营养素的摄入平衡，也就是人们常说的"平衡膳食"。要做到平衡膳食，需遵循以下方法。

（1）主食搭配。存在于不同食物中的蛋白质，其氨基酸比例与人体需要有不同程度的差别。就粮食而言，如果将五谷杂粮混合食用，就可以充分发挥蛋白质的互补作用，使人体获得更丰富、更全面的营养。

从营养学的角度来讲，我们提倡食用各种粥类，如绿豆粥、红豆粥、八宝粥、玉米粥，另外两合面、豆包、金银卷都是良好的主食搭配方法。

主食副食合理搭配

主食　　　点心

合理搭配食物，才能让宝宝的膳食更全面更有营养。

（2）主食与副食搭配。主食与副食的搭配同样可以提高蛋白质的生物利用率，如小麦、小米和牛肉混合食用，其蛋白质的利用率可得到显著提高，从而超过其中任何一种食物的蛋白质的生物利用率。

食物性质相差越远，其氨基酸的组成差别越大，氨基酸的互补作用则越明显，其生物利用率提高得也更加显著。另外，同时摄入的食物种类越多，互补作用也越显著。

有助于宝宝长高的食物

◇ 牛奶、鸡蛋
◇ 黑大豆、沙丁鱼
◇ 橘子、胡萝卜
◇ 牛肉、排骨
◇ 猪肉

（3）粗细搭配。各种粗粮所含的营养素都各有所长。如小米含铁及B族维生素比较高，全麦粉含钙比较多，搭配食用能使孩子获得多方面的营养素。

此外，粗粮所含纤维比细粮多，对防治幼儿便秘有良好作用。所以，营养学家的建议是，不可把粗粮从餐桌上撤走。从小养成粗细搭配的饮食习惯并持续终生，这对于有效地预防心血管疾病、糖尿病、结肠癌等十分有益。

宝宝参考食谱	
早餐	牛奶、鸡蛋粥、发糕（或面条）
加餐	牛奶或豆浆
午餐	猪肝泥、米饭；烂饭、冬瓜、肉米；细碎的油菜、肉末
加餐	牛奶、苹果、饼干、豆沙酥饼、枣泥粥等

平衡膳食应遵循的饮食原则

幼儿平衡膳食应遵循以下饮食原则。

1.品种多样化

食物合理搭配，肉、蛋、鱼、蔬菜、水果、油、糖等食物都要吃。

2.各类食物比例适当

蛋白质、脂肪和糖类最好按12%～15%、25%～30%、60%～70%的比例供给。也就是说，身体需要的热量有50%以上应由糖类供给，并且数量要够。

3.食物之间要调配得当，烹调合理

要注意动物性食物与植物性食物的搭配、粗粮与细粮的搭配、干稀的搭配、甜与咸的搭配。

4.幼儿每顿饭食的量要合适

既要考虑到幼儿的食量，也要考虑到孩子能摄入足够的各种营养素。

5.幼儿膳食要有一定的规律

幼儿饮食要注意一定的规律，最好每餐的时间要固定，让幼儿形成定点饮食的习惯。在饮食的时候，家长应适当地控制宝宝对牛奶的摄入量，也不要让宝宝在饭前吃很多的零食。当然固定时间，也不是说必须到一定的时间，如果宝宝的确饿了，家长可以稍稍将吃饭的时间提前一点。

让宝宝吃水果的技巧	
巧吃果蔬	可以将新鲜的水果、蔬菜切成细小的条状，或者是加入一些果酱等
加点点心	可以用沙拉拌菜，或者加入一点奶酪，再或者加一点调味品，使蔬菜有味道
水果饮料	做成蔬果汁，或者是将水果切成丁，和酸奶一起做成奶酪
花样翻新	做成水果串，或者做成水果捞等

宝宝每天的饮食中营养的需求量			
营养素	需求量	营养素	需求量
热能	4620～5040千焦／千克	胡萝卜素	2～24毫克
蛋白质	35～40克	维生素B_1	7毫克
钙	600毫克	维生素B_2	6毫克
铁	10毫克	烟酸	7毫克
维生素A	1100～1300国际单位	抗坏血酸	30～35毫克

给宝宝多吃些硬食

宝宝能接受碎块状食物后，爸爸妈妈就应该适当给宝宝吃些硬食，如果宝宝只吃柔软的食物，不需要太多的咀嚼就吞咽了，长期这样下去，他的牙床和脸部肌肉得不到运动和锻炼，下颌就会发育不好。

但在让宝宝吃硬食时，开始要注意将硬食弄成薄片以便宝宝咀嚼。可先吃去皮去核的水果片和蒸过的蔬菜（如胡萝卜）等。宝宝习惯吃一些硬食后，就可以改变固体食物的质感，但在宝宝的磨牙还未长出之前，食物的硬度还是不应太大，如果食物过硬，宝宝不容易嚼烂，就容易发生危险。水果类可以稍硬一些，但肉类、菜类、主食类还是应该软一些。

适当给宝宝一些硬食

吃硬食，可以培养宝宝的咀嚼能力，有利于牙床和脸部肌肉的运动和锻炼。

给宝宝喂硬食时，即使宝宝的牙还没长齐，爸爸妈妈也不用担心，实际上，宝宝的进食能力往往都高于爸爸妈妈的估计。宝宝早在第一年就能凭牙床和舌头把块状食物碾烂咽下，何况现在已有10颗左右的乳牙了。当然，这时候讲的所谓硬食绝对不是指那些黄豆、松子等坚硬食物，而是指那些相对于软食而言较硬的食物，像面包片、馒头片、红薯片等。宝宝刚开始吃坚硬食物的时候，家长看到宝宝想吃又困难的样子会心疼，忍不住自己嚼碎之后再喂给宝宝吃。这样做是不科学的。家长亲自给孩子咀嚼食物，剥夺了孩子练习咀嚼的机会，不利于孩子建立自己的消化功能，人为地推迟了孩子咀嚼能力的形成，这样不但影响其摄取食物、阻碍发育，而且会造成孩子构音不清甚至语言发育迟缓。

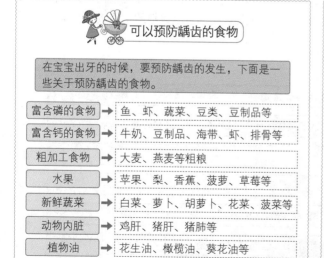

可以预防龋齿的食物

在宝宝出牙的时候，要预防龋齿的发生，下面是一些关于预防龋齿的食物。

富含磷的食物	→	鱼、虾、蔬菜、豆类、豆制品等
富含钙的食物	→	牛奶、豆制品、海带、虾、排骨等
粗加工食物	→	大麦、燕麦等粗粮
水果	→	苹果、梨、香蕉、菠萝、草莓等
新鲜蔬菜	→	白菜、萝卜、胡萝卜、花菜、菠菜等
动物内脏	→	鸡肝、猪肝、猪肺等
植物油	→	花生油、橄榄油、葵花油等

咀嚼对宝宝的好处

★有利于唾液腺的分泌，提高消化酶活性。

★在咀嚼的过程中，可促进头面部骨骼、肌肉的发育，有助于语言发育。

★咀嚼反复摩擦牙床，有助于牙齿的萌出，便于及早进食多种辅食，增强营养。

★为孩子学习技能创造机会，有助于激发他对世界的探索。

继续教宝宝自己吃饭

　　1岁的宝宝喜欢跟成人在一起上桌吃饭。父母不能因为怕宝宝"捣乱"而剥夺了他的权利，可以用一个小碟盛上适合宝宝吃的各种饭菜，让宝宝尽情地用手或用勺喂自己，即使吃得一塌糊涂也没关系。

　　如果宝宝总喜欢抢着拿勺子，妈妈可以准备两套碗和勺，一套自己拿着，给宝宝喂饭；另一套给宝宝，并在其中放一点食物让他自己吃。

　　妈妈也可以为宝宝准备一些能自己拿着吃的食品，如一些切成条或片的蔬菜（土豆、红薯、胡萝卜、豆角等），让孩子自己拿着吃，以便让宝宝感到自己吃饭是怎么回事。另外还可准备一些香蕉、梨、苹果和西瓜（把子去掉）、熟米饭、软的烤面包、做熟了的嫩鸡片等。

让宝宝自己吃饭

注意不要在宝宝面前议论某种食物不好吃，某种食物好吃，以免造成宝宝对食物的偏见。

　　当宝宝自己吃饭时，要及时表扬，即使他把饭弄得乱七八糟，还是应当鼓励他。如果妈妈确实不愿意把饭弄得满地都是，可以在宝宝的椅下铺一张塑料布，这样一来，等他吃完饭后，只要收拾一下弄脏的塑料布就行了。

　　这个阶段的宝宝已经具有了很强的模仿能力，如果家长非常喜欢吃某种水果或蔬菜的话，宝宝也会变得十分喜欢这种水果或蔬菜。不过，家长也应避免不要强迫宝宝吃他非常不愿意吃的食物（即使这个食物非常有营养），也不要强制宝宝在吃饱后吃完剩下的食物。

　　有些宝宝常常不愿意坐下来好好吃饭。其实，这是因为宝宝生性好动，一旦见到能够吸引自己注意力和兴趣的东西，就会想办法碰这个东西。可见，在宝宝吃饭时，家长既要为宝宝创造一个良好就餐氛围，又不能把足以引起宝宝兴趣的东西放在饭桌周围。

培养宝宝自己吃饭小妙招

★父母也用勺子来吃饭，帮助宝宝认清楚勺子的正反面，顺利地盛上食物。

★在宝宝自己吃饭的时候，父母可以多给他一把勺子，可以让他边吃边玩。

★养成宝宝专心吃饭的习惯。

★在宝宝用左手拿勺子的时候，不要强行纠正。

★让宝宝参与吃饭的准备工作，提高他吃饭的兴趣。

★不要让宝宝待在餐桌上的时间过长，让宝宝失去兴趣。

父母应注意幼儿饮食卫生

父母在给幼儿制作食物时，如果不注意卫生或消毒不彻底，就可能导致一些有害细菌（如痢疾杆菌、病原性大肠杆菌等）侵入幼儿体内，极易造成腹泻。为了减少幼儿患病的机会，父母在给幼儿制作食物时一定要注意饮食卫生。

1.食物一定要新鲜

不新鲜的食物有时会引起腹泻、痢疾等疾病，严重的还会引起中毒。

食物要煮熟、煮透。有些食物如秋扁豆、豆浆等，如不煮熟、煮透，幼儿食用后极有可能发生中毒症状。

父母一定要保证在烹调时将食物煮熟、煮透。

2.少吃生、凉拌食物

由于目前有些地方的饮用水尚未达到卫生标准，而且很多蔬菜仍多施用人畜肥，使食物易带有病菌或虫卵，因此，幼儿不宜食用凉拌食物。

3.餐具的清洁

要确保儿童餐具的干净卫生，最好在他食用后不久就清洗，不要搁置太久。清洗的时候，可以用一些温和的洗涤剂洗净，然后用清水冲洗干净，确保餐具上没有残留的洗涤剂。清洁之后，再用热水冲一下，自然晾干，不要用抹布擦。

4.不要给宝宝吃含人工色素的食物

目前，很多儿童食品都是五颜六色的。实际上，这些颜色有很多是通过化学作用合成的，添加了不少人工合成色素。人工色素尽管不会威胁人体健康，却会诱发很多过敏病症。

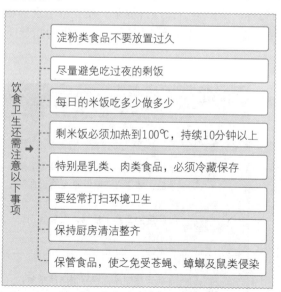

饮食卫生还需注意以下事项

- 淀粉类食品不要放置过久
- 尽量避免吃过夜的剩饭
- 每日的米饭吃多少做多少
- 剩米饭必须加热到100℃，持续10分钟以上
- 特别是乳类、肉类食品，必须冷藏保存
- 要经常打扫环境卫生
- 保持厨房清洁整齐
- 保管食品，使之免受苍蝇、蟑螂及鼠类侵染

注意饮食卫生

为减少幼儿患病的机会，父母在给幼儿制作食物时一定要注意饮食卫生。

锌元素最好从食物中摄取

婴幼儿缺锌的情况比较普遍，这是因为很多食物中含锌量很少，而且不易被人体吸收。在人体内，锌是由胃肠道吸收，由胰腺、胆囊分泌的消化液消化的。

诊断婴幼儿是否缺锌，应做血清检测，用药物补锌最好在医生指导和监督下进行，要有一定的疗程。体内锌过多也是有害无益的，所以，最理想的补锌方法是吃含锌量较高的食物，因为食物含锌量少，食补不会出现不良反应。

含锌较多的食物有：麸皮、地衣、蘑菇、炒葵花子、炒南瓜子、山核桃、酸奶、松子、豆类、墨鱼干、螺、花生油等。另外，鱼、蛋、肉、禽等动物性食物中的含锌量高，利用率也较高。

研究表明，异食癖多与缺乏锌、患有肠内寄生虫病、生活习惯不良等因素有关。因为在日常生活中，家长应及时为宝宝补充锌；还应按时带宝宝到医院做健康检查；应多关心宝宝，不要责骂异食癖患儿；应培养宝宝养成良好的饮食习惯（如不偏食、挑食等）与生活习惯（饭前洗手、便后洗手等）。

爸爸妈妈在日常生活中，要多注意观察孩子，如果孩子出现一些异常情况，要及时检查，以防是锌缺乏症状。如果发现孩子缺锌，要及时补充，除了在日常饮食中注意，还要添加一些制剂，例如葡萄锌、硫酸锌、醋酸锌糖浆、复合维生素锌糖浆等。整个疗程需要2~3个月。需要注意的是，服用锌制剂最好在医生的指导下进行。

食物是最佳的锌来源

食物中的锌比较容易吸收，是最佳的锌来源。

补锌的注意事项

补锌要分季节，一般来说，夏天应当比冬春多补一些

补锌的同时，还要注意钙和铁的补充

注意不要和某些药物一同服用，如四环素、叶酸、青霉胺等

饮食需要精细化，过于粗糙的食物有碍锌的吸收

补锌的药物的比较	
药物	优缺点
硫酸锌	长期服用可引起较重的消化道反应，如恶心、呕吐甚至胃出血等
葡萄糖酸锌	轻度的胃肠不适感，饭后服用可消除
锌酵母	纯天然制品，锌与蛋白质结合，生物利用度高，口感好

怎样给宝宝补钙

　　钙，享有"生命元素"之称，它是构成骨骼和牙齿的主要成分，人体99%的钙存在于骨骼和牙齿中，1%存在于体液内。一个婴儿生下来身高约50厘米，1岁时约75厘米，2岁时约为85厘米，以后又以每年5~7厘米的速度增高。这其中就少不了钙的作用。

　　幼儿如果钙摄入不足，再加上缺少维生素D，就容易患佝偻病，幼儿易惊厥、夜啼，出现枕秃和一系列骨骼改变，如串珠肋、脚镯征和手镯征、"O"形腿或"X"形腿，学坐后可致脊柱后突成侧弯，对体格生长造成不可挽回的损失。

含钙高的食物

钙

合理膳食，多吃含钙多的食物是预防幼儿缺钙的最理想的方法。

　　所以，父母要注意给孩子补钙。合理膳食，多吃含钙多的食物是预防幼儿缺钙的最理想的方法。

　　除注意从食物中摄入钙外，父母也可以给幼儿适当补充钙制剂。现在市面上的钙制剂很多，父母在选择时一方面应遵从医嘱，另一方面也要注意钙的含量及其在体内的吸收情况。

　　不过，食物中的钙质不容易被人体吸收，家长可以为宝宝补充适量的维生素C、维生素D或者优质蛋白质，这样能够促进宝宝对钙质的吸收。而且，维生素C和维生素D还能起到将钙质固定在宝宝骨骼中的作用。

富含钙的食品	
种类	食物
乳类与乳制品	牛奶、羊奶、奶粉、乳酪、酸奶、炼乳
豆类与豆制品	黄豆、毛豆、扁豆、蚕豆、豆腐、豆腐干、豆腐皮等
海产品	鲫鱼、鲤鱼、鲢鱼、泥鳅、虾、虾皮、螃蟹、海带、紫菜、蛤蜊、海参、田螺等
肉类与禽蛋	羊肉、猪脑、鸡肉、鸡蛋、鸭蛋、鹌鹑蛋、猪肉松等
蔬菜类	芹菜、油菜、胡萝卜、萝卜缨、芝麻、香菜、雪里红、黑木耳、蘑菇等
水果与干果类	柠檬、枇杷、苹果、黑枣、杏脯、橘饼、桃脯、杏仁、山楂、葡萄干、胡桃、西瓜子、南瓜子、桑葚干、花生、莲子等

如何减少食物的钙耗损

不少宝宝因缺乏钙质或吃糖过多，很容易发生骨折。如果宝宝体内钙质不足，则宝宝就会发育缓慢、情绪波动大、头发干枯、皮肤黯淡无光。而吃糖过多，不仅会影响宝宝对钙质的吸收，还会导致宝宝的骨骼变软，妨碍宝宝骨骼的正常发育。

食物保鲜贮存可减少钙耗损，牛奶加热时不要搅拌，炒菜要多加

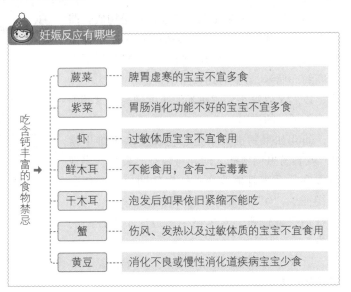

妊娠反应有哪些

吃含钙丰富的食物禁忌 →

蕨菜	脾胃虚寒的宝宝不宜多食
紫菜	胃肠消化功能不好的宝宝不宜多食
虾	过敏体质宝宝不宜食用
鲜木耳	不能食用，含有一定毒素
干木耳	泡发后如果依旧紧缩不能吃
蟹	伤风、发热以及过敏体质的宝宝不宜食用
黄豆	消化不良或慢性消化道疾病宝宝少食

水、时间宜短，切菜不能太碎。菠菜、茭白、韭菜等含草酸较多，宜先用热水浸泡片刻以溶去草酸，以免与含钙食品结合成难溶的草酸钙。乳糖可贮留较多膳食钙，高粱、荞麦片、燕麦、玉米等杂粮较稻米、面粉含钙多，平时应适当吃些杂粮。

我国膳食构成主要是以含钙成分低的谷类食物为主，同时蔬菜供应量较大，植酸、草酸及植物纤维等摄入量相应较多，影响钙在肠道内的吸收，造成钙摄入量不足。因此，给幼儿补钙，最重要的是调整饮食结构，注意饮食多样化，多吃含钙丰富的食物，如牛奶、鱼、海带、虾米、豆类、紫菜等，并避免同食或少食未经水焯的含植酸、草酸的蔬菜，如菠菜、苋菜、空心菜、竹笋等。

除了减少食物中的钙耗损，为了更好地补充钙质，家长每天可以给宝宝喝两杯鲜牛奶，或者让宝宝吃奶酪等奶制品。此外，家长也可让宝宝多吃鸡蛋、豆腐、海藻类食物、蔬菜等。

另外，为了减少食物的钙耗损，在食物烹调的时候，应尽量减少盐的放入量。这是因为如果放盐过多，宝宝身体摄入盐过量，钙的吸收就会变差，尿中钙的排出量也会增多。所以，食物烹调时放盐过多，不仅起不到补钙的效果，还会造成钙的耗损。

 存放蔬菜的技巧

在保存蔬菜的时候，是需要一定技巧的，很多青菜，如菠菜、小白菜等，一般现买现吃最好，不宜存放。如果要存放，也要放入冰箱中，以免腐败。此外，腐败变质的食物不能给宝宝吃，否则会引起腹泻、腹痛。

幼儿应如何补充铁质

铁是人类生命活动中不可缺少的元素之一。缺铁以及缺铁性贫血是我国常见的营养缺乏病。

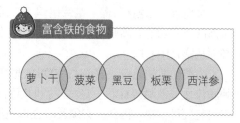

富含铁的食物

萝卜干　菠菜　黑豆　板栗　西洋参

铁在食物中的存在形式有两种：一种是血红素铁，主要存在于动物性食物中；另一种是非血红素铁，主要存在于植物性食物中。血红素铁在人体内吸收率较高，而且受膳食因素的影响比较少，容易被机体吸收利用，其吸收率高达22%，是铁的良好来源。非血红素铁在消化过程中，易受膳食中草酸、植酸等因素的影响，铁的吸收率一般在10%以下，较难被机体吸收利用。

预防幼儿出现缺铁性贫血的有效办法是适当增加含铁质丰富的食品。动物性食物中动物肝脏和血液的含铁量最高，其次是瘦肉、鱼肉和肾脏等。此外，鸡蛋、鸭蛋等蛋类食品中也含有一定量的铁质。

植物性食物中以豆类及豆制品的铁含量比较高，如豇豆、绿豆和油豆腐等。蔬菜中，马铃薯、芹菜、南瓜和番茄的含铁量较高。水果中含铁高的有酸枣、山楂、橘子等。另外，蔬菜、水果中的维生素C能促进食物中的三价铁还原为二价铁，有利于铁的吸收。

动物血中含有大量的血红素铁，易被人体吸收，是一种价廉物美的补血佳品。市场上常见的动物血有猪血和鸭血。父母可将新鲜的猪血、鸡血或鸭血蒸熟切丝煮羹，加入粥内喂给宝宝，或做成鸡、鸭血汤或血豆腐汤给宝宝食用。不过，动物血制品一定要烧得十分熟才能给宝宝吃。

含铁食物

铁

如果宝宝缺铁，会引起乏力、多动、食欲差等症状，会严重影响宝宝的成长发育。

如何给孩子补铁

在具体补铁的时候，应根据"轻者食补，重者药补"的原则，优先通过食物补充，多让孩子吃可口的水果、蔬菜、肉食等微量元素丰富的食物。如果孩子已经严重缺钙、缺铁，有异常表现，家长在食补的时候，可服用铁剂药物。

幼儿怎样补充维生素C

维生素C是连接骨骼、结缔组织所必需的一种营养素，能维持牙齿、骨骼、血管、肌肉的正常功能，增强对疾病的抵抗力，促进外伤愈合。人体自身不能合成维生素C，必须从膳食中获取。

当婴幼儿缺乏维生素C时，就可能患坏血病，并有毛细血管脆弱、皮下出血、牙龈肿胀流血或溃烂等症状。1岁多的幼儿可由于喂养缺乏维生素C的食物引起坏血病，尤应引起父母重视。因此，必须及时合理地给幼儿补充维生素C。

维生素C的主要食物来源为新鲜蔬菜与水果。新鲜的蔬菜如韭菜、菠菜和柿子椒等深色蔬菜含维生素C较多；柑橘、酸枣、猕猴桃等水果中也富含维生素C。给幼儿多食此类食物，可有效地预防维生素C缺乏症的发生。

 含维生素C的食物

1岁多的幼儿可由于喂养缺乏维生素C的食物引起坏血病，尤应引起父母重视，因此必须及时合理地给幼儿补充维生素C。

服用维生素C剂的禁忌

★ 维生素C剂不要与其他维生素同时服用，否则会失去原有的生理作用。

★ 食虾后不要服用维生素C剂，维生素C剂也不能与茶叶、牛奶等碱性饮料同时食用。

★ 饭后不宜立即食用富含维生素C的水果。

★ 进食富含维生素C的水果要适可而止，因为过量摄入维生素C可引起恶心、呕吐等症状，还可导致肾功能障碍和缺铁性贫血。

★ 此外，由于维生素C极易氧化，所以维生素C制剂应放在棕色瓶中避光保存。由于维生素C不耐高温，所以在给幼儿冲兑果汁时，不要用滚烫的沸水，而应待沸水降温至80℃左右时再冲兑。

 ## 有助于幼儿牙齿健康的食物

有些食物天生就有预防某些疾病的作用，对于宝宝的牙齿有很好的保健作用，家长应多让宝宝吃下列食物。

有利于幼儿牙齿健康的食物	
富含磷的食物	粗加工食物
磷酸盐能够有效地预防宝宝口腔过于酸化，并起到保护牙釉质、预防龋齿的作用。富含磷的食物，主要包括鱼、虾、蔬菜、豆类（如蚕豆、豌豆、扁豆）、豆制品等。	粗加工的食物含有丰富的矿物质和纤维素，而且在食用时需要加大咀嚼力度，这不仅有助于清洁牙齿，也能促进消化。

防止宝宝营养不良和营养过剩

在哺育婴幼儿的过程中，只要孩子能吃，就无限制地喂，长期下去，就可能使孩子营养过剩，患肥胖症；而如果一味迁就孩子挑食、偏食、吃零食的坏习惯，正餐吃得很少，时间长了，就会导致孩子营养不良。这两种情况对婴幼儿的发育都是极为不利的。

防止宝宝营养过剩

宝宝营养过剩，会给身体带来过重的负担，反而会影响宝宝的生长发育。

1.预防营养不良

营养不良是由于营养素摄入不足、吸收不良、需要量增加或消耗过多等因素而引起的一种疾病。

防治营养不良，妈妈要注意维持幼儿合理充足的进食量和食物的搭配，保证各种营养物质的消化吸收。此外，要积极防治幼儿各种急、慢性疾病，对幼儿的疾病要及早发现，及早治疗。要保证宝宝充足的睡眠时间，加强锻炼，增加户外活动时间，多晒太阳，以增强婴幼儿的体质。

2.预防营养过剩

父母要为幼儿提供营养丰富的合理膳食，即根据婴幼儿生长发育的要求，提供充足的营养物质，但不可过量。每日提供给幼儿的热量，其中蛋白质提供的热量占一日总热量的12%～15%；脂肪提供的占总热量的30%，碳水化合物提供的占50%左右。这样可以做到既无营养素的浪费，又无多余脂肪堆积。

另外，要防止婴幼儿过量摄取食物，尤其是荤菜、甜食类食物更要注意限制，以减少多余的脂肪在体内聚集。此外，要保证婴幼儿每日有一定的活动量，这样的活动既包括体育锻炼，也包括游戏与玩耍，既锻炼了身体，也消耗了体内多余的脂肪。

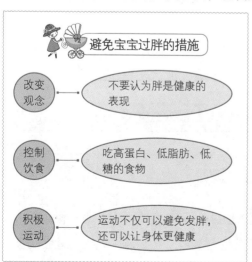

避免宝宝过胖的措施

改变观念	不要认为胖是健康的表现
控制饮食	吃高蛋白、低脂肪、低糖的食物
积极运动	运动不仅可以避免发胖，还可以让身体更健康

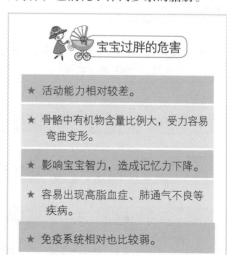

宝宝过胖的危害

★ 活动能力相对较差。

★ 骨骼中有机物含量比例大，受力容易弯曲变形。

★ 影响宝宝智力，造成记忆力下降。

★ 容易出现高脂血症、肺通气不良等疾病。

★ 免疫系统相对也比较弱。

不要让宝宝"积食"

1岁多的宝宝可以自己进食了，但他们的自我控制能力还很差，只要是爱吃的食物，如糖果、牛肉干等，就不停地吃，没有节制，尤其是在节假日或家庭聚会时，热闹的气氛使宝宝更加活跃。当宝宝吃了过多的油腻、冷甜食物后，胃被胀得满满的，这样一来，就很容易引起消化不良、食欲减退，中医称这种情况为"积食"。

宝宝"积食"后，常有腹胀、不思饮食或恶心、呕吐等症状。由于宝宝的消化系统发育仍不完善，胃酸和消化酶分泌较少，而且消化酶的活性相对较低，对于食物在质和量发生较大的变化时很难较快地适应，加上神经系统对胃肠的调节功能比较弱，很容易引发胃肠道疾病。因此，爸妈一定要避免宝宝"积食"。

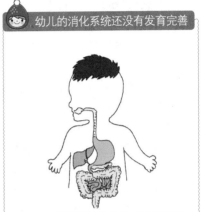

幼儿的消化系统还没有发育完善

父母要培养幼儿养成良好的饮食习惯，每餐定时定量，以避免幼儿积食的发生。

当宝宝出现"积食"时，在饮食方面要进行调节，首先控制进食量，较平常稍少一点点即可，食物最好软、稀，易于消化，比如米汤、面汤之类，尽量少食多餐，以达到日常总进食量。同时还要带宝宝多到户外活动，以助于食物消化和吸收。

为了避免宝宝积食，晚饭时间要相对固定些，一般在6点左右。因为晚饭后，宝宝的活动量会相对少些，而若吃得太晚，容易出现积食的情况，会严重影响宝宝胃里食物的消化。当然，家长也应合理地安排宝宝的饭量，千万不可因为宝宝爱吃某种食物而让他多吃。

幼儿积食的缓解措施

◇ 幼儿如果是由于食用肉类或过于油腻的菜肴所引起的积食不消，可用新鲜白萝卜500克切成细丝，榨取汁液，煮熟后给患儿服用。

◇ 如果幼儿是因为吃米制糕点太多而引起的积食，可食用锅里的焦饭。

◇ 如因生冷瓜果吃得太多，可用生姜煎汤服。

◇ 消化不良、积食和反胃呕吐，可用洗净的鸡胗皮3克加水煎煮，取汁服用。注意煎煮时间不可太久。

幼儿食品的合理烹调

烹调幼儿食品时，不仅营养要合理，还应兼顾婴幼儿的生理特点，让幼儿喜欢、爱吃。如何做到合理烹调呢？

做到细、软、烂。面条要软烂，面食以发面为好，肉、菜要斩末切碎，鸡、鱼要去骨刺，花生、核桃要制成泥、酱，瓜、果去皮核，含粗纤维多及油炸食物要少用，刺激性食品不要给幼儿吃。

（1）形态各异、小巧玲珑。不论是馒头还是包子，或是其他别的食品，一定要小巧。小就是切碎做小，以照顾孩子的食量和咀嚼能力，巧就是形态各异，让孩子好奇、喜欢，增加食欲。

（2）色、香、味俱佳。色，即蔬菜、肉、蛋类保持本色或调成红色，前者如清炒蔬菜、炒蛋等，后者如红烧肉丸等；香，保持食物本身的维生素或蛋白质不变质，再加上各种调料，使鱼、肉、蛋、菜各具其香。但由于幼儿口轻，调料不宜太浓，不宜油炸；味，幼儿喜欢鲜美、可口、清淡的菜肴，但偶尔增加几样味道稍浓的菜肴，如糖醋味、咖喱味等，有时更会引起孩子的好奇、兴趣和食欲。

（3）保持营养素。蔬菜要快炒，少放盐，尽量避免维生素C的破坏。煮米饭宜用热水，淘洗要简单，使B族维生素得以保存。对含脂溶性维生素的蔬菜，炒时应适当多放点油，如炒胡萝卜丝，使维生素A的吸收率增高，炖排骨时汤内稍加点醋，使钙溶解在汤中，更有利于婴幼儿补钙。

合理烹调宝宝食物

为宝宝准备食物时，注意烹调方式和食物种类的多样化，在保证色香味的基础上，要以清淡和易消化为主。

宝宝食物调味品的使用	
调味品	添加注意事项
盐	6个月前不可吃盐，6～10个月，可以适当吃一点，10个月以后，每天不超过2克
醋	2岁以后开始添加
酱油	1岁以后开始添加，每天1～2滴
味精	3岁以前最好不要吃味精
食用油	6个月以后添加，每天2～3滴
茴香等香料	6个月以后添加，少量

常采用的烹调方法

适当的加工烹调可增加食物的色、香、味，提高对食物中各种营养素的消化、吸收和利用。针对幼儿消化功能的特点，常采用的烹调方法有如下6种。

1.蒸

制作菜肴省时间，且保持原汁原味，减少营养素成分的散失。

2.炖、熬

可保持原汁原味，制作的食品味道清香、淡雅、软而酥烂、清爽利口。

3.瓤

如黄瓜塞肉、葫芦塞肉、瓤冬瓜盅等。此法制作细腻，注意外形，制成的菜肴美观别致，荤素相配，口味鲜美。

4.溜

如豆腐丸子、土豆丸子等。食物为片、丁、丝状等，经过油滑或水烫熟后再溜，以旺火速成能保持菜肴的香脆、滑软、鲜嫩。

5.烧

红烧、汤烧，菜肴味鲜，微甜，色泽发红。

6.汆

是烹制汤菜或连汤带菜的一种烹调方法。

菜汁的制作

可取少许新鲜的蔬菜，如菠菜、小白菜、油菜等蔬菜，洗净切碎。锅内放少许水烧开，放入切碎的蔬菜，水再开后3分钟关火。放置不烫手时，将汁倒出，加少量白糖，就可给宝宝喝。

果汁的制作

要选用富含维生素C的新鲜、成熟的水果，如柑橘、草莓、西红柿、桃子等，洗净，去皮，用小刀把果肉切成小块或直接搅碎放入碗中，用汤匙背挤压出果汁，或用消毒的纱布挤出果汁，柑橘类亦可用榨汁机制作果汁。

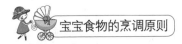 宝宝食物的烹调原则

★ 清淡，少油少盐。

★ 样式要多，这样才能吸引宝宝。

★ 最好保持原汁原味，不要加过多调料。

★ 尽量做得比较软一些，不要出现不熟的现象。

断奶并不是不再喝奶

当孩子过了1周岁以后，就开始逐渐断奶了，但是，让孩子断奶并不说从此以后宝宝就不再需要喝奶了。这个阶段的孩子，只是不需要喝母乳了而已，对于牛奶以及配方奶粉依旧要喝下去。一般来说，配方奶粉需要喝到3岁左右，甚至也有的孩子可以喝到6岁。至于牛奶，则最好让孩子一直喝下去，成为孩子饮食的一部分，养成终身喝牛奶的好习惯。

此时，孩子断母乳后，饮食结构也需要进行调整，除了奶以外，他们还需要和大人一样吃各种各样的食物，包括粮食、蔬菜、水果、肉类、蛋类等。他们的饮食也要逐渐向大人靠拢，培养良好的饮食习惯。

有些孩子到了这个阶段，还比较依赖奶瓶，喜欢喝奶，对于食物没有太大的兴趣。因此，很多家长为了让孩子多吃一点饭，就刻意减少宝宝的喝奶量，以此来要求宝宝吃饭。其实，这样的做法并不妥，如果宝宝喜欢喝奶，则不要刻意为其减少，而是要正确引导其去吃饭。如果宝宝饭量增加了，则要相应减少一些喝奶量。这些都要根据宝宝的具体饮食来调节。

还有一些宝宝不爱喝奶，对于配方奶和鲜牛奶都没有兴趣。此时，家长可以试试用酸奶、奶酪或者其他的奶制品作为代替，或者是将这些奶制品混合给宝宝吃，总之，宝宝不能离开牛奶，而牛奶对于宝宝今后的成长也大有裨益。

这个阶段的宝宝牙齿已经长出不少了，如果宝宝依旧有睡前喝奶的习惯，家长要注意保护宝宝的牙齿，最好在宝宝喝过奶后再喂宝宝几口清水，让宝宝漱漱口。或者家长可以用棉签给宝宝清洁一下口腔，以防出现龋齿等牙齿问题。此外，尽量不要让宝宝含着奶头睡觉，否则会对宝宝的牙齿不利。

断奶期宝宝的牛奶量

在断奶期，每天需要的牛奶量有所不同。刚开始宝宝对牛奶的需求量较大，可以多喂一些，通常每天需要500毫升的牛奶。然后逐渐地减少喂养量，让宝宝逐渐接受新的食物。等到断奶期之后，每天只需要250毫升牛奶即可。

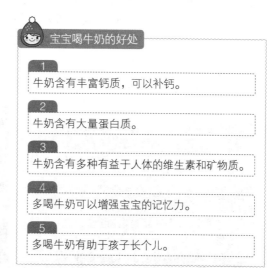

宝宝喝牛奶的好处

1
牛奶含有丰富钙质，可以补钙。

2
牛奶含有大量蛋白质。

3
牛奶含有多种有益于人体的维生素和矿物质。

4
多喝牛奶可以增强宝宝的记忆力。

5
多喝牛奶有助于孩子长个儿。

辅食添加的注意事项

1~2岁的宝宝，正是对各种新鲜食物感兴趣的时候。此时，妈妈在为宝宝添加辅食的时候，可以为其多增加一些品种。但是，也一定要根据宝宝的身体，适量增加，注意宝宝的饮食习惯，不要盲目给宝宝添加辅食。

 ## 幼儿要多吃些绿、橙色蔬菜

颜色越深、越绿的蔬菜，其维生素含量就越高。如油菜、小白菜、苋菜、菠菜和青椒等含胡萝卜素、B族维生素较多。橙色蔬菜如胡萝卜、黄色、南瓜等也含有较多的胡萝卜素。

胡萝卜素是绿、橙色蔬菜中的一种植物色素，它在人体内受胡萝卜素双氧化酶的作用转变成维生素A，维生素A对人体起着重要的生理作用。当人们不易获得含维生素A丰富的动物性食物时，可考虑让幼儿多吃一些物美价廉的绿、橙色蔬菜。

 ## 宝宝吃饭时可以喝水吗

宝宝吃饭时最好不要喝水，原因有以下两点。

（1）吃饭时喝水会造成胃液稀释，使胃的消化能力暂时变弱，消化过程延长，给胃造成额外负担。

（2）如果夏天吃饭时喝水。宝宝肚子里装满了水，会影响食欲。

所以，吃饭时一定要控制宝宝喝水，如果宝宝很想喝，给宝宝用小杯子喝。平时，两餐之间要督促宝宝喝水，这样到吃饭时，他就不会那么渴了。

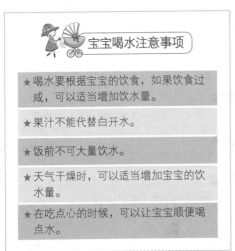

宝宝喝水注意事项

★喝水要根据宝宝的饮食，如果饮食过咸，可以适当增加饮水量。

★果汁不能代替白开水。

★饭前不可大量饮水。

★天气干燥时，可以适当增加宝宝的饮水量。

★在吃点心的时候，可以让宝宝顺便喝点水。

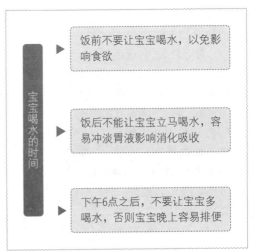

宝宝喝水的时间

▶ 饭前不要让宝宝喝水，以免影响食欲

▶ 饭后不能让宝宝立马喝水，容易冲淡胃液影响消化吸收

▶ 下午6点之后，不要让宝宝多喝水，否则宝宝晚上容易排便

宝宝过食该怎样多活动

现在生活水平提高了，体重过重的宝宝越来越多。宝宝每天摄取过多的热量就会造成肥胖，因为过剩的热能变为皮下脂肪积于体内。为了消除肥胖，父母应该控制宝宝的热能摄取量，在饮食上要少让宝宝吃高热能的食物，使宝宝需要的热能与供应平衡。

如果宝宝比较胖，就应该控制宝宝的饮食，并且帮宝宝多活动。若宝宝是轻微肥胖，只要适量活动就可以了。如果宝宝还不会走路，父母可以帮宝宝做做幼儿体操，或让宝宝多爬一爬；如果宝宝开始学走路了，要让宝宝经常进行户外活动。

控制宝宝的饮食，就要少给宝宝吃米饭、面包、糕点等甜食类，而尽量让宝宝多吃低脂肪的鱼、瘦肉、豆腐和蔬菜类。

宝宝应当多活动

宝宝天生都是好动的，因此，妈妈们不要限制宝宝的活动，如果宝宝不爱活动，也要鼓励宝宝多活动。

如果宝宝吃得很多，可以在饭前半小时先喂些苹果、沙拉等，也可以喂些加了蔬菜的汤。

另外，要注意宝宝的进食速度，不要让宝宝吃得太快，这样宝宝就不会过食了。

此外，避免让宝宝吃快餐或者高热量的食物。这些热量已经占据了每天总供给的88%~113%。如果孩子常吃快餐，必然会导致肥胖症，由此很容易出现高血压、糖尿病、脂肪肝等疾病。多数快餐中富含脂肪、色素等，缺乏蛋白质、维生素、矿物质等营养素，孩子长期吃，会导致营养不良。

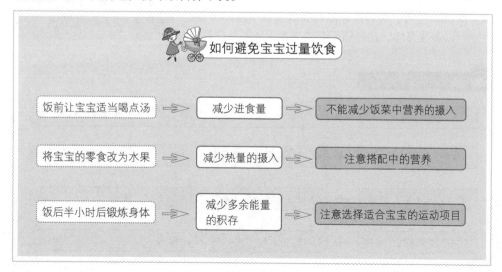

如何避免宝宝过量饮食

饭前让宝宝适当喝点汤	➡	减少进食量	➡	不能减少饭菜中营养的摄入
将宝宝的零食改为水果	➡	减少热量的摄入	➡	注意搭配中的营养
饭后半小时后锻炼身体	➡	减少多余能量的积存	➡	注意选择适合宝宝的运动项目

宝宝的早餐应该怎样吃

对处于生长发育旺盛期的宝宝来说，早餐一定要"吃饱、吃好"。现在，有些人总认为早餐无关紧要，有时因时间来不及就马马虎虎喂婴幼儿吃一点儿，这是不行的。

由于宝宝的胃容量有限，上午的活动量又比较大，所以早晨这顿饭尤为重要。宝宝早餐要吃饱吃好，并不是说吃得越多越好，而是应该进行科学的搭配。

一般来讲，早餐的热能要占全天总量的20%～25%。早餐应吃较多的谷类及部分蛋白质。如果早餐供给的热能不足，机体就要动用体内储存的脂肪或蛋白质，如脂肪代谢不完全可在体内产生酮体，长期下去会引起婴幼儿消瘦、易疲乏、不活泼、不爱活动。

注重宝宝的早餐

宝宝的早餐应保证蛋白质，脂肪以及身体所需要的能量的摄入。

举例来说，光喝牛奶吃鸡蛋还不够，这样吃虽然补充了脂肪和蛋白质，但缺少碳水化合物，即提供热量的淀粉类食品，如果除牛奶鸡蛋外再吃几片面包，营养就全面了。油条加豆浆的早餐缺少蛋白质，应该加一个鸡蛋。只吃馒头咸菜的早餐就更不科学了，还不如鸡蛋挂面更好些。

另外，早餐别忘了加些蔬菜、水果。妈妈们要学会引导，让孩子爱上吃蔬菜和水果。早餐添加蔬菜、水果，可以满足孩子对维生素和纤维素的需求，防止孩子便秘，有利于其成长。家长在蔬菜和水果的准备上，可以多变花样，这样孩子吃的兴趣更浓厚一些。

不吃早饭危害多

若宝宝常常不吃早饭，或者早餐过于单一，那么宝宝的大脑在一天中都不能获得足够的能量，这会严重妨碍宝宝智力的正常发育。

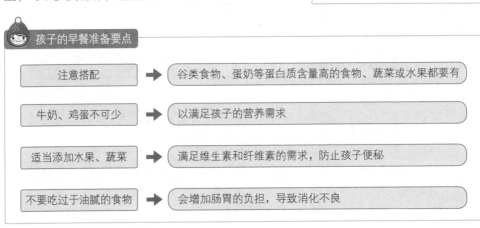

孩子的早餐准备要点

注意搭配	➡	谷类食物、蛋奶等蛋白质含量高的食物、蔬菜或水果都要有
牛奶、鸡蛋不可少	➡	以满足孩子的营养需求
适当添加水果、蔬菜	➡	满足维生素和纤维素的需求，防止孩子便秘
不要吃过于油腻的食物	➡	会增加肠胃的负担，导致消化不良

幼儿春季饮食特点

早春时节，气温仍然比较寒冷，人体为了御寒就要消耗一定的能量来维持基础体温。所以，幼儿早春期间的营养构成应以高热量为主，除豆类制品外，还应给幼儿食用花生、核桃等食物，以便及时补充能量。

由于寒冷的刺激可使体内的蛋白质分解加速，导致机体抵抗力下降而致病，所以在早春时节，还需要注意给幼儿补充优质蛋白质食品，如鸡蛋、鱼肉、牛肉、鸡肉和豆制品等。上述食物中丰富的蛋氨酸具有增强人体耐寒的功能。

春天气温变化较大，细菌和病毒等微生物开始繁殖，活动力增强，容易侵犯人体而致病。所以，在饮食上还要注意让幼儿摄入足够的维生素和矿物质。小白菜、油菜、青椒、番茄、鲜藕、豆芽菜等新鲜蔬菜以及柑橘、草莓、山楂等水果富含维生素C，具有抗病作用；胡萝卜、苋菜、油菜、番茄、豌豆苗和动物肝、蛋黄、牛乳、乳酪等动物性食品中富含维生素A，具有保护和增强上呼吸道黏膜和呼吸器官上皮细胞的功能，从而可以抵抗各种致病因素的侵袭。父母也可以给幼儿多吃些含维生素E的芝麻、青色卷心菜、菜花等食物，以提高宝宝的免疫功能，增强机体的抗病能力。

春季过敏体质的孩子，很容易出现过敏疹，或很容易咳喘。妈妈在护理孩子时要多加注意。一般来说，以下两个方面是需要重点注意的。

第一，不要给孩子食用容易引起过敏的海鲜产品。这些产品包括贝壳类、螃蟹类、虾类等。

第二，辛辣、生火、生痰的食物容易引起过敏，不要给孩子吃，比如辣椒、大蒜、各种香料、桂皮、桂圆等。

宝宝春季饮食特点

幼儿早春期间的营养构成应以高热量为主，应当多吃豆类制品、花生、核桃等食物，以便及时补充能量。

宝宝应少吃的食物

1
高脂肪的食物，如鸡蛋、动物肝脏等。

2
有机酸含量高的食物，如菠菜、浓茶等。

3
含有添加剂的食物，如果冻、方便面、饮料等。

4
能够刺激神经兴奋和含有激素的食物，如巧克力等。

5
含有有毒物质和防腐剂的食物，如咸鱼、八宝粥等。

幼儿夏季饮食注意事项

炎热的夏天会影响幼儿的食欲，若调养不慎，宝宝容易发生肠胃炎、中暑、苦夏等病症。夏季宝宝的饮食应该注意以下两点。

荤素搭配，保持营养平衡。夏季气温较高，出汗多，容易使宝宝体液失去平衡。另外，由于宝宝体内消化酶的分泌减少，胃肠蠕动减弱，引起消化功能下降，还会使蛋白质分解加速。

（1）食物适当咸些。

宝宝出汗过多，排出的盐分往往超过摄入量，易出现头晕、乏力、中暑等症。在菜肴中适当多放些盐，可补充宝宝体内盐分的丢失，但不宜吃盐过多，否则有害无益。

（2）菜肴适量用醋。

夏季人体需要大量维生素C，在烹调时放点醋，不仅味鲜可口、增加食欲，还有保护维生素C的功效。醋有收敛止汗、助消化的功效，对夏季宝宝肠道传染病有一定预防作用。

（3）用膳必食汤。

汤的种类很多，易于消化吸收，且营养丰富，并有解热祛暑等作用。夏季婴幼儿进餐，更应该有菜有汤，干稀搭配。

（4）忌狂饮。

宝宝大量喝水，影响消化功能，还会引起反射性排汗亢进等。

（5）忌多吃冷食。

孩子偏爱冷饮，而且百吃不厌。大量的冷饮进入胃中，胃液因被稀释而减弱杀菌能力。有的孩子的肠胃对冷刺激比较敏感，吃较多的冷饮后，胃黏膜受损，胃痉挛，胃酸、胃消化酶大量减少，这样既影响了食物的消化，又因刺激使胃肠蠕动加快，大便变得稀薄，次数增多而致腹泻。而且冷饮中含有大量的糖，会使孩子食欲不振。

（6）忌喝汽水过量、过急。

宝宝过多饮用汽水，会降低消化与杀菌能力，使脏腑功能降低，影响食欲。

宝宝夏季注意事项	夏季宝宝的饮食中要适当多加一些盐。只是因为夏季宝宝出汗多，身体的盐分容易缺乏。夏季宝宝不适宜一直待在空调室里，应该在户外呼吸新鲜空气
	宝宝夜晚睡觉的时候，空调不能温度过低，注意宝宝腹部的保暖
	夏季可以带宝宝去游泳馆游泳
	夏季容易滋生蚊虫，父母要注意预防宝宝的蚊虫叮咬。但切忌在宝宝睡觉时在房间内洒灭蚊虫的药物

不适于婴幼儿食用的食物

一般生硬、带壳、粗糙、过于油腻及刺激性的食物，幼儿都不适宜吃，有的食物需要加工后才能给孩子食用。

刺激性食品如酒、咖啡、辣椒、胡椒等应避免给孩子食用。

鱼类、虾蟹、排骨肉都要认真检查，没有刺和骨渣的方可给宝宝食用。

豆类不能直接食用，如花生仁、黄豆等，另外杏仁、核桃仁等食品应磨碎或制熟后再给孩子食用。

含粗纤维的蔬菜，如芹菜、金针菜等，因2岁以下幼儿乳牙未长齐，咀嚼力差，不宜食用。

易产气胀肚的蔬菜，如洋葱、生萝卜、豆类等，宜少食用。

另外，孩子都喜欢吃糖，但一定注意不能过多，否则既影响孩子的食欲，又容易造成龋齿。

不适合宝宝吃的食物

不适合婴儿吃的食物

宝宝的饮食和大人不同，家长一定要记住宝宝不能吃的食物，以防宝宝出现不适。

幼儿不可多吃油炸食品

油炸食品因为含脂肪量高、口感酥脆而受到人们的欢迎，其中，油条、油饼和油炸糕通常作为人们的早点食物，炸薯条、炸土豆片则是幼儿极喜爱的小食品。但如果经常让幼儿食用这些油炸食品，对宝宝的正常发育是极为不利的。

在制作过程中，由于高温的作用，油炸食品中的维生素会被大量破坏，而且很多油炸食物用的是反复烧沸的剩油，这种油中含有十多种不易挥发的物质，对人体极为有害。

油条在制作时需要加入一定量的明矾，而明矾是一种含铝的无机物。一般来讲，吃2根油条就会摄取3克左右的明矾。这样，明矾就会在身体里积蓄，天长日久，体内会积累高浓度的铝。

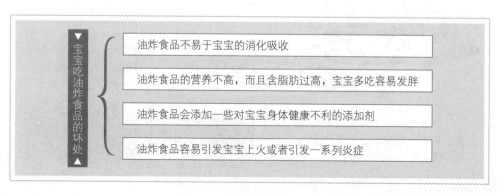

宝宝吃油炸食品的坏处

油炸食品不易于宝宝的消化吸收

油炸食品的营养不高，而且含脂肪过高，宝宝多吃容易发胖

油炸食品会添加一些对宝宝身体健康不利的添加剂

油炸食品容易引发宝宝上火或者引发一系列炎症

宝宝要少吃甜食

适当吃些甜食，对幼儿的活动能力和记忆力增强都有好处，但幼儿吃糖绝不能过多，若超过身体功能的需要就会给身体带来危害。

甜食几乎不含蛋白质、维生素、矿物质和纤维素，吃后还很容易使人胀饱肚子。从营养角度看，甜食可以说是属于营养贫乏的低劣食品。宝宝吃多了这类食品后，会感觉饱胀，不想吃饭，营养好的食物反而吃不进去，而实际上宝宝是处于半饥饿状态，长期这样下去会造成营养不良。

甜食另一个坏处是可损坏牙齿，吃完甜食后往往有部分食物残留在口腔内，容易被口腔中的细菌利用，产生酸性物质，使牙齿脱钙，引起蛀牙，尤其是在临睡前吃或含着甜食睡觉，更易引起蛀牙。

此外，吃糖过多还会诱发近视。因为近视的形成与人体内所含微量元素铬有关。如果幼儿过多地吃糖和高糖食物，就会使眼内组织的弹性降低，体内微量元素铬的含量减少，眼轴容易变长。若血糖增加，会引起眼房水及晶体内的渗透压改变，眼房水就会通过晶状体囊渗入晶状体内，导致晶状体变形，眼屈光度增加，形成近视。

所以，幼儿饮食应合理搭配，多吃些粗面、糙米、水果和含维生素丰富的食物，少吃糖分过高的食物。

爱吃糖是孩子的天性，家长没有必要去强行扼杀。关键是要让孩子少吃，而且吃起糖来要讲点技巧。吃完糖或甜食后，要漱口、刷牙。让孩子多吃蔬菜和水果。因为蔬菜、水果中的纤维成分能帮助清洁牙面、减少蛀牙，同时又能增强孩子的咀嚼功能，有利于孩子颌骨的发育。

宝宝应当少吃甜食

宝宝吃甜食多有很大的危害，家长一定要给予正确的指导，让宝宝尽量少吃甜食。

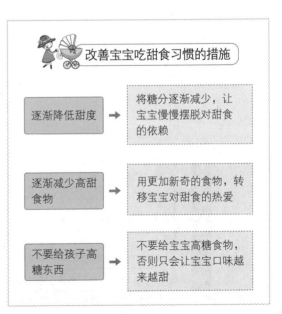

改善宝宝吃甜食习惯的措施

逐渐降低甜度	→	将糖分逐渐减少，让宝宝慢慢摆脱对甜食的依赖
逐渐减少高甜食物	→	用更加新奇的食物，转移宝宝对甜食的热爱
不要给孩子高糖东西	→	不要给宝宝高糖食物，否则只会让宝宝口味越来越甜

宝宝可以吃有料酒的菜肴吗

烹调时，人们经常会使用料酒或葡萄酒，这样的菜肴宝宝可以吃吗？

经研究，宝宝可以吃这样的菜肴。因为经过烹调，料酒或葡萄酒的酒精成分已大部分蒸发，对幼儿的身体没有什么损害。

但是，家长一定要注意，不要让幼儿饮酒，任何种类的酒都一样。因为酒精对血液循环和肠胃都具有很强的刺激，对幼儿的身体发育有害。

宝宝应该远离酒精

- 酒精会刺激宝宝的咽喉，容易引发呼吸道疾病
- 喝酒对大人身体尚且有危害，何况是正处于生长发育阶段的宝宝
- 如果让宝宝喝酒，对宝宝的心脑血管也会产生很大的坏处
- 酒精对宝宝的大脑发育还有一定的损害作用

宝宝可以吃方便面吗

方便面是一种快餐食品，虽然做起来很方便，但这类食品属于热能含量较高而营养价值较低的食品，所以幼儿不宜食用。

方便面中含有多种添加剂，如为了增强面的弹力使用的碱水，这种碱性物食量过多会造成肠胃消化功能障碍；面饼中还添加了色素、面质改良剂、氧化防腐剂等，而汤料大多是辛辣物和添加物，且盐分较多，这些都对宝宝不利。

所以，家长不要贪图省事而给宝宝煮方便面。

宝宝不能吃方便面

宝宝不仅不适宜吃方便面，所有的速食品最好都不要吃。

幼儿适量吃豆制品有好处

黄豆的营养价值可与肉、蛋、鱼相媲美，它含有幼儿生长发育必需的优质蛋白质、钙、磷、铁和各种维生素。

由于黄豆外层的纤维和肠胃蛋白酶抑制了胃肠道消化酶对蛋白质的分解作用，因此，黄豆在肠道吸收效果较差，消化率仅为60％。而经过加工的豆制品，由于黄豆外层的纤维和肠胃蛋白酶抑制素被解除，蛋白质结构在钙离子的作用下变得疏松，其吸收率因此大大提高，可以达到90％～94％。这样，豆制品的营养价值比黄豆更高，是营养十分丰富的食物。

豆制品不仅营养丰富，易于消化，而且价格低廉，食用方便，是幼儿理想的辅食。需要注意的是，不能食用未经煮熟的豆浆，因为生豆浆中含有对胃肠黏膜有强烈作用的皂素，幼儿吃了会在短时间内出现恶心、呕吐、腹泻和腹痛的症状。因此，豆浆必须充分煮沸再喝。

豆制品摄入不能过量

豆制品虽然营养丰富，对幼儿的生长发育很有好处，但也不能多吃。因为豆类中含有一种能致甲状腺肿大的因子，可促使甲状腺素排出体外，导致体内甲状腺素缺乏；机体为了适应需要，就会促使甲状腺体积增大，以增加甲状腺的分泌，而由于过多地分泌甲状腺素，就可能导致碘的缺乏。所以，吃豆制品不可过多。

吃豆制品的禁忌

豆制品对人体有很大的好处，但是注意豆腐不能与蜂蜜同食。 ①

吃过量的豆腐会导致人体中毒，因而东西虽好，注意适量，每周两次即可。 ②

豆制品最好搭配肉类一起做，这样豆制品中的营养才能够被最大化吸收利用。 ③

 适合1~2岁阶段幼儿的小食谱

以下是在遵循品种齐全、营养丰富、色、香、味俱全的原则基础上提出的一种食谱，希望对爸爸妈妈们有所帮助。

早餐（7：00～7：30），1瓶牛奶，半块面包；上午点心（10：00），2块饼干，半个苹果。

午餐（11：00～11：30），1碗米饭，鱼、鸭血、豆腐；午点（15：00～15：30），鸡蛋羹，1根香蕉。

晚餐（18：00～18：30），10～12只菜肉小馄饨；晚点（20：30～21：00），1瓶牛奶，2块馒头片。

幼儿常吃汤泡饭对生长不利

有的父母喜欢用汤或开水泡饭给幼儿吃，这是一种不良的习惯，会对幼儿的身体健康产生危害。

用汤汁或开水泡饭吃，会有很多饭粒还没有嚼烂就咽下去了，这样就会加重胃的负担，增加患胃病的机会。而且汤水较多的话，会把胃液冲得很淡，这也不利于食物在胃肠道的消化。所以，幼儿常吃汤泡饭对生长发育不利。

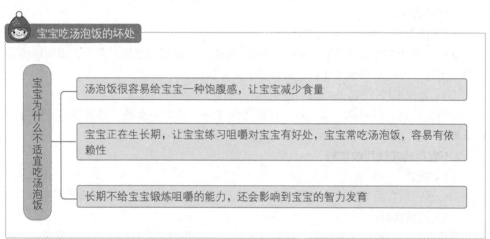

宝宝吃汤泡饭的坏处

宝宝为什么不适宜吃汤泡饭

- 汤泡饭很容易给宝宝一种饱腹感，让宝宝减少食量
- 宝宝正在生长期，让宝宝练习咀嚼对宝宝有好处，宝宝常吃汤泡饭，容易有依赖性
- 长期不给宝宝锻炼咀嚼的能力，还会影响到宝宝的智力发育

酸味食物不等于酸性食物

如果平时吃的酸性食物过多，就会形成酸性体质，酸性体质的宝宝较易得病。

为了宝宝的健康，家长应该减少宝宝酸性食物的摄入量。那什么是酸性食物呢？酸性食物就是有酸味的食物吗？

酸性食物是指在体内代谢后产生酸性物质的食物，跟酸味食品不是一回事。比如白糖是甜味的，但其在体内代谢后产生酸性物质，就属于酸性食物，而山楂、柠檬、西红柿、酸奶等，吃起来有酸味，但是它们在体内代谢后，代谢产物为碱性，所以是碱性食物。

酸性食物	
种类	食物
禽蛋类	鸡蛋、鸡肉、鸭肉等
肉类	鱼、牛肉、羊肉、猪肉等
奶类	牛奶、奶粉等
水果	橘子、草莓、葡萄、凤梨、苹果等

哪些饮料适合幼儿饮用

幼儿适当地喝一些饮料是可以的，但在给幼儿选择饮料时要注意取舍。

1.比较适合幼儿饮用的饮料

（1）矿泉水。

矿泉水是天然物质，含有幼儿需要的矿物质，是一种很好的饮料。但要注意不要给幼儿饮用那些伪劣的不合格饮料，如有些人工矿泉水含有有害物质铅、汞等，对幼儿的身体危害很大。

（2）橘子汁、番茄汁或山楂汁。

这些水果汁含有大量的维生素C，对幼儿的生长发育很有好处。其中，用新鲜橘子自制橘子汁，再用凉开水稀释后，最为卫生、有益。

（3）夏季消暑饮料。

如用金银花、绿豆花、扁豆花、杨梅等煮成汤，再加一点糖，是夏季消暑解毒的好饮料。

2.不宜给幼儿饮用的饮料

（1）茶。

茶叶水中所含的茶碱较为敏感，易使幼儿兴奋、心跳加快、尿多、睡眠不安等。

（2）酒精饮料。

酒精饮料能刺激幼儿胃黏膜、肠黏膜乳头，对幼儿的消化过程产生不良影响。

（3）汽水。

汽水中含有小苏打，能中和胃酸，不利于食物消化。胃酸减少，使幼儿易患胃肠道感染。

（4）咖啡、可乐。

咖啡、可乐等兴奋剂饮料含有咖啡因，对幼儿的中枢神经系统有兴奋作用，影响幼儿脑的发育。

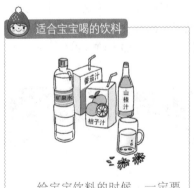

适合宝宝喝的饮料

给宝宝饮料的时候，一定要有所选择，不能随意乱喝，否则会对宝宝的成长造成危害。

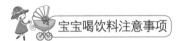 **宝宝喝饮料注意事项**

★宝宝喝饮料应该适量，避免拉肚子；给宝宝补水或者补充维生素最好还是以辅食的形式。

★宝宝每天最好只喝一次饮料，以免影响正餐的食量以及添加辅食的次数。

★宝宝喝的饮料应该选择质量可靠的产品，如果条件允许，可以给宝宝自制。

怎样预防幼儿患龋齿

有的幼儿喜欢在睡前吃些饼干、糖果之类的零食，时间长了，宝宝就可能患上龋齿。这是为什么呢？

幼儿在睡前若不刷牙，睡前吃的食物的残渣都堆积在牙面和牙缝里，而且这类食物一般都含有较多的糖，这就为细菌的繁殖提供了有利的条件。此外，幼儿睡眠时间较长，睡眠时口腔处于静止状态，唾液分泌减少，不利于清洁牙面，而有利于细菌的繁殖。细菌滋长并能分解其中的糖类，使其发酵产酸，引起牙齿釉质脱钙，日子久了牙齿就会软化，逐渐形成小洞。这就是临睡前吃糖果、饼干易患龋齿的道理。

预防宝宝龋齿的方法

○睡前不要吃东西。睡觉之前可以喝水，但是不能吃东西，吃过东西之后要马上刷牙，否则会让食物残留在口腔中损坏乳牙。

○养成正确刷牙的习惯。宝宝每天要刷牙2次，每次3分钟，这样可以帮助清洁口腔。

○饭后要漱口，多喝白开水。

龋齿对幼儿的危害很大，龋齿引起的牙痛可给幼儿带来很大的伤害，如果患了龋齿不及时治疗，龋洞就会越来越大，最后导致牙齿丧失这样的严重后果。

因此，幼儿在睡前是不宜吃零食的，还要让幼儿养成漱口、刷牙的好习惯。年龄小的幼儿在睡前总要喝些牛奶或果汁，那么父母就应在宝宝喝完这些后再让宝宝喝一口白开水清洁一下口腔。

发现幼儿生了龋齿后应立即治疗，不应拖延，否则小的龋洞不补，就会越来越大，越来越深，给孩子造成更大的伤害。

睡前不要吃东西

临睡前让宝宝吃东西对牙齿损坏最大，应该禁止。

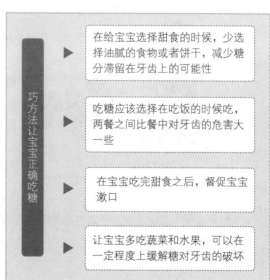

巧方法让宝宝正确吃糖

▶ 在给宝宝选择甜食的时候，少选择油腻的食物或者饼干，减少糖分滞留在牙齿上的可能性

▶ 吃糖应该选择在吃饭的时候吃，两餐之间比餐中对牙齿的危害大一些

▶ 在宝宝吃完甜食之后，督促宝宝漱口

▶ 让宝宝多吃蔬菜和水果，可以在一定程度上缓解糖对牙齿的破坏

孩子不爱吃蔬菜怎么办

蔬菜中含有丰富的维生素，是人类不可缺少的食物种类。但是，有的孩子不爱吃蔬菜，或者不爱吃某些种类的蔬菜。孩子不爱吃蔬菜，有的是不喜欢某种蔬菜的特殊味道；有的是由于蔬菜中含有较多的粗纤维，孩子的咀嚼能力差，不容易嚼烂，难以下咽；还有的是由于孩子有挑食的习惯。

在孩子小的时候，早一点给孩子吃蔬菜，可以避免日后厌食蔬菜。从婴儿期开始，就应该及时地给孩子添加一些蔬菜类的辅助食物。刚开始时可以给孩子喂一些用蔬菜挤出的汁或用蔬菜煮的水，如番茄汁、黄瓜汁、胡萝卜汁、绿叶青菜水等。当孩子大一点时，可以给孩子喂一些蔬菜泥。到了孩子快1岁的时候，就可以给他吃碎菜了，可以把各种各样的蔬菜剁碎后放入粥、面条中喂孩子吃。

饺子、包子等食品大多以菜、肉、蛋等做馅，这些带馅食品便于幼儿咀嚼吞咽和消化吸收，且味道鲜美，营养也比较全面。对于那些不爱吃蔬菜的孩子，不妨经常给他们吃些带馅食品。

有的孩子不喜欢吃炒菜、炖菜等熟的蔬菜，而喜欢吃一些生的蔬菜，如番茄、萝卜、黄瓜等。这些蔬菜有的可以生吃，有的可以做成凉拌菜吃。一些有辣味、苦味的蔬菜，不必强求孩子去吃。一些有特殊味道的蔬菜，如茴香、胡萝卜、韭菜等，有的孩子不爱吃，可以尽量变些花样，比如做带馅食品时加入一些，使孩子慢慢适应。

宝宝不爱吃蔬菜怎么办

胡萝卜味甘辛，含有多种营养成分，有健脾消食、补肝明目等多重作用。

西红柿有健脾、清热解毒的功效。

如果宝宝不爱吃蔬菜，不妨将蔬菜做成各种样子，以此来吸引宝宝。

让宝宝喜欢蔬菜的方法

1
让宝宝多接近蔬菜。

2
坚持一次一种。

3
注意烹制的方法。

4
积极的引导。

5
父母要做好榜样。

6
将蔬菜作为零食。

晒太阳能补钙吗

俗话说：要想留住钙，不可缺阳光。这话有没有道理呢？晒太阳能补钙吗？

这句话是有道理的。不过，晒太阳并不能补钙。人体的钙大部分在骨骼里，少部分在血液里。人吃了含钙的食物后，如果钙能够被吸收利用，就会沉积在骨骼中；如果不能被吸收利用，就会随排泄物排出体外。

影响钙沉积的因素中，最重要的是维生素D。维生素D可以帮助人体吸收钙，如果体内缺少维生素D，即使饮食中有很多钙质，也不能被机体利用。而阳光中的紫外线可以帮助人体合成维生素D。

所以要想宝宝不缺钙，除了让宝宝多吃含钙高的食物，还应让宝宝多晒晒太阳。

宝宝需要多晒太阳

宝宝晒太阳注意把握时间，把握适度原则。

巨幼细胞性贫血是怎么回事

巨幼细胞性贫血是红细胞不成熟、未老先衰造成的。正常的红细胞大约有120天的寿命，未成熟的红细胞寿命短，所以会引起贫血。巨幼细胞性贫血的原因是缺乏维生素B_{12}或叶酸。维生素B_{12}和叶酸并不能制造红细胞，但能使骨髓中幼稚的红细胞变得成熟。

所以，如果宝宝缺乏维生素B_{12}和叶酸，就会患巨幼细胞性贫血。

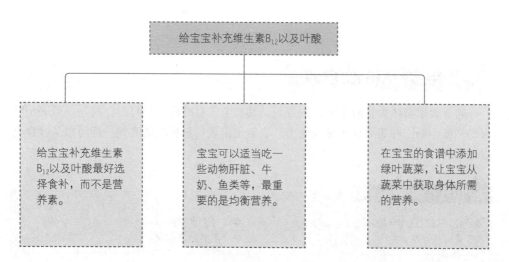

给宝宝补充维生素B_{12}以及叶酸

给宝宝补充维生素B_{12}以及叶酸最好选择食补，而不是营养素。

宝宝可以适当吃一些动物肝脏、牛奶、鱼类等，最重要的是均衡营养。

在宝宝的食谱中添加绿叶蔬菜，让宝宝从蔬菜中获取身体所需的营养。

宝宝患缺铁性贫血会怎样

贫血在幼儿中很常见，家长们一定要给予重视，尤其是缺铁性贫血。缺铁性贫血的危害主要有以下几点。

1.影响智商

氧气依靠体内的血液运往各个器官。缺铁性贫血会使人体缺氧，而全身耗氧的1/2是大脑所消耗。宝宝的大脑正值发育的时期，如果缺氧，大脑就会发育不良，对宝宝的智商必然有影响。

2.影响情商

大脑中有丰富的酶，缺铁可使一些与铁有依赖关系的酶活性下降，从而导致情绪失常。

3.发育不良

缺铁性贫血会使消化道黏膜萎缩，消化功能减退，宝宝的体重、身高增长迟缓。

缺铁性贫血危害大

宝宝贫血有很大的危害，家长一定要重视起来，可以在医生的建议下，为宝宝补充一些补血的药物。

怎样给宝宝补血

不能让宝宝吃那些专门补血的产品

在饮食上注意适量吃牛肉、蛋黄

宝宝补铁，应该让宝宝适当吃一些动物肝脏、瘦肉等

宝宝贫血的原因

◇脐带结扎过早，引起红细胞不足。

◇带有某种遗传性疾病。

◇母亲在怀孕时本身体质不够。

 ## 宝宝打鼾的饮食调理

通常大家会认为打鼾是大人的专利，其实宝宝有时候也会打鼾。打鼾一般表示呼吸的气流不畅，呼吸要比正常人吃力。当宝宝出现打鼾症状的时候，还可以从饮食上进行调理。

宝宝打鼾的饮食调理

●不吃油腻、煎炸食物。
●多吃新鲜蔬菜。
●多补充水果。
●不吃高热量食物。

关于孩子的饭量

宝宝的变化在带给妈妈惊喜的同时也会给妈妈带来忧虑。比如说，宝宝1~2岁期间，饭量几乎没有增加，这到底是什么原因呢？其实，宝宝的饭量并不是随着宝宝年龄的增加而增加，而是存在暂时的相等状态。有时候还会出现浮动，只要宝宝精神状态良好，都属于正常情况，妈妈们切勿惊慌。

1~2岁宝宝每日所需营养	
蛋白质	人体细胞的重要组成部分
脂肪	提供热量、调节体温、保护人体器官
碳水化合物	是人体活动和生长所需热量的重要来源
矿物质	宝宝生长发育的重要物质

宝宝对自己的饭量也会有一个把握，如果妈妈发现宝宝这顿的饭量比上一顿稍微减少了一点，而宝宝的其他各方面都正常，说明宝宝只需要这么多的饭，不应该强行给宝宝增加饭量。妈妈要做的是让宝宝集中精力，在一定的时间内督促宝宝把饭吃完。

对于身材相对瘦小而且饭量比较小的宝宝来说，最适合在两餐之间加一些点心。在加点心的时候，应该注意，点心只是作为正餐的辅助，不能代替正餐，也不能影响正餐的食量，如果妈妈们发现宝宝因为吃点心而减少了主食的食量，应该及时调整点心的量和频次，因为正餐的营养不能被代替。此外，给瘦小的宝宝增加点心的目的是为了增加宝宝的营养，在给宝宝准备点心的时候，就应该注意营养的搭配调节。点心的时间安排，最好是在两餐之间，以及晚上临睡前。宝宝吃点心的时候，跟宝宝做好沟通，问问宝宝的喜好，研究一下宝宝日常生活中的营养状况，有目的地给宝宝平衡营养。

宝宝的饭量有时候会受到季节的影响，妈妈也可以根据季节的特点在宝宝的食谱中增加一些有助于宝宝消化吸收的饭菜。如果宝宝的食量很大，而且体重超过正常标准过于肥胖，应该注意及时在宝宝的饮食中加以调节，比如把宝宝的点心改为水果，把早晚的牛奶改为酸奶等。

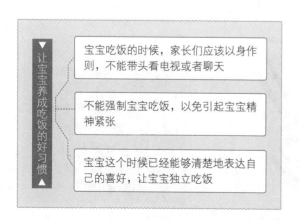

让宝宝养成吃饭的好习惯

- 宝宝吃饭的时候，家长们应该以身作则，不能带头看电视或者聊天
- 不能强制宝宝吃饭，以免引起宝宝精神紧张
- 宝宝这个时候已经能够清楚地表达自己的喜好，让宝宝独立吃饭

保证宝宝饭量的方法

◇　保证足够的睡眠。

◇　进行适当的活动。

◇　提高宝宝吃饭的兴趣。

◇　不要勉强宝宝多吃。

◇　家长要做好榜样。

适合宝宝吃的营养面条

1.打卤面

用料：高汤、鸡蛋、猪肉片、海米、木耳、黄花、盐、淀粉适量，面条150克。

制作：肉片略炒，放入高汤、海米、木耳、黄花、盐，烧开；用淀粉勾芡，将鸡蛋打散淋上即可；面条煮烂，将卤浇在煮好的面条上。

功效：促进食欲，改善婴儿营养不良的状况。

2.阳春面

用料：麻油、酱油、盐、葱花（或豆苗、香菜）、鸡汤适量，面条150克。

制作：将鸡汤烧开，放入麻油、酱油、盐；碗内放葱花、豆苗，盛入烧开的汤；面条煮烂，将煮好的面条放入汤碗。

功效：含有丰富的脂肪和蛋白质，并能为婴儿提供必需的B族维生素和矿物质。

3.肉丝面

用料：肉丝、葱丝、姜末、酱油、盐适量，面条150克。

制作：葱姜炝锅，煸炒肉丝，加盐和酱油；将面煮熟，清汤盛碗内；将肉丝浇在汤面上。

功效：容易消化吸收，能改善贫血，增强婴儿的身体免疫力。

4.虾仁汤面

用料：虾仁、火腿丁、鲜豌豆、淀粉、蛋清适量，面条150克。

制作：虾仁洗净，用蛋清、水淀粉抓匀，用油滑过，捞出；碗内放盐，浇上烧好的鸡汤；面条煮烂，把煮好的面捞到碗内；把虾仁、火腿、豌豆炒熟浇到面上。

功效：能为婴儿提供富足的镁元素，并能够开胃化痰。

5.素炒面

用料：油菜、香菇、腐竹、玉兰片、黄酒、高汤适量，面条150克。

制作：将油菜、香菇、腐竹、玉兰片煸炒，烹黄酒，加汤；把料盛出，下入面条，焖透，盛出，放上菜料即可。

功效：清淡可口，能促进婴儿的消化功能，改善食欲不良的状况。

 虾仁汤面

虾仁具有丰富的营养，可以为宝宝提供充足的钙制，肉质也比较细嫩，不妨让宝宝多多食用。

 **煮面条注意事项**

在为宝宝煮面条的时候，一定要注意煮得软一些、烂一些，如果面条太硬，很容易造成宝宝消化不良，影响宝宝的吸收。

适合宝宝吃的营养面点

1.樱桃开花馒头

用料：面粉500克，面肥75克，白糖150克，樱桃少许，碱面5克。

樱桃开花馒头

制作：将面肥放入盆内加入温水调匀，倒入面粉和成发酵面团，加碱揉匀，至面团光润无酸味、碱味时，用刀切开面团，视其小孔呈均匀的芝麻粒状，再加入白糖揉匀，醒10分钟备用。蒸锅中放入水烧开，铺上屉布，把面团搓成长条，用手揪成20个剂子，直接放入屉内，收口朝上，摆满后，加盖蒸15分钟后起盖，把樱桃逐一放在开口馒头顶上点缀一下，盖上盖再蒸2分钟即成。

功效：养胃益胃，能调整婴儿的肠胃功能。

此馒头含有丰富的糖类、蛋白质、钙、铁等多种营养素，是幼儿较为理想的主食，并具有养心益肾、补益五脏、除烦止渴、利水消肿、止咳等功效。

2.荷叶烙饼

用料：面粉200克，植物油20克。

制作：将面粉先用沸水烫至六成熟，再用凉水揉匀，然后将揉好的面做成8个面剂，擀成2毫米厚的饼，再将4个面饼逐个刷上油，另外4个面饼与刷好油的4个面饼摞在一起，擀成薄饼。锅置火上，放入油烧热，放薄饼，用中火烙熟。烙熟后分离为两张即可。

功效：清热去火，生津止渴，能够开胃健脾。

3.枣泥包子

用料：面粉250克，面肥75克，红枣200克，白糖120克，麻油15克，碱面适量。

枣泥包子

制作：将面粉放入盆内，加入面肥、温水125克，和成发酵面团。将红枣洗净，放入锅内加适量水（水量不宜过多），煮开涨发，捞出过一下凉水，去皮除核，把剥出的枣肉放回锅内继续煮至泥状。将锅置火上，烧热，放入麻油，倒入枣泥、白糖炒匀，炒至枣泥见稠时，离火晾凉，即成枣泥馅。将发好的面团加碱揉匀，搓成长条，揪成25克左右的小面团，按扁擀成薄圆片，放入适量枣泥馅，将圆片边缘折起收口，包成包子码入屉内，盖严盖，用旺火沸水蒸10分钟即熟，出锅装盘即可食用。

功效：健胃补气，增强婴儿的体质。

此包含有丰富的蛋白质、脂肪、糖类、钙、磷、铁、锌、维生素C、烟酸等多种幼儿生长发育所必需的营养素，有补脾和胃、益肾保肝、补血调气、除热等功效。

适合宝宝吃的营养汤

1.虾皮紫菜蛋汤

用料：紫菜10克，虾皮5克，鸡蛋1个，香菜5克，姜末2克，麻油2克，清水200克，精盐、葱花各少许。

制作：将虾皮洗净；紫菜撕成小块；鸡蛋磕入碗内打散；香菜择洗干净，切成小段。锅置火上，放油烧热，下入姜末略炸，放入虾皮略炒一下，添水200克，烧沸后，淋入鸡蛋液，放入紫菜、香菜，加入麻油、精盐、葱花，盛入碗内即可。

功效：此菜含有丰富的蛋白质、钙、磷、铁、碘、维生素C等多种营养素，有清肺热、软坚化痰、散瘿瘤的功效。

冬菇瘦肉汤

冬菇营养丰富，含30多种酶和18种氨基酸及铁、磷、钙和维生素A、维生素B$_1$、维生素B$_2$、维生素D等。此菜有助于幼儿滋阴健脾、健康发育，益气力，增强抗病能力。

2.鸡血豆腐汤

用料：豆腐30克，熟鸡血15克，熟瘦肉、熟胡萝卜各10克，水发木耳5克，鸡蛋半个，鲜汤200克，麻油2克，酱油1克，精盐2克，料酒2克，葱花2克，水淀粉5克。

制作：将豆腐、鸡血切成略粗的丝；黑木耳、熟瘦肉、熟胡萝卜均切成粗细相等的丝。炒锅置火上，放入鲜汤，下入豆腐丝、鸡血丝、黑木耳丝、熟瘦肉丝、熟胡萝卜丝。烧开后，撇去浮沫，加入酱油、精盐、料酒。再烧沸后，用水淀粉勾薄芡，淋入鸡蛋液，加入麻油、葱花，盛入碗内即可。

功效：此汤含有丰富的蛋白质、铁、胡萝卜素和粗纤维。幼儿食用能补铁、补钙、健体。经常食用，可使幼儿血色素保持正常。

3.冬菇瘦肉汤

用料：冬菇30克，猪瘦肉150克，精盐、味精各少许，麻油、清水适量。

制作：将冬菇浸泡洗净，去蒂，切成小丁；瘦肉洗净，切成小薄片。锅置火上，放入清水、肉片、冬菇丁。煮熟后，放入精盐，淋上麻油和味精即成。

功效：本菜品营养丰富，能促进婴儿皮肤和头发的发育。

4.面片汤

用料：面粉500克，猪肉馅100克，鸡蛋1个，青菜及水发小海米各适量；豆油、酱油、精盐、味精、麻油、葱末、姜末各少许，清汤适量。

制作：将面粉加水和成面团，揉匀后，擀成大张薄片，用刀割开，切成菱形块。锅内放油，烧开，加入肉馅、葱末、姜末及精盐、酱油煸炒，然后加入青菜及小海米，炒熟后，加入清汤。开锅后下面，煮八成熟时，将鸡蛋淋在锅内，加入麻油、味精即可。

功效：调养脾胃，能促进婴儿的消化吸收，改善身体虚弱的状况。

适合宝宝吃的营养羹糊

1.蛋麦糊

用料：燕麦片60克，全脂奶粉5克，鸡蛋75克，白砂糖20克，水适量。

制作：将奶粉、糖放入锅内，倒入适量凉开水，搅拌均匀，再加入鸡蛋搅匀，备用；锅内倒入适量水烧沸，放入燕麦片及蛋乳液搅匀，煮沸3分钟，成糊即可食用。

功效：此麦糊香甜可口，富有营养。含有蛋白质、糖类、维生素A、维生素B、维生素E、钾、铁、锌、硒等营养物质，可促进宝宝生长发育，有利于预防夜盲症、口角炎、贫血。

2.鸡蛋羹

用料：鸡蛋2个，虾皮10克，葱花5克，精盐、味精、麻油各适量，凉开水150克。

制作：将鸡蛋磕入碗中，加入精盐、味精、麻油、葱花、虾皮搅打均匀，再加入凉开水调匀。蒸锅置火上，加水烧开，把蛋羹碗放入屉内，加盖用旺火蒸15分钟即可。

功效：此菜有滋阴去燥、养血息风等功效。

3.什锦蛋羹

用料：鸡蛋10个，海米25克，番茄（或鲜番茄）125克，菠菜末125克，香油3克，水淀粉15克，精盐8克。

制作：将鸡蛋磕入盆内，加盐4克和1000毫升温开水搅匀待用。锅内加水，放在旺火上烧开，把鸡蛋盆放入屉内，上锅蒸15分钟，成豆腐脑状待用。炒锅内放入1500毫升清水，水开后放入海米末、菠菜末、番茄酱或番茄末、精盐4克，勾芡淋入香油即可。

功效：营养丰富全面，有助于促进婴儿各器官的生长和发育。

4.牛奶羹

用料：牛奶适量，大米60克，白糖适量。

制作：先用米加水煮粥，待煮至半熟时去米汤，加牛奶、白糖同煮成粥。早晚餐空腹热食。

功效：补血润燥、健补脾胃。

宝宝吃燕麦的好处

★ 可以提供宝宝生长所需的8种必需氨基酸、脂肪、铁、锌等。

★ 可以调节肠胃功能，有助于消化。

★ 含有丰富的膳食纤维，可以防止便秘。

★ 可以减少宝宝体内的毒素和垃圾，防止宝宝肥胖。

大米燕麦同食增加氨基酸利用率

研究发现，燕麦含有多种酶类，不但能抑制人体老年斑的形成，而且具有延缓人体细胞衰老的功效，是心脑病患者的最佳保健食品，与大米同食，可提高氨基酸的利用率。

适合宝宝吃的营养粥

1.胡萝卜牛肉粥

用料：大米50克，胡萝卜牛肉汤、煮烂的胡萝卜、盐适量。

制作：大米洗净，加入清水浸泡1小时。将胡萝卜压成蓉，备用。除去胡萝卜牛肉汤上面的油，放入锅内烧开，放入米及浸米的水烧开，慢火煮成稀糊，再加入煮烂的胡萝卜搅匀，再煮片刻，加入盐调味。

功效：富含蛋白质、维生素A，益于宝宝健胃，助消化。

胡萝卜牛肉粥

富含蛋白质、维生素A，益于宝宝健胃，助消化。

2.山楂粥

用料：去核山楂30克，糯米50克，蜂蜜少许。

制作：山楂、糯米下水同煮做粥，调蜜服食。

功效：消食积，化液滞。

3.胡萝卜玉米渣粥

用料：玉米渣100克，胡萝卜3～5个。

制作：先将玉米渣煮烂，后将胡萝卜切开放入，煮熟，空腹食用。

功效：消食化滞，健脾止痢。

4.两米芸豆粥

用料：大米50克，小米30克，芸豆40克，白糖或小咸菜末少许。

制作：将大米、小米、芸豆分别淘洗干净。将芸豆放入锅内，加入水，煮至快要烂时，加入大米、小米，用大火煮沸后，转小火煮成粥。食用时将粥盛入碗内，加入白糖搅匀或喝粥佐食小咸菜末。

功效：小米中含有B族维生素和维生素A以及足够的蛋氨酸。芸豆蛋白质中含有足量的赖氨酸和苏氨酸。常食此粥能除胃热、止消渴、利小便。适于幼儿夏季食用。

5.饴糖大米粥

用料：饴糖30克，粳米50克，清水适量。

制作：将粳米淘洗干净。锅置火上，放入清水，烧开后，再放入粳米，煮至粥熟，加入饴糖，再煮开一会儿即可。

功效：此粥可作为幼儿的补品，饴糖有缓中、补虚、生津润燥的功效。饴糖与粳米合用，有补脾润燥、和胃止痛的作用。

适合宝宝吃的营养鱼

1.熬鲤鱼

用料：鲤鱼1条（约250克），肥瘦猪肉40克，水发木耳15克，香菜6克，植物油250克（实耗30克），熟猪油15克，麻油5克，精盐、味精各少许，料酒、酱油、醋、胡椒粉适量，大料1小瓣，葱段、姜片、清水各适量。

制作：将肥瘦猪肉、木耳切丝；香菜切成1厘米长的段；将鱼收拾干净，去鳞、鳃、鳍、内脏，洗净后在鱼身两面每隔1厘米切上一个斜刀口，撒上少许盐，腌10分钟。锅置火上，放入植物油烧至八成热，下入腌好的鱼，炸至呈浅黄色捞出，倒去油。原锅置火上，倒入猪油烧热，加入猪肉丝、葱段、姜片、大料瓣煸炒出香味，再加入酱

鲤鱼富含蛋白质和脂肪，还含有钙、磷、铁、磷酸肌酸、烟酸及维生素等，有补中益气、利水通乳等功效。鲤鱼与猪肉、木耳合用，营养更加丰富。

油、料酒、醋、精盐、胡椒粉、味精及适量清水，待烧开后放入炸好的鱼、木耳丝，用微火熬15分钟左右，拣去葱段、姜片，淋上麻油，撒上香菜段，盛入盘中即成。

功效：本菜品含有丰富的优质蛋白，能为婴儿提供必需的氨基酸和矿物质。

2.糖醋黄鱼

用料：黄鱼1条，青椒、土豆少许，油、精盐、糖、醋、料酒、味精、姜、葱、淀粉适量。

制作：将黄鱼刮鳞，去鳃、内脏，洗净沥干；在两面脊肉上每隔约一寸斜切一刀（便于入味和炸透）；用少许精盐、料酒略拌渍，挂上一层薄糊。葱姜切末，青椒、土豆切成小丁。将黄鱼放入约七成热油锅内炸至呈黄色、起软壳后，再升高油温，重炸至酥透，装入盘内。炒锅放油少许，油热，放入青椒、土豆略煸炒，再放入葱、姜和适量汤、糖、醋、味精，用水淀粉勾成芡汁，浇在盘内鱼上。

功效：健脾开胃，可以改善婴儿的贫血和体虚。

3.铁板川椒鱼

用料：去骨鲤鱼精肉250克，花椒、洋葱、鸡蛋清、麻油、食油、盐、味精、料酒、水淀粉各适量。

制作：将整条去骨的鱼肉开出夹刀片，挂糊（鸡蛋清、盐、水淀粉）；铁板烧热，倒油，六成热时鱼上铁板，煎至呈金黄色，取出待用。花椒煮一下（水适量，一小碗即可），凉后放洋葱末、料酒、麻油、盐、味精，制成调料；调料置铁板上，烧开后放入煎好的鱼肉，入味后盛出装盘。

功效：含有丰富的蛋白质和矿物质，增强婴儿的体质。

211

适合宝宝吃的营养蔬菜

1.烧嫩丝瓜

用料：嫩丝瓜1个，熟猪油、葱花、精盐、胡椒粉、味精、湿淀粉各适量。

制作：丝瓜去皮去蒂，顺直切开成四大条，切去中间的瓤子，再切成约5厘米长、2厘米宽的长条。炒锅置旺火上，放入猪油，烧热后倒入丝瓜，接着放入精盐，焖几分钟。熟后放入葱花、湿淀粉、胡椒粉、味精即可出锅装盘。

功效：增强婴儿的免疫力，预防疾病的发生。

2.肉片烧菜花

用料：菜花300克，猪瘦肉100克，猪油、酱油、花椒水、葱末、味精、湿淀粉、汤适量。

冬瓜烧鲤鱼

此菜有清热解渴、化痰利尿的功效。

制作：将菜花洗净掰成小瓣，猪肉切成片。锅内放油烧热，下菜花炒片刻盛出。锅内再放油烧热，下猪肉，葱末炒熟，再下菜花、酱油、味精，少加点汤烧干，加花椒水，勾淀粉芡出锅即成。

功效：含有优质蛋白和人体必需的脂肪酸，促进婴儿对铁的吸收，避免发生贫血。

3.蔬菜水果沙拉

用料：黄瓜100克，番茄100克，苹果50克，梨50克，菠萝50克，沙拉调料50克，盐适量。

制作：黄瓜洗净去籽切成丁，番茄洗净切丁挤出水分，苹果、梨去皮去核切丁，菠萝切丁。将以上瓜果放在一起，加入沙拉调料、盐拌匀，堆放在平盘中央，用芹菜叶或生菜叶点缀。

功效：增进食欲，改善婴儿食欲不振的现象。

4.海米莴笋丝

用料：莴笋400克，水发海米150克，味精、精盐、姜、花椒油、麻油各少许。

制作：将莴笋去皮切成细丝，用开水焯透后，用凉水冲凉，沥去水分。姜切成丝，将味精、精盐、花椒油、姜丝同莴笋丝拌匀装盘，上面摆上海米，淋上麻油即成。

功效：清热去火，促进婴儿的消化吸收功能。

5.冬瓜烧鲤鱼

用料：冬瓜1千克，鲤鱼1条，料酒、精盐、白糖、葱段、姜片、生油、胡椒粉适量。

制作：将冬瓜去皮，去瓤，洗净，切成片。将鲤鱼去鳞、鳃、鳍、内脏，洗净，下油锅煎至金黄色。锅中注入适量清水，加入冬瓜、料酒、盐、白糖、葱、姜，煮至鱼熟瓜烂，拣去葱、姜，用胡椒粉调味即成。

功效：此菜有清热解渴、化痰利尿的功效。

适合宝宝吃的营养蛋类

1.蒸瓤肉蛋卷

用料：鸡蛋3个，猪肉末100克，植物油50克，黄酒25克，糖、盐、淀粉、味精、酱油、葱、姜末适量。

制作：肉末加盐、酒、淀粉上浆稍腌，再加入酱油、葱、姜调匀。鸡蛋去壳入碗搅匀。平锅放油烧热，将蛋入锅摊成蛋饼，将肉末倒在蛋饼上摊匀，轻轻卷起，边上用水淀粉粘住，放入长盘上锅蒸15分钟。出锅冷却后，斜刀切1厘米厚的片，摆在盘中即可食用。

功效：此菜对脾胃虚弱有一定疗效。

2.番茄荷包蛋

用料：鸡蛋2个，番茄25克，菠菜10克，花生油6克，精盐2克，白糖5克，淀粉3克，葱丝、姜丝各少许。

制作：将番茄洗净，去皮去籽，切成小片；菠菜择洗干净，切成2厘米长的段。锅置火上，加适量水烧开，磕入鸡蛋，煮熟即成荷包蛋。另取一净锅，放入花生油，烧热，下入葱丝、姜丝炝锅，再下入番茄，煸炒一会儿，将煮熟的荷包蛋及水一起倒入，加入精盐、白糖、菠菜段，开锅后，用水淀粉勾芡，盛入大碗内即成。

功效：鸡蛋富含卵磷脂，能够改善脑组织代谢，可促进幼儿智力发育。另外还含有优良蛋白质、铁、锰、钙、磷及维生素，是促进婴幼儿生长发育的保健食品。菠菜富含铁质、丰富的胡萝卜素等，有补血作用，可促进人体的新陈代谢，防治贫血、夜盲症等。

3.香椿芽炒蛋

用料：鲜香椿芽100克，鸡蛋250克，植物油75克，黄酒、盐、葱、味精适量。

制作：将香椿芽洗净，用冷开水过一遍，沥去水，放入容器，加盐用手搓揉5分钟，放在一边，让盐入味，两小时后取出切细备用。鸡蛋去壳放入碗中，加黄酒、盐、葱、味精和切好的香椿芽一起搅拌匀。开油锅，油温七成，将调好的蛋下锅，速翻几下，炒熟即可。

功效：此菜可温中补气、健脾养胃，宜于体弱及消化不良的幼儿食用。

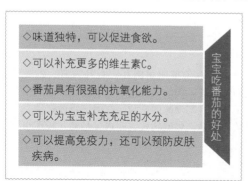

◇味道独特，可以促进食欲。

◇可以补充更多的维生素C。

◇番茄具有很强的抗氧化能力。

◇可以为宝宝补充充足的水分。

◇可以提高免疫力，还可以预防皮肤疾病。

宝宝吃番茄的好处

吃番茄的注意事项

★不可以空腹吃番茄，会导致腹胀。

★青番茄不可以食用，会导致龙葵碱中毒。

★脾胃虚寒证的宝宝不可以多吃番茄。

★腐烂变质的番茄有毒，不可以吃。

★番茄加热，营养更丰富，不妨加热吃。

适合宝宝吃的营养饺子

1.牛肉水饺

用料：面粉250克，牛肉175克，白萝卜150克，葱末6克，姜末3克，香菜末10克，酱油、麻油、精盐、味精各适量。

制作：将白萝卜洗净，擦丝，用开水烫一下；将牛肉剁成泥，加入酱油腌浸一会儿，加水搅拌，由稀变稠时，加入烫过的萝卜馅，再加入葱末、姜末、酱油、精盐、味精、香菜末、麻油，搅拌均匀。将面粉放入盆内，加入清水和成面团，稍醒，搓成条，揪成小剂子，逐个按扁擀成薄圆皮，打入馅心，捏成小饺子。锅置火上，放清水烧开，把饺子下入锅内，待饺子浮出水面，用凉水点2~3次，煮熟捞出，即可食用。

功效：为婴儿提供丰富的蛋白质，促进身体健康。

2.荠菜肉馄饨

用料：馄饨皮250克，肉末125克，荠菜300克，海米末（或虾米皮）、香菜末、紫菜各适量，麻油10克，精盐3克，味精2克，白糖2克，料酒15克，酱油5克，清水25克。

制作：将荠菜洗净，放入沸水锅内烫一下，捞出在凉水内过凉，挤干水分切碎；肉末放入锅内，加精盐、味精、白糖、料酒、麻油及清水25克拌匀后，加入荠菜调和成馅。将馄饨皮放在左手掌上，拨入馅心，裹成馄饨生坯。海米末、香菜末、紫菜、酱油、味精放入碗内，再将馄饨放入沸水锅内煮熟，捞入碗内，浇入原汤，搅拌调匀即成。

功效：此馄饨可清热止血、平肝明目、和脾利水。

3.韭菜鸡蛋饺子

用料：韭菜250克，鸡蛋5个，葱、姜末、酱油、麻油、精盐、味精各适量。

制作：将韭菜洗净，切成小丁。将鸡蛋打散，炒制待用。将炒好鸡蛋放入韭菜中，加葱末、姜末、酱油、麻油、精盐、味精等，搅拌均匀，即成饺子馅。将饺子馅放入饺子皮中，包成饺子。最后，下锅煮熟即可。

功效：益肝健胃，促进排便，还能促进婴儿各个器官健康发育。

 牛肉水饺

　　牛肉的营养价值比猪肉高，有补脾肾、益气血、强筋骨、长肌肉、消肿利水的功效。白萝卜中含有芥子油，是辛辣味的来源，有促进胃肠蠕动、增进食欲、帮助消化的功效。此水饺是幼儿较理想的营养食品，有助于幼儿健康成长。

适合宝宝吃的营养豆腐

1.虾皮豆腐

用料：豆腐100克，虾皮15克，熟猪油15克，酱油25克，白糖15克，葱姜末4克，水淀粉3克，水100克，精盐少许。

制作：将豆腐放入开水锅内烫一下，捞出沥水后切成1厘米见方的小丁；虾皮择洗干净，剁成细末。锅置火上，放入猪油烧热，下入葱姜末和虾皮，爆炒后倒入豆腐，翻炒一下，加入酱油、白糖、精盐及水100克，翻匀烧沸，转小火烧两分钟，用水淀粉勾芡，盛入盘中即可。

肉末豆腐

此菜含有蛋白质、脂肪、糖类、钙、磷、铁及维生素A、维生素B_1、维生素B_2、烟酸、维生素C，具有补中益气、安脏和中、生津止渴的作用。

功效：虾皮含有丰富的钙、碘及肝糖等成分，是幼儿发育不可缺少的营养素。虾皮与豆腐合用，提高了营养价值，能补充优质蛋白质和钙质。本品适宜幼儿食用，常食能防止幼儿佝偻病。

2.肉末豆腐

用料：豆腐100克，猪肉末25克，酱油7克，精盐2克，豆瓣酱3克，花生油7克，葱末3克，青蒜2克，姜末2克，淀粉2克，胡椒粉、清水适量。

制作：把豆腐用开水焯一下，捞出晾凉，切成小块；猪肉末搓碎；青蒜洗净，切末。锅置火上，放油烧热，下入猪肉末煸炒，至七成熟时，把豆腐放入合炒片刻，再放入酱油、精盐、葱末、姜末、豆瓣酱及少量清水，烧至豆腐入味，再将调好的淀粉放入，起锅时加青蒜末，盛在碗内，撒上胡椒粉即可。吃时调匀。如果幼儿不爱吃胡椒粉，也可不放。

功效：强身健体，能改善婴儿的病弱体质。

3.香椿芽拌豆腐

用料：豆腐100克，嫩香椿芽25克，麻油3克，精盐2克。

制作：将香椿芽择洗干净，放入碗内，倒入沸水，用盘子盖上，焖5分钟，捞出挤去水，切成细末。将豆腐切成小丁，放入锅内稍煮一下，捞出放在盘内，加入香椿芽末、精盐、麻油拌匀即成。

功效：香椿含有丰富的蛋白质、脂肪、糖类、粗纤维、钙、磷、铁和胡萝卜素、维生素C等，具有清热健胃、消炎解毒作用。香椿与豆腐合用，能提供丰富的蛋白质和钙质，适宜幼儿食用。

适合宝宝吃的营养肉食

1.软煎鸡肝

用料：鸡肝100克，面粉少许，鸡蛋清、精盐、植物油各适量。

制作：将鸡肝洗净，摘去胆囊，切成圆片，撒上精盐、面粉，蘸满蛋清液。锅置火上，放油烧热，下入鸡肝，煎至两面呈金黄色即可。

功效：此菜鸡肝与蛋清等合用，营养丰富，能补充维生素A、铁质等不足，具有大补气血、柔肝养阴、益聪明目等作用，适合婴幼儿食用。

2.青椒炒肝丝

用料：猪肝100克，青椒25克，麻油少许，酱油适量，精盐、醋各少许，料酒、白糖、淀粉各适量，葱末、姜末适量，植物油150克。

珍珠肉丸

很多宝宝喜欢吃丸子，吃丸子的时候，注意不要让宝宝吃太多，容易引起消化不良。

制作：将猪肝洗净，切丝；青椒去籽，洗净，切成细丝。猪肝放入碗内，加入淀粉抓匀，然后下入四五成热的油内滑散，捞出沥油。锅中留少许油，下入葱末、姜末略炸，放入青椒丝，加入料酒、酱油、白糖、精盐及少许水，烧开后用水淀粉勾芡，倒入猪肝丝，放入醋、麻油拌匀即成。

功效：此菜含有丰富的铁、蛋白质、维生素A及B族维生素，常食可补血。缺铁性贫血的幼儿食用功效更佳，正常幼儿食用有预防贫血的作用。

3.韭菜炒肉

用料：韭菜200克，瘦猪肉75克，油、酱油、精盐各适量。

制作：把韭菜洗净切成段，瘦猪肉切成细丝；锅内放油，油热时把肉丝放入锅中炒至半熟时加酱油、韭菜翻炒，再撒点精盐，炒熟盛入盘内。

功效：为婴儿提供丰富的营养物质，促进其消化吸收。

4.珍珠肉丸

用料：猪肉100克（瘦七肥三），糯米50克，荸荠25克，料酒、精盐、味精、姜末、水淀粉适量。

制作：将糯米淘洗干净后，放入开水锅内余一下，倒入铜丝筛内控水。猪肉洗净后，切碎，再剁成肉蓉。荸荠洗干净，剥去皮，切成细末和肉蓉一起放入碗内。加入料酒、精盐、味精、姜末、水淀粉，向同一方向搅拌均匀。将拌好的肉蓉，用左手挤成直径约七分的肉圆，放入余好的糯米内，滚满糯米，放入盘内。这样，边挤肉圆，边滚糯米，挤完，滚好。上笼屉蒸约15分钟即熟，取出换盘，码放整齐即可。

功效：健脾开胃，增进婴儿的食欲，改善消化不良的现象。

第七章

2～3岁幼儿喂养

　　2～3岁的幼儿，无论是智力还是体力都已经达到了一定的高度，他们对于饮食也表现出了更多的喜好。此时，家长在为宝宝准备食物的时候，一定要讲究饮食的平衡搭配，一般来说，宝宝每天的饮食应当包括主食、肉类、蛋类、奶类、豆制品以及各种粗粮杂粮等。蛋白质、矿物质、脂肪、维生素、纤维素等各种元素，都是孩子成长不可缺少的。同时，这个时候，家长可能在宝宝吃饭上面临的问题更多一些，比如偏食、挑食、吃零食多、厌食、喜欢吃垃圾食品等。这个时候，家长一定要给予及时指导，以免影响宝宝的成长发育。

本章看点

2～3岁幼儿的喂养原则 ▶

辅食添加的注意事项 ▶

2～3岁幼儿的喂养原则

对于2~3岁的宝宝，家长除在给孩子提供足够的营养以外，应该为其提供更加丰富的食物，让宝宝养成一个良好的吃饭习惯，同时，要纠正孩子各种不良的饮食习惯。从原则上来说，妈妈既要为宝宝的营养负责，也要为宝宝以后的吃饭习惯打下基础。

必需的营养与饮食

幼儿时期，是人体发育最快速的时期，每天摄取的营养几乎有1/3都用于生长发育，因此，宝宝的饮食对于生长很关键。虽然说，宝宝的营养有一个大概的标准，但是，因为每个宝宝的身体状况、活动量不一样，所需要的营养也就出现了很大的差别，即使是同一年龄的宝宝，也会有所差异。家长们在制定宝宝饮食的时候，不能照本宣科，而是要根据宝宝自身的条件来合理搭配，这样才能保证宝宝的营养需求。

根据2～3岁幼儿的营养标准，家长们要学会选择食物，更加要学会搭配食物，由此才能给宝宝一个健康又营养的饮食。

1.注意搭配

2～3岁的宝宝身体发育还是很快的，所以，妈妈们在准备早餐的时候，要注意搭配，这样营养才能够全面。一般来说，早餐应当由3～4种食物组成，最好包括谷类食物、蛋奶等蛋白质含量高的食物、蔬菜或水果。如果孩子只吃淀粉类食物，很容易饿。所以，要给孩子吃一些含蛋白质和脂肪的食物，比如肉类、豆制品等。

2.牛奶、鸡蛋不可少

一般来说，这个年龄段的孩子，身高增长比较快，需要的营养更多一点，所以，早餐里面最好包括牛奶、鸡蛋。牛奶中含有大量钙质有助于骨骼生长，鸡蛋中蛋白质含量高可以满足身体的能量需求。

 饮食要注意酸碱平衡

食物分酸性和碱性两类，鱼、肉、禽、蛋、米、面为酸性，蔬菜、水果、豆类及制品为碱性。人体内存在自动调节酸碱平衡系统，只要饮食多样化，吃五谷杂粮，就能保持酸碱平衡。

爸爸可以做什么

★ 必须让孩子吃早餐。

★ 注意给孩子补充锌元素。

★ 注意培养宝宝对吃饭的兴趣。

★ 最好让宝宝和大人一同进餐。

★ 给孩子专用的餐具，不要和大人共用。

保证营养的均衡

营养来自于食物，食物所供应的营养物质基本能满足孩子对各种营养的需要，可以达到"平衡饮食"或"均衡营养"，可以使孩子身体健壮，精力充沛，活动能力强，同时为孩子的大脑发育提供充足的营养来源，使孩子的智力发育有一个良好的基础。

在宝宝成长的过程中，每时每刻都要注意营养的均衡与全面。宝宝到了2岁之后，活动量日益增多，对各类营养的需求量也明显加大。宝宝每天都需要摄入肉、鱼、蛋、牛奶，以便从中摄入大量动物性蛋白质，以满足生长发育的需求。豆腐、豆浆等豆制品也是良好的蛋白质的来源。

除了补充足够的蛋白质以外，宝宝应该每天多吃蔬菜、水果和主食（包括米饭、馒头等），以保证生长发育所必需的维生素、矿物质。另外还要注意饮食上最好能够粗细搭配、咸甜搭配、干稀搭配。

另外，还需注意微量元素的摄入。这里需要特别提到的是碘元素的摄入。钙虽然很重要，几乎每个父母都会注意让宝宝吸收足够的钙质，而对于碘元素的摄入却往往不够重视。碘是制造甲状腺素的必要元素。甲状腺除了调节身体的新陈代谢之外，还可促进神经系统的发育，所以，要在宝宝的食物中加入含有丰富碘元素的食品，如海带、紫菜等。

市面上销售的含碘食盐要在饭菜煮好之后放入，因为碘在受热、日晒、久煮、潮湿的情况下易于挥发。宝宝应该经常摄入含碘的食物，以预防因地方性甲状腺素缺乏症而引起的各种疾病，影响宝宝的脑部及其他方面的发育。

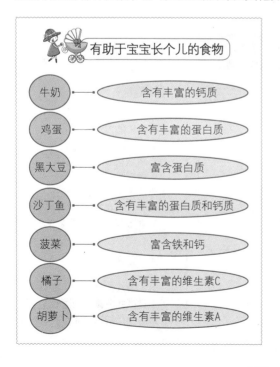

有助于宝宝长个儿的食物

牛奶	含有丰富的钙质
鸡蛋	含有丰富的蛋白质
黑大豆	富含蛋白质
沙丁鱼	含有丰富的蛋白质和钙质
菠菜	富含铁和钙
橘子	含有丰富的维生素C
胡萝卜	含有丰富的维生素A

保证营养的均衡

蛋白质	肉、鱼、蛋、牛奶
维生素、矿物质	蔬菜、水果和主食（包括米饭、馒头等）
微量元素	碘、钙、硒等

适宜幼儿的健脑食品

脑细胞的发育及正常功能的维持，需要一定的营养作为物质基础，如蛋白质、脂肪、糖、维生素和矿物质（如钙、磷、铁、锌等）。有了这个基础，才能使脑的细胞健全，保持思维的清晰和敏捷，利于学习及掌握知识。虽然目前还没有有效的食物能使宝宝的智力出现神速的发展，但确有能提高脑结构素质和改善脑功能的食物，那就是健脑食品。

宝宝宜多食的健脑食品

宝宝的大脑发育很重要，因此，父母们一定要给宝宝多准备一点健脑食品。

大脑对于营养的要求是非常高的，糖、蛋白质、脂肪，还有类脂、微量元素、维生素等，对于大脑来说，缺一不可。而自然界中没有任何一种食物含有人体所需的各种营养素，因此，为了维持大脑的营养需要，就必须把不同的食物搭配起来食用。

主食的种类很多，它们所含氨基酸、维生素、无机盐的种类和数量又互不相同，故不能用一种粮食做主食，应做到粗细粮合理搭配、干稀搭配。副食中的肉类、蛋类、奶类、鱼类、海产类、豆类和蔬菜等，都能提供丰富的优质蛋白质和人体必需的脂肪酸、磷脂、维生素、钙、磷、镁、碘等重要营养素，对人体健康起着非常重要的作用。但副食在营养上也并不全面，因此，应搭配食用和变换食用，以保证人体营养的全面性。

宝宝健脑食品一览表	
分类	食物
五谷类	黄豆、小麦胚芽、蚕豆、玉米
肉类	蜗牛、鲫鱼、鲈鱼、胖头鱼、牛肉、三文鱼、兔肉
水果类	荔枝、核桃、樱桃、火龙果、香蕉、莲子、枣、桂圆、松子、蓝莓
蔬菜类	茼蒿、佛手瓜、菠菜、黄花菜、洋白菜
油类	花生油、色拉油、大豆油
蛋奶类	牛奶、鹌鹑蛋、鸡蛋

 帮宝宝健脑的小游戏

游戏过程

这个年龄的宝宝，尽管手的活动能力很强，但还不能很轻松地一个手指一个手指地弯曲，通常都是把五指同时伸开。妈妈可以先让宝宝的手握成拳头，然后让宝宝伸开手指，并告诉宝宝这是"1"。

游戏目的

这个游戏在就是在训练宝宝掌握数字概念的同时，锻炼手指的运动能力。

幼儿服用维生素不宜过多

维生素在人体生长、代谢、发育过程中发挥着重要的作用，因此，幼儿必须获取足量的维生素，以保证身体生长发育之必需。由于维生素大多不能在体内合成，必须从食物中摄取，因此，父母就一定要给孩子调整好饮食结构，使孩子从食物中摄取到足够的维生素。

富含维生素的食物	
富含维生素A的食物	有动物肝脏、蛋类、奶油、胡萝卜、红薯、南瓜、西红柿、苋菜、橘子、香蕉等
富含B族维生素的食物	谷类、豆类、肝脏、蛋黄、瘦肉、黄豆、绿叶蔬菜等
富含维生素C的食物	油菜、荠菜、菜花、苋菜、胡萝卜、甘薯、南瓜、玉米等
富含维生素D食物	瘦肉、奶、坚果中含有少量，可以通过服用鱼肝油补充

尽管如此，维生素也不可多服，尤其是脂溶性维生素吸收后容易沉积在脂肪中，会引起不良反应，甚至中毒。

维生素D中毒症。一些父母怕婴幼儿得佝偻病，常给孩子服鱼肝油精等含维生素D的药剂，如果服多了，会引起中毒。症状是：食欲缺乏、消瘦、尿频，但尿量不多，还有低热、便秘、恶心、呕吐等症状，严重者可表现为精神抑郁、运动失调。

维生素A中毒症。若幼儿大量进食猪肝、鱼肝、浓缩鱼肝油，即可引起急性或慢性中毒。中毒症状是：骨痛，皮肤黏膜改变，颅内压升高等。

若幼儿大量长期服用维生素C，可出现草酸结晶尿，而有尿频、血尿、尿闭等严重反应。此外，过量服用维生素E、维生素K也可出现不良反应。

总之，服用维生素不可过量，必须在医生指导下正确使用。

不要乱吃维生素制剂

很多家长都担心宝宝会缺乏维生素，因此，总是为宝宝补充一些维生素制剂。其实，如果宝宝的膳食营养全面，摄入的维生素足够体内的需求，就不需要再额外补充维生素了。而且，妈妈们不要迷信那些维生素制剂，最好的补充办法是食补，改善孩子的饮食更好一些。

服用维生素的原则

★ 不能一味盲目补充。

★ 缺少哪种维生素补充哪种。

★ 最好的补充方法为食补。

★ 不要轻信广告的宣传。

★ 补充维生素最好在医生的指导下进行。

让孩子养成细嚼慢咽的习惯

宝宝最初接触到需要咀嚼的食物为泥糊状，基本不需要咀嚼，家长适当增加泥糊状食物的喂养次数，有助于宝宝适应固体食物。待宝宝能完全无障碍地消化掉泥糊状食物之后，可在泥糊食物中适当加一些掰碎的小馒头、烤馒头片等，让宝宝先适应稍微硬一点的食物。

注意，让宝宝练习咀嚼的时候，不要给他吃花生米、黄豆等太硬的食物。也不要一次让他吃太多，否则难度太大，会挫伤孩子学习的积极性。

一般来说，幼儿吃饭要细嚼慢咽，一般每餐需用半小时左右，这样才有利于幼儿健康。

> **培养宝宝细嚼慢咽的吃饭习惯**
>
> 细嚼慢咽也是对宝宝胃的一种保护，如果幼儿吃饭速度太快，饭菜尚未嚼烂就吞咽下去，便会让胃花很大的力量去磨碎这些食物，同时还因消化液未充分分泌而使食物不能被消化，再加上由于口水掺不进食物，酶的作用不能发挥，也影响了孩子对食物的消化，这就有可能造成消化不良并引发胃肠道各种疾病。

幼儿细嚼慢咽，可使胃肠充分分泌各种消化液，对食物进行完全的消化吸收。饭菜在口里多嚼一会儿，能使食物跟唾液充分拌匀。唾液中的消化酶能够帮助人体对食物进行初步的消化，使吃下去的东西消化得更好，吸收利用更充分。同时，充分咀嚼食物，还有利于幼儿颌骨的发育，增加幼儿牙齿和牙周的抵抗力，并能使幼儿感到食物的香味，从而增加食欲。

另外，有些特别的食物，如油炸花生、炒蚕豆等，只能靠牙齿才能嚼碎，胃根本无法磨碎。有的孩子吃什么拉什么就是吃得太快的原因。因此，幼儿吃饭要细嚼慢咽，这样才有利于健康。

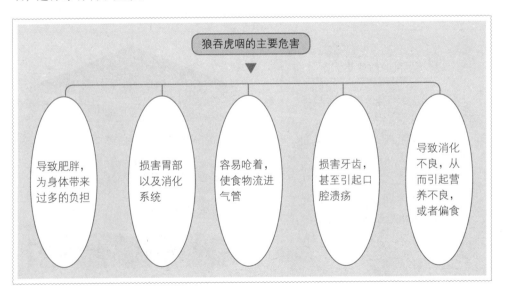

狼吞虎咽的主要危害

导致肥胖，为身体带来过多的负担

损害胃部以及消化系统

容易呛着，使食物流进气管

损害牙齿，甚至引起口腔溃疡

导致消化不良，从而引起营养不良，或者偏食

幼儿忌暴饮暴食

暴饮，是指在短时间内喝大量的水。暴饮可致胃急性扩张，并冲淡胃液，同时大量的水分可于短时间内进入血液及组织内而致水肿。若暴饮后引起细胞水肿是相当危险的。

暴食则是指一次吃的量太多，超过了正常的胃容量。许多孩子遇到特别喜欢吃的食物时就会猛吃一顿，这样在短时间内有大量食物进入胃肠，消化液供不应求，就会造成消化不良；由于胃内容量过大，使得胃失去了蠕动能力，机械性膨胀，可造成胃下垂或急性扩张；暴食也可因胃肠道血液大量集中，脑、心脏等重要脏器缺血缺氧而感到困倦无力；也可能会使胰腺的负担加重而发生胰腺炎。

有的父母平时较节约，或是因为工作忙，饮食较马虎，在过年过节或是比较空闲的时候就猛撮一顿，这样暴饮暴食对成人是不利的，对幼儿更有害。

因此，专家建议，父母应该合理安排幼儿每天吃饭的时间、次数和食量，切勿让幼儿暴饮暴食。

暴饮暴食是孩子在发育过程中产生的一种生理性现象，但是不规律的饮食方式，也常是原因之一。

为了避免宝宝暴饮暴食，必须让他养成规律的饮食习惯，但因为宝宝这个时期容易受到精神上的影响，所以父母应该认识到此时期的孩子情绪通常不稳定，绝对不要强迫孩子吃饭。孩子不想吃饭的时候，父母就把焦点从吃饭这件事上转移开，借由散步或出游等来增加热量的消耗，让孩子产生饥饿感。

切忌宝宝暴饮暴食

暴饮暴食，只会给宝宝的身体带来更多的负担，对健康没有丝毫的益处。因此，妈妈们一定要阻止宝宝的暴饮暴食行为。

 帮助宝宝克服暴饮暴食的习惯

合理安排宝宝三餐——定时定量，不要多吃多饮，也不要一次给宝宝太多喜欢吃的东西。

均衡宝宝饮食——家长对于宝宝的习惯要给予引导，均衡宝宝的饮食。

家长做榜样——很多孩子容易受家长的影响，很多家长暴饮暴食，因此，孩子也会这样。

偏食与挑食的纠正

挑食常常发生在幼儿期。具体表现是：幼儿对自己喜欢吃的食品无节制性多吃，对不喜欢吃的食品吃得很少，甚至宁愿饿一餐或饿一天也不吃。这也是不良饮食习惯中的一种。

有的幼儿有肉时就多吃饭，无肉就吃得很少，这样时饥时饱，饥饱不均，很容易损伤胃肠道，久而久之会引起厌食。同时会造成幼儿营养不良，影响身体发育。

宝宝长期挑食偏食，容易造成营养失调，影响正常生长发育和身体健康。怎样纠正孩子偏食、挑食呢?

纠正孩子偏食的方法有以下几种。

（1）如果家庭成员有偏食的不良习惯，必须首先纠正，否则对幼儿有不良影响。

（2）做父母的不要在孩子面前议论哪种菜好吃，哪种菜不好吃;不要说自己爱吃什么，不爱吃什么，更不能因自己不喜欢吃某种食物，就不让宝宝吃。

（3）食物加工时要注意色、香、味俱全，使幼儿有良好的感观。

（4）每餐菜的种类不一定要多，2~3种即可，但要让孩子吃到多种食物。

（5）给幼儿讲明道理，正确劝导，也可通过讲故事的形式进行教育。

（6）注意膳食的多样化，每餐荤素搭配，采用混合膳食。营养素供给齐全，可以防止幼儿挑食。

（7）对幼儿喜欢吃的东西，应有所节制地供给。

宝宝的平衡饮食注意事项

◎ 饮食要注意酸碱平衡
◎ 饭前喝汤
◎ 吃好早餐
◎ 午餐前不要饮纯果汁
◎ 多吃馒头
◎ 鲜鱼与豆腐一起吃
◎ 不宜喝过多饮料
◎ 不吃汤泡饭

偏食挑食的原因

★父母的影响，尤其是母亲，平时因为母亲喂养比较多，很多母亲会根据自己的喜好来决定宝宝的饮食，从而造成宝宝挑食、偏食。

★对孩子过分溺爱，迁就孩子的饮食，造成孩子偏食、挑食。

★错误的诱导，很多家长喜欢用食物作为奖励或者诱导品，导致孩子偏食、挑食。

★在他人面前挑剔孩子的偏食、挑食行为，会让孩子造成逆反心理，从而使得此种行为更加严重。

 ### 偏食宝宝的喂养

对于偏食、挑食宝宝，可以将宝宝不喜欢的食物做成他喜欢的样子，也可以将他喜欢的和不喜欢的食物混合制作，比如宝宝不爱吃水果，但是爱喝果汁，父母可以动手榨汁。

养成良好的饮食习惯

饮食习惯的好坏，不仅关系到宝宝的身体健康，而且关系到宝宝的行为品德，爸爸妈妈应该重视。父母如能以身作则，言传身教，孩子模仿性强，就会自然养成良好的饮食习惯。父母在孩子饮食习惯的引导上应注意以下几点。

（1）做好饭前准备。饭前不吃零食，吃饭前首先得安静下来，停止活动，洗净双手。进食时切勿边吃边玩，或翻阅连环画之类的读物。书上细菌很多，翻阅书页又把手弄脏了，而且边吃边看会分散对食物的注意力，至于在马路或大街上手拿食物，边走边吃就更不卫生了。

（2）培养孩子细嚼慢咽的好习惯。帮助孩子每餐吃饭能在一定时间内（20～30分钟）完成，但不宜过急催促。不要给宝宝盛上满满的一碗饭，宁愿少盛再添，也不要吃不了剩下。让宝宝从小就珍惜粮食，养成不浪费粮食的习惯。

（3）保持安静的环境。吃饭时绝对不能责骂孩子，以免使孩子精神紧张而影响食欲。鼓励孩子自己吃饭，让他感到有兴趣。

（4）饮食要定时、定量。避免饥饱不均。否则，时间长了会影响胃肠道的正常功能，甚至形成胃病。每逢节假日，应注意不要让孩子暴饮暴食或不按时吃饭。

不能说爸爸妈妈有良好的饮食习惯，宝宝就一定能有，这要看爸爸妈妈在平时是怎样培养以及对宝宝的进食态度是否正确。爸爸妈妈要尊重宝宝的个性，让宝宝觉得吃饭是自己的愿望，准备饭菜既要考虑到平衡饮食，也要照顾到宝宝的口味，要注意食物的色香味，不能单讲究营养。

在日常生活中，家长应做宝宝的榜样，少吃或不吃不健康的食物。这样，宝宝也会受到家长潜移默化的影响，慢慢地养成良好的饮食习惯。

避免孩子养成不良饮食习惯的方法

★ 当孩子偶尔有一两次吃很少或者不想吃时，家长不要勉强他，更不要强迫他。

★ 两餐之间不要让他吃零食，正餐1小时之前更不应让他吃零食。

★ 孩子的零食，应以新鲜水果为主，不要给他吃甜食、油腻食物，更不应该让他吃补品。

★ 当孩子不肯进食的时候，家长不要以送小礼物等附加条件作为讨价还价条件，否则孩子以后会为了礼物拒食。

★ 不要动不动就让孩子吃调节食欲的药物。

孩子不良饮食习惯的原因

1 遗传因素，如父母、祖父母的饮食等。

2 自身因素，每个成长期的饮食有所差异。

3 消化功能，如消化能力差，自然胃口差。

4 感知觉功能，如对食物的敏感度差，从而提不起兴趣。

5 教养环境，如父母的教育、周围环境等。

常吃些粗糙耐嚼的食物

不少家长总喜欢让自己的孩子常吃些细软的食物，这样虽有利于消化和吸收，但婴幼儿若长期吃细软食物，则会影响牙齿及上下颌骨的发育。因为婴幼儿咀嚼细软食物时费力小，咀嚼时间也短，可引起咀嚼肌的发育不良，结果上下颌骨都不能得到充分的发育，而此时牙齿仍然在生长，会出现牙齿拥挤、排列不齐及其他类型的牙颌畸形和颜面畸形。

若常吃些粗糙耐嚼的食物，则可提高幼儿的咀嚼功能。乳牙的咀嚼是一种功能性刺激，有利于颌骨的发育和恒牙的萌出，对于保证乳牙排列的形态完整和功能很重要。幼儿平时宜吃的一些粗糙耐嚼的食物有白薯干、肉干、生黄瓜、水果、萝卜等。

孩子长牙的时间及相应食物		
牙齿数量	生长时期	可以吃的食物
第1颗牙齿时期	4~6个月	牛奶麦片、稀饭等
2颗牙齿时期	4~8个月	马铃薯泥、麦片粥、蛋黄泥等
4颗牙齿时期	8~12个月	西红柿、肉泥、豆腐、肉末等
6~8颗牙齿时期	9~13个月	水蒸蛋、蔬菜等
8~12颗牙齿时期	13~19个月	软饭、肉片、面包、蔬菜等
12~20颗牙齿时期	16~20个月	米饭、面条、大豆等

 多吃些含组氨酸的食物

组氨酸是人体必需氨基酸之一，对幼儿生长发育极为重要。原因是：组氨酸能促进幼儿的免疫系统功能尽早完善，强化生理性代谢机能，稳定体内蛋白质的利用节奏，促进幼儿机体发育。

然而，由于幼儿机体可塑性较大，代谢速度快，这就势必大量消耗组氨酸。为此，幼儿每日组氨酸摄取量要高于成人几倍。但因人体缺乏自身合成组氨酸的整套酶系统，所以，组氨酸必须严格依赖食物蛋白质或氨基酸制品来供给，若其来源不足，将导致幼儿抗病能力低下，产生贫血、乏力、头晕、畏寒等不良症状。

富含氨基酸的食物

◇ 黄豆、豆腐

◇ 玉米、土豆

◇ 蘑菇、鱼肉

◇ 葵花籽、银耳

◇ 蓖麻油、蜂蜜

经科学测定，黄豆及豆制品、鸭蛋、鸡肉、牛肉、皮蛋、玉米、标准面粉、土豆、粉丝等食物富含组氨酸，幼儿可多吃些。

让孩子学会独立进餐

2岁时，多数宝宝喜欢尝试自己做事情，爸爸妈妈要因势利导，加以培养，让宝宝掌握独立吃饭的能力。

在每次吃饭前，爸爸妈妈要让宝宝将手洗干净，自己拿勺坐在宝宝身旁一起吃饭。由于宝宝初学吃饭，手的动作不太协调，容易撒饭，弄脏衣服，这是宝宝共同存在的问题。爸爸妈妈不应责骂，要耐心地帮助他，教给宝宝拿勺子和筷子的正确姿势，让宝宝模仿爸爸妈妈的动作，把饭菜一

让孩子学会独立进餐还需注意以下几点

★ 父母也用勺子来吃饭，帮助宝宝认清楚勺子的正反面，顺利地盛上食物。

★ 在宝宝自己吃饭的时候，父母不要让孩子边吃边玩，要专心致志。

★ 养成宝宝专心吃饭的习惯。

★ 让宝宝参与吃饭的准备工作，提高他吃饭的兴趣。

★ 宝宝如果用左手拿勺子时，不要强行纠正。

★ 不要让宝宝待在餐桌上的时间过长，让宝宝失去兴趣。

口一口地送进嘴里。爸爸妈妈可以给宝宝夹菜，但不要喂，鼓励宝宝自己吃，并称赞饭菜味道好，刺激宝宝的食欲。

吃饭时，不要让宝宝边吃边玩或边吃边看电视，要专心致志，每次给宝宝少盛一些饭菜，以免剩饭造成不必要的浪费。让宝宝尝试吃各种食物，养成不挑食、不偏食的好习惯。

宝宝初学吃饭用勺子往往不分左右手，高兴用哪只手就用哪只手，以后大部分的宝宝会按传统习惯使用右手，也有个别宝宝习惯用左手。如果你的宝宝常用左手，不一定非得纠正，顺其自然，但从传统习惯、生活方便这一点出发，最好引导宝宝使用右手。

另外，宝宝独立进餐也是宝宝自我意识增强的表现，这个时候开始拒绝父母的帮忙，尝试自己独立地去完成某一件事情，增强自信心。这时候，宝宝就特别喜欢听到指令和夸奖的声音。在父母对自己下达了指令之后，他会非常兴奋地去完成这一项任务，以此来证明自己的独立性。因此，宝宝独立进食后，家长不要忘记多表扬宝宝。

 **让宝宝自己吃饭**

在宝宝学会自己吃饭后，应该完全让他自己吃饭。爸爸妈妈不要再插手，至于饭桌上的规矩，暂时不去管他，随着宝宝年龄的增长，吃饭技巧逐渐掌握后，再慢慢教宝宝饭桌上的规矩。

影响宝宝身高的主要因素

哪些因素会影响宝宝的身高呢？各种资料表明，身高主要与以下因素有关。

（1）遗传。人的高度取决于下肢和脊椎骨的生长，而骨骼的发育受遗传因素的影响较大。遗传是先天的因素，一般来说，遗传的是不可改变的，而遗传因素对身高有很大的影响。

（2）营养。骨骼是由有机物和无机盐组成的。营养充足的孩子就会长得高一些。此外，蛋白质也是宝宝生长发育的重要物质。蛋白质可以维持正常的代谢活动，还能够促进新细胞的合成，对于生长发育有着很大的好处。

（3）体育锻炼。体育锻炼对骨骼有机械刺激作用，经常锻炼的孩子会长得高一些。这个时期的孩子，应该多到户外去，跑跑步或者做一些拉伸运动，有助于长个子。

影响宝宝身高的因素

宝宝的身高标准只是一个大致的统计，每一个孩子的成长都有所差异，有些孩子个子长得快一点，有的孩子则长得慢一点，如果孩子的身高并不是特别地矮，也没有其他的异常，都属于正常现象。

（4）睡眠。科学表明，人在睡眠时脑下垂体分泌的生长激素比觉醒时多，即人在睡眠时比清醒时长得快，睡眠充足就会长得高些。此外，家长除了给宝宝创造一个好的睡眠环境外，晚上也可以多吃一些助眠食物，有助于宝宝的睡眠。

（5）情绪。宝宝的心理健康对于宝宝的身高也是有一定影响的，因此，妈妈一定要正确指引孩子，让孩子拥有一个积极向上的情绪。

儿童身高对照表		
年龄	男宝宝身高	女宝宝身高
初生	48.2～52.8厘米	47.7～52.0厘米
1月	52.1～57.0厘米	51.2～55.8厘米
6月	65.1～70.5厘米	63.3～68.6厘米
1岁	73.4～78.8厘米	71.5～77.1厘米
1.5岁	79.4～85.4厘米	77.9～84.0厘米
2岁	84.3～91.0厘米	83.3～89.8厘米
2.5岁	88.9～95.8厘米	87.9～94.7厘米
3岁	91.1～98.7厘米	90.2～98.1厘米

不要盲目限制幼儿的脂肪摄入量

目前，人们一谈起脂肪，就会谈脂色变，唯恐摄入脂肪多了，会影响孩子身体健康。但处在生长发育阶段的婴幼儿，机体新陈代谢旺盛，所需各种营养素相对较成人多，故脂肪也不可缺。否则，易造成以下不良影响。

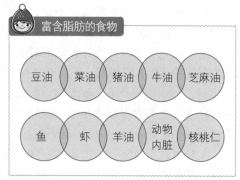

富含脂肪的食物

豆油　菜油　猪油　牛油　芝麻油

鱼　虾　羊油　动物内脏　核桃仁

（1）热能不足。每克脂肪在体内氧化后，产生热量约为同量蛋白质产热量的2倍，若饮食中含脂肪太少，就会使蛋白质转而供给热能，势必影响体内组织的建造和修补。

（2）影响脑髓发育。脂肪中的不饱和脂肪酸，是合成磷脂的必需物质，而磷脂又是神经发育的重要原料，因此，脂肪摄入不足，就会影响婴幼儿大脑的发育。

（3）可使体内组织受损。脂肪在体内广泛分布于各组织间，婴幼儿各组织器官娇嫩，发育未臻完善，更需脂肪庇护。若体脂不足，体重下降，抵御能力低下，机体各器官受伤害机会就会增多。

（4）减弱溶剂作用。脂肪是脂溶性维生素的溶剂，婴幼儿生长发育和必需的脂溶性维生素A、维生素D、维生素E、维生素K，必须经脂肪溶解后才能为人体吸收利用。因此，饮食中缺乏脂肪，即可导致脂溶性维生素缺乏。

由上可知，对于婴幼儿来说，饮食中有适量脂肪是必需的，尤其是含不饱和脂肪酸的油脂更具特殊意义。

脂肪对幼儿发育的重要

参与身体组织

参与制造荷尔蒙

有助脑部发育

2岁后，要限制脂肪摄入

在宝宝的喂养过程中，脂肪的摄入是很重要的，但是，当宝宝超过2岁后，就要适当限制一下宝宝的脂肪摄入量。因为，此时的宝宝脂肪需求已经没有多大了。如果家长还是一味给宝宝喂过多脂肪，肯定会造成脂肪过剩。长期下去，可能会导致宝宝肥胖，给宝宝的身体带来不利。

零食应该怎么吃

很多孩子都喜欢吃零食，不过，家长应该给孩子把关，不能无限量地供应零食，因为只靠零食不能使孩子摄入合理、均衡的营养。

宝宝吃零食应该有大体固定的时间，这样才能保证零食与正餐之间有一段时间，吃正餐之前才能有饥饿感，比如可以在上午10点左右、午睡后1小时左右。

但是，如果完全不让孩子吃零食也是不可能的，对于孩子来说，零食也是他们的一种需求，吃零食可以满足他们的好奇心，也可以增强他们的食欲。所以，吃零食也应该遵循一定的原则，讲究一定的方法。

父母可以给宝宝准备适量的零食。在准备零食的时候，一定要选择适合宝宝的，这样才能促进宝宝的健康成长。一般适合宝宝的零食种类如下。

1.谷物类

此类食物中含有很多碳水化合物，经过加工制作之后非常容易消化，适合宝宝的肠道特点，如面包、蛋糕等，可以作为宝宝的午后加餐来食用。

2.奶制品和豆制品类

这类食物中含有丰富的蛋白质、钙和维生素，能够促进宝宝的骨骼和牙齿组织的发展。

3.蔬菜水果类

水果中含有丰富的葡萄糖、果糖等营养元素，很容易被宝宝吸收。

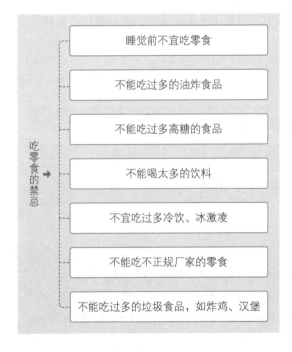

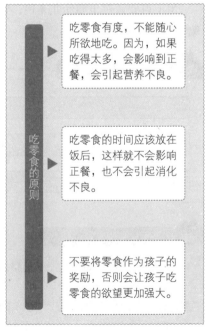

宝宝的吃饭时间

2~3岁的宝宝，已经能够很好地自我行动，行走跑跳已经很稳当了。因此，这个时期的宝宝几乎坐不稳，总喜欢到处乱跑，甚至吃饭时间也是如此。同时，此阶段的宝宝已经能够充分表达自己的喜好，语言能力也日渐增强，词汇量也越来越大。由此，宝宝的吃饭似乎成了一件难事，很多宝宝吃饭都没有固定的时间，甚至，对吃饭表现出了厌恶。有些宝宝还要大人追着喂饭，一餐饭下来两个小时。此时，父母们面对这个要做的就是培养宝宝吃饭的时间，让宝宝养成一个好习惯。

宝宝吃饭的时间包括两点，一个是宝宝一日三餐的开饭时间，一个是每顿饭花费的时间。

此阶段的宝宝进食已经很顺利，几乎已经断奶，开始和大人一样进食。一般来说，宝宝每天的饮食安排应当为一日三餐，同时上午、下午加餐的模式，如果临睡前饥饿，也可以加杯牛奶。一日三餐的时间分别为早上7~8点，中午12点至下午1点，下午6~7点，加餐则应选择在上午10点左右，下午4点左右。这样的安排，可以让宝宝即使填补饥饿，同时也不会因为加餐距离正餐时间过近而影响到正餐。要想让宝宝养成定时进餐的习惯，父母一定要在每天固定时间喂食宝宝，让宝宝明白这个时间就是吃饭时间，时间久了，自然就养成了习惯。

至于每餐的时间，一般来说以30分钟为宜。因为宝宝的进食速度不快，时间太短，则会影响食量。但是，也不能时间过长，如果时间过长，则会影响到宝宝的下一餐，同时，也会养成宝宝不认真吃饭的习惯。如果是贪玩的宝宝，喜欢边吃边玩，肯定会影响进食。此时，妈妈们不妨到了半个小时就不再喂宝宝了。不用担心宝宝会饥饿，如果他真的饿了，自然会自己吃饭的。这样的饮食习惯，会让宝宝明白，过了那个时间就没有饭吃了，也会让他明白这顿饭和下顿饭的概念，时间久了，他自然就会认真吃饭。

2~3岁宝宝一天的作息时间	
时间	安排内容
7~8点	早饭
9~10点	加餐
10~12点	玩耍、睡觉
12~13点	午餐
13~15点	午休
15~16点	加餐
16~18点	户外活动
18~19点	晚餐
19~21点	玩耍、洗澡
21~22点	夜宵、睡觉

及时纠正宝宝的不良饮食习惯

此时的宝宝已经有了一定的认知能力，因此，妈妈要及时纠正宝宝的饮食习惯，养成良好的饮食习惯，让宝宝定时吃饭。定时吃饭，不仅有利于宝宝的成长发育，也能够培养他的时间观念，同时，也有利于宝宝上幼儿园之后，更好地融入集体生活中。

吃水果最好去皮

此阶段的宝宝，水果是必不可少的食物，几乎每天都要食用。而且，此时，宝宝能吃的水果种类也越来越多了。随着宝宝的牙齿生长得越来越多，宝宝也可以直接吃水果了，不用像小时候那样做成果汁、果泥了。但是，宝宝吃水果也需要讲究一定的科学方法。

很多人都说水果皮是很有营养的东西，因此，在吃水果的时候不要将皮丢掉。那么，宝宝在吃水果的时候要不要将皮丢掉呢？

其实，应该将皮丢掉。虽然果皮中含有一定的营养，但是，它的营养和果肉相比，还是微不足道的。一般来说，水果的营养成分越靠近果核周围则越高，也就是说越靠近果皮营养含量越低。因此，果皮虽然有营养，但是，却远远不如果肉营养丰富。

果皮不仅营养价值低，而且还含有大量的农药。在水果的生长过程中，为了防止病虫害，因此，需要喷洒很多的农药。这些农药一般都会残留在果皮上的蜡质中，即使清洗，一般也清洗不掉。人们如果食用果皮，很容易吃到肚子里，给人体造成危害。

此外，很多水果在运输、储藏中，都会多多少少受到细菌的污染，特别是表皮破损的水果，很容易受到细菌的感染，而直接吃皮，则很容易将细菌吃到肚子中。

对于宝宝来说，他们的身体还比较较弱，因此，吃水果的时候最好削皮吃。

吃水果的注意事项	
1	不要影响其正常进食。
2	水果要尽可能新鲜。
3	水果要清洗干净。

水果的食用方法	
可以喝新鲜的果汁	将果肉切成小块，直接放到碗中挤压出果汁
可以将水果煮熟	最好不要直接给宝宝生吃水果，可以先将水果切成小块，放到开水中煮3~5分钟来加热
可以把水果做成果泥	将水果洗干净之后，用汤匙刮成泥状。一般是边吃边刮，这样能保证水果的营养

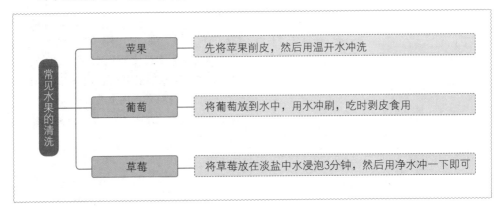

如何缓解宝宝食欲不振

2～3岁的宝宝，很容易出现食欲不振的现象。引起食欲不振的原因有很多，如疾病、饮食习惯不良、情绪不佳、缺乏微量元素、喂养方式不当等。如果宝宝出现食欲不振，父母不要着急，不妨尝试一下下面的方法。

（1）脾胃虚弱。如果是脾胃虚弱造成的食欲不振，可以给宝宝吃一些健脾开胃的食物，如山楂等。此外，也可以给宝宝吃一些开胃的药物。

（2）缺乏微量元素。宝宝如果缺乏某些微量元素很容易引起食欲不振。

（3）减少零食量。有些宝宝食欲不振，是因为零食吃得太多了。此时，不妨减少一下宝宝的零食量，尤其是饭前，不要给宝宝吃零食。

（4）纠正宝宝的偏食、挑食习惯。很多宝宝有偏食、挑食的习惯，这样也很容易造成宝宝食欲不振，没有胃口。

（5）睡眠不足。睡眠不足对食欲也有很大的影响，很多睡眠不好的宝宝，胃口也会差一些，食欲不振的现象更多一点。

（6）加强宝宝的户外活动。多参加户外活动，可以促进消化，缓解食欲不振的现象。

（7）不要给宝宝吃太多。有些家长喜欢给宝宝吃很多食物，怕宝宝吃不饱，其实，这样反而会影响宝宝的食欲，而是应当根据宝宝自己的食量，选择适当的食物。

（8）补充微量元素。如果宝宝是因为缺乏微量元素，应当及时补充。一般食欲不振伴随生长迟缓、味觉迟钝、易感染等症状，应当到医院及时检查。

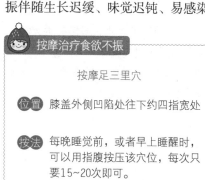

按摩治疗食欲不振

按摩足三里穴

位置　膝盖外侧凹陷处往下约四指宽处

按法　每晚睡觉前，或者早上睡醒时，可以用指腹按压该穴位，每次只要15～20次即可。

功效　可以调理脾胃功能，增强食欲，有助消化。

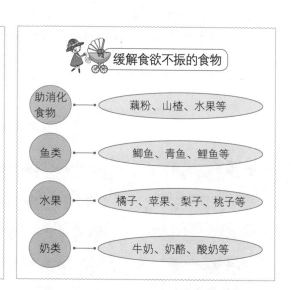

缓解食欲不振的食物

助消化食物　→　藕粉、山楂、水果等

鱼类　→　鲫鱼、青鱼、鲤鱼等

水果　→　橘子、苹果、梨子、桃子等

奶类　→　牛奶、奶酪、酸奶等

辅食添加的注意事项

2~3岁的宝宝，几乎已经不再喝奶了，他们已经可以吃很多食物了。在辅食的添加上，除了牛奶以外，还要给他多吃一些其他食物，如水果、蔬菜、豆类等。为了丰富孩子的饮食，也可以为其选择一些健康的零食。

宝宝仍离不开奶瓶怎么办

很多人都认为，2岁多的孩子就不应再用奶瓶喝奶了。但是有的孩子2岁多仍离不开奶瓶，这是怎么回事？

这有习惯和依恋两方面的原因。如果只是习惯，对幼儿来说比较容易改为用其他器具喝奶。但如果是依恋，则比较难撤掉奶瓶，因为这样的孩子往往安全感差，总要寻找一个亲切、熟悉的东西作为依恋的对象，而奶瓶往往就是最易被幼儿依恋的一件

宝宝对奶瓶有一定的依恋性

有些孩子比较依赖奶瓶，是因为他缺乏安全感。此时，妈妈们不妨转移孩子的注意力，让他从其他地方得到安全感，自然就不会依赖奶瓶了。

东西。如果这时硬性撤掉奶瓶，会对孩子产生较强的心理打击，使他恐惧不安，反而影响以后良好性格的建立。

如果有这样的情况，家长可以逐渐改变奶瓶里的东西，使孩子对奶瓶慢慢失去兴趣。如逐渐稀释奶瓶里的奶，最后只装白开水，孩子对只装水的奶瓶很快就会失去兴趣。

如果孩子还需要奶瓶作为护身符，不必非撤掉它，家长也不必太过着急。当孩子与外界接触增多、自立能力增强时，他会自动放弃奶瓶的。

摆脱奶瓶的小妙招

缩小使用范围	规定宝宝只能在某个特定环境使用，比如家里
分散注意力	当宝宝想奶瓶时，可以分散其注意力
奖励宝宝	当宝宝主动不用奶瓶时，不妨给予他一个奖励
将奶瓶送人	告诉宝宝奶瓶需要更小的宝宝使用，宝宝自然就会不再要了
给予其他安抚	宝宝因离不开奶瓶会变沮丧，家长要给予一定的安抚

吃血就能补血吗

人常说：吃血补血。这句话有没有道理呢？

根据科学验证，这句话是有道理的。动物血中含有丰富的血红素铁，血红素铁又极易被人体吸收利用。所以，吃血是补血的好方法。

各种动物血所含铁量以鸭血最高，鸡血次之，猪血最少。不过，即使是猪血，含铁量也是红枣的7倍左右。

十大补血食物		
食物	功效	推荐食谱
黑芝麻	补血明目、益肝养发	黑芝麻糊
红枣	养胃健脾、补血安神、促生津液	红枣粥
猪肝	补血养血	猪肝炒菠菜
藕	清热凉血、止血散瘀、养血	糯米莲藕
胡萝卜	补血养肝、健脾化滞、补中下气	胡萝卜炖牛肉
桂圆	气虚不足、心血亏虚	桂圆膏
黑豆	益肾、生髓、化血	黑豆豆浆
黑木耳	养阴补血、润肺明目	凉拌黑木耳
乌鸡	补虚损、养阴血	乌鸡汤
红糖	益气补血、健脾暖胃、活血化瘀	红糖水

 ## 让宝宝多吃点香蕉

香蕉可使大脑中的5-羟色胺增多，进而使情绪愉悦，因此香蕉又被称为"快乐水果"。另外，香蕉中含有较多的钾，100克香蕉中含钾472毫克，比大多数水果都多。人体缺钾，就会导致肌肉无力，使信息在大脑中传递的速度减慢。补钾，可使宝宝更精神。

 吃香蕉的禁忌

○ 未熟透的香蕉不能吃，会对消化道有收敛作用。

○ 一次不能吃太多香蕉，否则容易造成消化不良。

○ 腹泻时不宜吃香蕉，否则会加重病情。

○ 空腹不宜吃香蕉，容易加重心肌梗死。

○ 腐败变质的香蕉不能吃，里面含有害物，对人体健康不利。

如果宝宝因便秘而烦躁、易激动，常吃香蕉还可以通便。

让宝宝多吃点苹果

苹果能够很好地调理消化功能。宝宝如果滑肠（单纯性消化不良），可吃苹果止泻；宝宝如果便秘，可吃苹果通便。

一果两治，区别就在于吃法不同。将苹果（带皮）切成八九块，放一碗水，用小火煮（或隔水蒸）烂，可治滑肠。苹果去皮，生吃，可防治便秘。注意，无论生吃、熟吃，都要去净果核，以防误食果核中毒。

宝宝宜多吃苹果

对于宝宝来说，一天一个苹果就够了，多吃容易造成腹泻、消化不良。

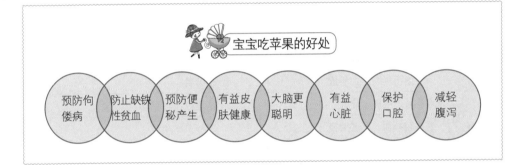

宝宝吃苹果的好处

预防佝偻病　防止缺铁性贫血　预防便秘产生　有益皮肤健康　大脑更聪明　有益心脏　保护口腔　减轻腹泻

 ## 春季维生素不可少

维生素是维持人体健康不可缺少的营养，一旦缺乏，就会影响机体正常代谢而产生疾病。这里之所以强调春季幼儿维生素不能少，原因主要有两点。

（1）幼儿在春季的生长发育较快，对维生素的需要量有所增加。

（2）春季蔬菜数量少，品种缺，水果的品种也很单调，易使幼儿出现吃菜吃腻了的感觉，出现挑食或偏食现象，从而影响维生素的摄入量。

有鉴于此，春季给幼儿适量补充维生素，对幼儿的生长发育和身体健康是有好处的。

春季饮食注意事项

◎饮食要营养全面均衡。因为春天是宝宝长身体最快的时间，因此，一定要注意营养的摄入。

◎预防上火。因为春天天气比较干燥，因此，宝宝容易上火，妈妈要让宝宝多喝水，吃点滋润的东西。

◎谨防过敏。春天容易产生过敏，因此，一定要慎重选择食物，防止宝宝食物过敏。

婴幼儿补水的学问

水是人体中不可缺少的重要物质，因为它是血液、淋巴、内分泌以及其他组织不可缺少的成分。由于婴幼儿的新陈代谢比成人快，对营养素的需要量比成人多，加之肾脏浓缩功能差，排尿量相对较多，使得婴幼儿每日需水量比成人多。

婴幼儿若体内缺水，会出现消化、吸收不良，体温升高，倦怠无力，烦躁不安等现象，严重影响孩子的生长发育及注意力、记忆力等智力因素的发展。

因此，父母要定时定量为婴幼儿"加水"，饮水总量应以孩子的体重为标准来计算，每日每千克体重需要饮水70~85毫升。饮水时间应在上午10时到下午5时，避免睡前过量饮水，以保证孩子夜间的休息。夏季因天热汗多，应适当多喝些水，而冬天则要少喝。

此外，还要让宝宝吃些含水量大的食物，如汤面、稀饭、新鲜的蔬菜和水果等，而大米干饭、馒头、炒饭、饼子等则要少吃，这些干硬食品易消耗体内的水分。另外，父母需注意宝宝的菜不可太咸。

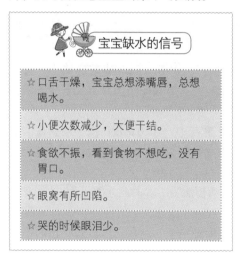

宝宝缺水的信号

☆口舌干燥，宝宝总想添嘴唇，总想喝水。

☆小便次数减少，大便干结。

☆食欲不振，看到食物不想吃，没有胃口。

☆眼窝有所凹陷。

☆哭的时候眼泪少。

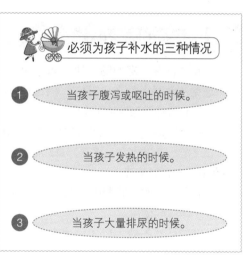

必须为孩子补水的三种情况

1 当孩子腹泻或呕吐的时候。

2 当孩子发热的时候。

3 当孩子大量排尿的时候。

婴儿补水大有学问

水是人体运行的重要养分，因此，妈妈一定要注意孩子的补水问题，不要让宝宝缺水的情况出现。

给宝宝多吃南瓜

南瓜具有低热量、低脂肪、高维生素的特点，宝宝多吃南瓜对身体有好处。

南瓜含有丰富的胡萝卜素，胡萝卜素在人体内可转变成维生素A。一些肥胖的孩子为了控制体重，就少吃些主食，难免觉着不饱。

如果在宝宝的饭菜中加上一大块香甜可口的蒸南瓜，既可以增加饱腹感，又能控制热量的摄入。

因为100克南瓜所提供的热量是92.4千焦，而100克大米所提供的热量则达到1402千焦。

多吃南瓜有益宝宝成长

南瓜不仅营养丰富，味道也很甜美，因此，很受宝宝的欢迎。

宝宝多吃芝麻酱有好处

芝麻酱含有丰富的钙，比豆腐、牛奶的含钙量高10倍。在100克芝麻酱中，含钙1170毫克，而豆腐只有138毫克，牛奶只有104毫克。芝麻酱既经济易得又营养丰富，孩子多吃对身体健康很有好处。

芝麻酱还是高蛋白、高铁的食物，每100克芝麻酱中，含20克蛋白质，而猪瘦肉中才含16.7克，鸡蛋才含14.7克。每100克芝麻酱中含铁58毫克，100克鸡蛋中含7毫克，100克猪肝中含25毫克。

芝麻酱所含的脂肪酸中，亚油酸占46%，而动物油脂所含的亚油酸仅为3%。亚油酸有益于动脉的健康。

芝麻酱虽然不能大口大口地吃，但吃一点也能补不少的钙，它可以做糖包的馅，可以烙芝麻酱火烧、糖饼，做花卷，也可以拌凉菜。如果孩子喜欢吃，用芝麻酱拌上白糖每日吃几小匙也很好。

芝麻酱选购要点
◆ 芝麻酱中浮油越多越不新鲜，因此，最好选择没有浮油的。
◆ 注意产品的保质期以及配料，要买纯芝麻酱。
◆ 新鲜芝麻酱具有浓郁的芝麻香，如有其他异味或者油味，则不要购买。
◆ 新鲜的芝麻酱外观为棕黄色或者棕褐色，搅拌时不易断。

怎样控制宝宝吃零食

幼儿喜欢吃零食，有的父母认为孩子吃零食不利于孩子生长发育，就不给孩子吃，这种做法是错误的。宝宝适当地吃些零食是没有坏处的。只要时间合适，方法得当，食物对头，就能控制好宝宝吃零食，宝宝也不会因吃零食而影响到正餐或造成进食的问题。

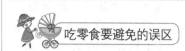

吃零食要避免的误区

☆干果不可以代替新鲜水果。

☆坚果要适量，不能无限制食用。

☆水果不能代替蔬菜。

☆果冻不能代替水果。

（1）时间合适。上午应安排在早、中饭之间，餐前半小时至1小时内不要给宝宝吃，下午在午睡以后、晚上睡前可适当吃些水果，不应吃难消化的食物，以免影响睡眠。

（2）方法得当。宝宝吃零食时是不会节制的，他只知道好吃就会要个没完，如果爸爸妈妈由着他，那宝宝吃起来就没有控制。父母在给宝宝吃零食时，不要让他看见装满零食的盒子，或者事先把少量的零食放在一个容器里，再给宝宝，宝宝吃完了，就会意识到没有了，自然也就罢休了，不然他就会要个没完。

（3）食物对头。水果类，如苹果、香蕉、橘子等，要切片或切块，并以生吃为宜，但要注意卫生；硬果类，如花生、核桃仁等，多为颗粒状，要注意安全，防止误吸或卡塞在气管等意外情况的发生；糖果类，如硬糖、软糖等，幼儿应以软糖为宜，且应在饭后吃；糕点类，如饼干、蛋糕等，这类零食含糖较高，切忌随便进食，宜在下午食用；其他一些零食，如冰激凌、雪糕、巧克力等极易饱腹，给孩子吃应有节制，以免吃多了影响孩子的食欲，但带孩子外出游玩时可以准备一些，以备孩子因活动量加大而产生饥饿感。

（4）吃好正餐。要控制好宝宝吃零食，还要在正餐上多下功夫，把正餐变成一种美好的享受，让宝宝一见饭菜就像看见零食那样口水直流。正餐吃得多、吃得好，宝宝对零食的兴趣和要求自然就会降低。

宝宝吃零食要适量

不要觉得所有的零食都有危害，合理给宝宝吃些零食，不仅不会影响健康，对宝宝的成长还会产生益处。

宝宝不宜多吃的零食

以下零食对孩子没有好处，不宜多给孩子食用。

（1）薯片的营养价值很低，还含有大量脂肪和能量，多吃破坏食欲，容易导致肥胖。

（2）爆米花中含有比较多的铅，这种有害重金属可以影响幼儿的智力和体格发育。

（3）水果糖、棒棒糖只有糖分，和水果没有任何关系，其水果味来自香精、色素等添加剂，多吃容易导致龋齿和肥胖。

吃零食小注意

◇ 一定要购买大厂家大品牌的食品，三无产品不可购买。

◇ 不要吃街头的小食品。

◇ 不要吃一些含有重金属的食物，如爆米花、松花蛋等。

◇ 吃零食前要洗手，吃过后要漱口。

（4）果脯、蜜饯等食品在加工过程中，水果所含的维生素C基本完全被破坏，除了大量热能之外，几乎没有其他营养，经常食用会影响健康。

（5）话梅、话李含盐量过高，如果长期摄入大量的盐分会诱发高血压。

（6）泡泡糖、口香糖营养价值几乎为零，一些产品含有大量防腐剂、人工甜味剂等，特别是某些质量低劣的次品，对健康的损害很大。

（7）膨化小食品营养尚可，但含有大量色素、香精、防腐剂、人工甜味剂、赋形剂等食品添加剂，多吃不利于健康。

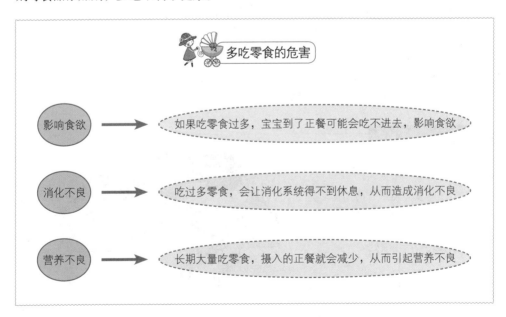

多吃零食的危害

影响食欲 → 如果吃零食过多，宝宝到了正餐可能会吃不进去，影响食欲

消化不良 → 吃过多零食，会让消化系统得不到休息，从而造成消化不良

营养不良 → 长期大量吃零食，摄入的正餐就会减少，从而引起营养不良

造成孩子偏食的原因

有一些孩子偏食，喜欢吃这个，不喜欢吃那个，或偏吃某几样食物而不吃其他食物。时间长了，孩子就不能从食物中获得全面和充足的营养，从而造成营养上的不平衡，使孩子的身体健康受到影响。

引起幼儿偏食的原因很多，常见的有以下几点。

（1）照顾者本身就有偏食的情形。父母、家庭的饮食习惯，会对孩子的偏食造成影响吗？答案是肯定的。因为幼儿的模仿力强，若模仿对象中有偏食现象时，往往无形中会影响幼儿不吃或讨厌某种食物，而表现出偏食的状况。

纠正偏食的方法

☆让孩子养成良好的饮食习惯。

☆吃饭要定时定量。

☆少吃零食。

☆合理安排膳食，注意营养平衡。

☆营造舒适的就餐环境。

☆让孩子适当做运动，增加热能消耗，以促进食欲。

（2）对孩子过于娇惯。孩子想吃什么，大人就给什么，总是有求必应，从而使孩子的口味越来越高，专挑自己喜欢的、好吃的东西吃。

（3）过多吃零食。孩子自幼养成零食不离手、糖果不离口的坏习惯，使胃肠道消化液不停地分泌，不停地工作，造成消化功能紊乱，食欲下降。

（4）不会自己吃饭。孩子1岁左右时，父母就应该培养他们自己动手吃饭的习惯，但有的孩子已经四五岁了，父母还继续喂孩子吃饭，因而影响了孩子对吃饭的兴趣。

（5）食物不美味。家庭烹调技术太差，饭菜做得没有滋味，外观也不吸引人，孩子不爱吃，也易造成孩子偏食。饭菜不新鲜或有腥、膻等怪味儿，或因鱼、鸡骨刺把孩子扎伤过，也可引起偏食。

（6）餐桌气氛不良。父母关系不和，常在餐桌上争吵，吓得孩子提心吊胆，没有食欲，诱发偏食。

（7）错误的饮食时间。孩子刚睡醒或刚玩完，就让孩子吃饭，由于准备工作不充分，消化液分泌不足，因而影响孩子的正常消化，造成偏食。

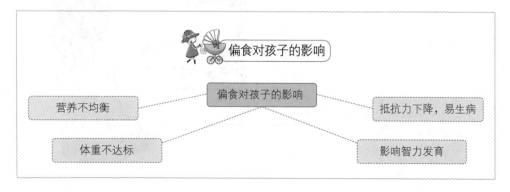

偏食对孩子的影响

营养不均衡　　偏食对孩子的影响　　抵抗力下降，易生病

体重不达标　　影响智力发育

幼儿偏食可致视力障碍

有些父母可能很重视孩子的健康成长和智力培养，但却往往忽视婴幼儿的视觉发育与保健。其实，孩子的视力保健也很重要。

有些幼儿只吃一些精制食品，而不喜欢吃粗米、粗面，这就会使孩子体内缺乏微量元素铬，使胰岛素调节血糖的功能受制约，血浆渗透压随之升高，促使晶状体和眼房水的渗透压上升，导致屈光度改变而损害视力。

如果幼儿体内铬元素不足，还会妨碍蛋白质与脂肪的正常代谢，尤其是影响氨基酸的运转，使血液胆固醇升高，加速动脉硬化、高血压等病变的进程，而这些病变对视力均有一定影响。

损害宝宝视力的行为
● 过早看电视
● 开灯睡觉
● 甜食吃太多
● 家用浴霸直射过久
● 喂奶姿势不当
● 相机闪光灯照射

有些幼儿喜吃甜食，这也会损伤孩子智力，因为糖是酸性食物，它在代谢过程中，会消耗大量的碱性物质——钙与维生素B_2。体内钙不足，会使血液渗透压降低，导致晶状体和眼房水渗透压改变。当眼房水的渗透压低于晶状体的渗透压时，眼房水便会通过晶状体囊涌入晶状体内，促使晶状体变凸，屈光度增加，造成视力下降；而维生素B_2缺乏会促使近视眼的发生。

由此可知，幼儿偏食可致视力障碍，所以一定要使幼儿日常膳食合理搭配，食物应多样化，干稀搭配，粗细结合，适当多吃些富含钙、锌、铬及维生素B_2的食物。

偏食不利宝宝视力

如果宝宝出现偏食状况，父母要及时找出原因，严重的话要带宝宝去医院检查身体状况。

偏食对孩子有很大的危害，尤其是对视力。如果宝宝从小视力不好，长大之后也是很难恢复的。因此，家长一定要纠正孩子的偏食问题。

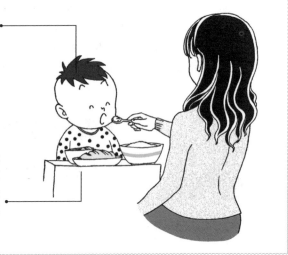

番茄是孩子的良药

孩子身体是否健康，与其自身的抵抗力有关。富含抗氧化物的食物，可以增强抵抗力。番茄就是一种富含抗氧化物的食物，它含有番茄红素、维生素C和胡萝卜素3种抗氧化物，因而被称为良药。

值得注意的是，空腹不宜吃生番茄，因为番茄所含的木棉酚等成分，在胃酸的作用下，可形成不溶解的结石。急火快炒，番茄红素、维生素C没什么损失，所含的胡萝卜素则更容易被吸收利用。

吃番茄的注意事项

◎不能吃未成熟带有青色的番茄。

◎不能吃腐烂变质的番茄。

◎脾胃虚弱的宝宝不能多吃番茄。

◎西红柿加热过后营养价值更高。

◎长时间加热会破坏其营养。

山楂的妙用

山楂能增加胃蛋白酶的分泌，可以帮助消化胃中食物，尤其是脂肪类。宝宝胃内各种辅助成分分泌不足，由于生长发育的需要，蛋白质和脂肪的摄入量较多，若调理不好容易造成积食、消化不良，出现腹胀、恶心、不想进食的症状。经常给宝宝吃一些山楂，能起到调理肠胃、促进肠胃消化吸收的作用。

山楂中富含多种矿物质，如钙、磷、铁、钾、钠，特别是维生素C的含量很高。维生素C能帮助体内形成细胞胶，维持正常的组织功能，预防坏血病。宝宝的免疫调节功能较差，而维生素C可以增强宝宝对疾病的抵抗力，促进伤口愈合，对痢疾杆菌有较强的抑制作用。

用山楂配白糖水，可作为宝宝秋冬季常喝的饮料，是宝宝泻胃火的良方。

山楂可以助消化

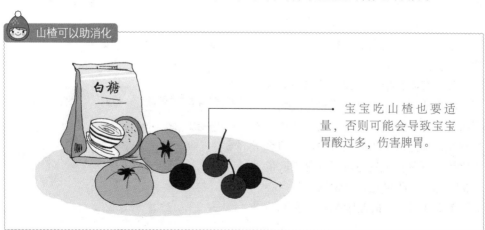

宝宝吃山楂也要适量，否则可能会导致宝宝胃酸过多，伤害脾胃。

下午的点心该如何吃

2～3岁的宝宝活动频繁，食量也增加了，但食欲却时好时坏，很不稳定。同时，宝宝外出的机会增多，见闻也多起来，对食物种类的需求也日益增多，因此会主动地要求增加饮食，如点心或果汁类。

有时母亲会担心宝宝的食量不足，便通过午后点心来补充营养与热能。但食用过多的零食，会使宝宝在正餐时食欲降低。另外，过量摄取糖分，还容易使宝宝出现蛀牙等口腔疾病。午后点心的次数增多，口腔内残留含糖食物残渣，使口腔保持清洁的时间变短，是引起蛀牙的直接原因。

2～3岁的宝宝，已经开始懂得"等待"，如果宝宝表示还想要吃某种食物时，告诉他"已经没有了"，他是可以听懂并理解的。

对2～3岁的宝宝而言，"甜味"具有很大诱惑力，不要因为糖对牙齿和身体有害而完全禁止宝宝食用，可选择较好的机会，适当给予他们适量的甜食。

宝宝喜欢的巧克力、糖果、奶油蛋糕、糕点、各种清凉饮料、乳酸菌饮料等甜味食品，所含热量很高，不仅容易使宝宝对其他食物没有食欲，而且也容易导致蛀牙。在宝宝3岁以前，尽量不要让他食用这些味道浓的食品。

合理安排正餐之外进食的数量和时间，不仅可以补充营养与水分，对于宝宝的情绪发展也有十分重要的作用。实验表明，午后点心可以给幼儿带来精神上的安慰，能使宝宝精神振奋，达到稳定情绪的作用。午后的点心每天应在固定的时间给予一次，点心的量与内容，最好根据当日的食欲与活动量来决定。如果三餐已充分摄取营养或当日运动量较少时，可以只给他补充富含水分的果汁、水果、牛奶之类的饮料，并让宝宝适当休息就可以了。

曾经有调查指出，大多数出现原因不明的不适感（身体没有明显的疾病，但出现头痛、腹痛、容易疲倦等症状）的幼儿，都是因从午后点心中摄取的热量比较高所致，也就是占了日总摄取量37%以上。由此可见，日常饮食与点心的给予方式对宝宝的健康有多么重要。

 吃过点心要记得刷牙或者漱口

为了长久保护宝宝像珍珠般光洁闪亮的牙齿，要特别注意宝宝午后点心的摄取方法，吃点心后，要用牙刷刷牙，或者漱漱口，这一点必须在给孩子小食品之前就跟他讲好。

不规律进餐的危害

- 引起蛀牙。
- 导致食欲不振。
- 打乱宝宝的饮食习惯。
- 导致宝宝消化不良。
- 不利于宝宝养成按时吃饭的好习惯。
- 会造成宝宝偏食或者挑食。

给孩子准备丰盛的早餐

早餐，是一天中最重要的一餐，对于正在生长发育中的孩子来说，就更加重要了。此时，前一天晚上吃的食物已经消化掉了，人体能量已经不足，是到了补充食物的时候了。那么，我们该如何为孩子准备一顿丰盛的早餐呢?

1.注意搭配

2~3岁的宝宝身体发育还是很快的，所以，妈妈们在准备早餐的时候，要注意搭配，这样营养才能够全面。一般来说，早餐应当由3~4种食物组成，最好包括谷类食物、蛋奶等蛋白质含量高的食物、蔬菜或水果。如果孩子只吃淀粉类食物，很容易饿，所以，要给孩子吃一些含蛋白质和脂肪的食物，比如肉类、豆制品等。

营养鸡蛋羹

用料: 鸡蛋2个, 虾皮10克, 葱花5克, 精盐、味精、麻油各适量, 凉开水150克。

制作: 将鸡蛋磕入碗中, 加入精盐、味精、麻油、葱花、虾皮搅打均匀, 再加入凉开水调匀。蒸锅置火上, 加水烧开, 把蛋羹碗放入屉内, 加盖用旺火蒸5分钟即可。

2.牛奶、鸡蛋不可少

一般来说，这个年龄段的孩子，身高增长比较快，需要的营养更多一点，所以，早餐里面最好包括牛奶、鸡蛋。牛奶中含有大量钙质有助于骨骼生长，鸡蛋则蛋白质含量高可以满足身体的能量需求。

3.适当添加水果、蔬菜

这个年龄段的孩子可能不太爱吃蔬菜和水果，但是，妈妈们要学会引导，让其爱上吃蔬菜和水果。早餐添加蔬菜、水果，可以满足孩子对维生素和纤维素的需求，防止孩子便秘，有利于其成长。家长在蔬菜和水果的准备上，可以多变换花样，这样孩子吃的兴趣更浓厚一些。

4.不要吃过于油腻的食物

如果早上给孩子吃得过于油腻，会增加肠胃的负担，影响孩子的消化和大脑的血液供应。所以，家长在准备早餐的时候，应当给孩子吃一些易消化、温热的食物。

如何让宝宝顺利吃早餐
◆ 让宝宝适当早起5~10分钟，稍微活动一下，有利于增强食欲。
◆ 临睡前不要给宝宝吃过多东西，以免影响早餐的进食。
◆ 早餐的种类要富于变化，这样才能吸引宝宝。
◆ 培养固定的早餐时间，让宝宝形成习惯。
◆ 早餐不需要吃太多，可以在10点左右给宝宝添点小点心。

少给孩子吃甜食和油炸食品

为了保证宝宝饮食的健康，家长还应避免宝宝摄入太多的高热量食物。差不多每个宝宝都喜欢吃甜食和油炸食物，不过这些食物并没有多少营养，而且还会使宝宝的食欲降低。因而，家长尽量不要给宝宝吃甜食和油炸食物。不过，这也不是说一定要禁止宝宝吃这类食物，偶尔吃一次还是可以的。在日常生活中，家长应做宝宝的榜样，自己要多吃健康食物，少吃或不吃不健康食物。这样，宝宝也会受到家长潜移默化的影响，慢慢地养成良好的饮食习惯。

吃甜食和油炸食品的危害

◎会摄入过多的糖类和脂肪，加重身体的负担。

◎会造成宝宝营养过剩，体重过重。

◎会增加宝宝患心血管疾病的风险。

◎会导致宝宝的消化不良。

◎对宝宝的牙齿发育不利。

◎会影响宝宝对其他食物的进食。

◎会加重宝宝的口味，影响食欲。

如果宝宝一定要吃甜食，家长应注意选择那种在嘴里就可以消化的甜食。比如，家长可以用巧克力来代替那些花花绿绿的糖果。而且，家长应让宝宝一次吃完手上的甜食，不要让宝宝分很多次吃。在甜食量一定的情况下，多次吃完对牙齿的伤害要大于一次吃完受到的伤害。当宝宝吃完甜食后，家长应及时让宝宝喝水，以减轻糖分对宝宝的牙齿产生的不利影响。

 多让孩子吃强壮骨骼各类食物

为了保证宝宝骨骼的健康发育，家长不要让宝宝吃太多的糖，而应让宝宝多吃富含钙质的食物，如干虾、紫菜、裙带菜、银鱼等。

为了更好地补充钙质，家长每天可以给宝宝喝两杯鲜牛奶，或者让宝宝吃奶酪等奶制品。此外，家长也可让宝宝多吃鸡蛋、豆腐、海藻类食物、蔬菜等。

不过，食物中的钙质不容易被人体吸收，家长可以为宝宝补充适量的维生素C、维生素D或者优质蛋白质，这样才能够促进宝宝对钙质的吸收。而且，维生素C和维生素D还能起到将钙质固定在宝宝骨骼中的作用。

含钙丰富的食物	
牛奶	250克牛奶大约含有300毫克钙，是良好的钙来源
海带和虾皮	含钙量高，每天进食25克，即可补充300毫克钙
豆制品	500克豆浆大约含120毫克钙，150克豆腐大约含500毫克钙，宝宝应当多吃
动物骨头	动物骨头里80%以上都是钙，最佳方式为煮大骨汤
蔬菜	每天进食绿叶蔬菜250克，可以补钙400毫克，因此，蔬菜每天都不能少

怎样避免摄入致敏物质

如果宝宝吃了某种食物后出现了湿疹、血管神经性水肿，甚至出现腹痛、腹泻或哮喘等症状，说明宝宝对这种食物过敏。

因此，爸爸妈妈在平时给宝宝调节食谱时要避免摄入致敏食物，尤其应留心过敏体质的宝宝，如果宝宝误食了致敏食物会使病情加重或复发。

要判断哪种食物使宝宝过敏，爸爸妈妈就应仔细观察或去医院做食物负荷试验等，以此来协助诊断。平时，如宝宝食用某一食物后出现过敏症状，之后渐渐消失，再次食用又出现相同症状，如此反复几次即可初步判断宝宝对此食物过敏。

家中常见的过敏源

父母应尽量避免宝宝食用使其过敏的食物，等宝宝再长大一些，消化能力增强，免疫功能日趋完善时，有可能逐渐脱敏。

常见的易过敏食物	
种类	食物
动物蛋白质食物	大虾、牛奶、羊肉、鸡肉、猪肉、鱼类、动物内脏、鸡蛋等
蔬菜	黄豆、毛豆、蘑菇、木耳、香菜、韭菜、芹菜、番茄、茄子等
水果	桃、芒果、梨、苹果、橘子、荔枝、西瓜等
谷类	小麦、荞麦、燕麦、玉米等
刺激性食物	辣椒、酒、姜、葱、蒜、芥末等
油料作物及坚果类	芝麻、黄豆、花生、榛子、核桃、开心果、腰果等
食物添加剂	食用色素、防腐剂等

萝卜如何制作

制作菜肴时，萝卜最好能竖着剖开，这样，萝卜的头、腰、尾都均衡。俗话说："萝卜头辣，腚燥，腰正好。"这是因为萝卜各部分所含的营养成分不尽相同所致。如果幼儿很怕辣，可以剥掉萝卜皮，将萝卜切丝、切片蘸糖，或是做成糖醋萝卜、萝卜骨头煲，让幼儿喜欢吃。

按照中医的传统养生观点，秋季的饮食应该以润燥益气为原则，以健脾补肝清肺为主，既要营养滋补，又应考虑到容易消化吸收。

在初秋，饮食应遵循"增酸减辛，以助肝气"的原则。少吃一些辛辣的食物，如姜、葱、蒜、辣椒等，多食用一些具有酸味和润肺润燥功效的水果和蔬菜。

防止秋燥，可以适当多食用一些甘寒汁多的食物，如甘蔗、香蕉、柿子等各类水果，蔬菜可多食胡萝卜、冬瓜、银耳、莲藕，以及各种豆类及豆制品等，以润肺生津。其中，柚子是最佳果品，可以防止秋季最容易出现的口干、皮肤粗糙、大便干结等秋燥现象。

此时，不宜再多食用冷饮，还要谨防"秋瓜坏肚"，西瓜或香瓜等瓜类都不要多吃，否则容易损伤脾胃的阳气，导致抵抗力降低，入秋后易得感冒等病。但最好每周喝2~3次人参鸡汤，以养阳气。

俗话说："冬吃萝卜夏吃姜，不劳医生开药方。"立秋后，市场上萝卜的种类增多，妈妈不妨买些萝卜回家让孩子吃。多吃点爽脆可口、鲜嫩的萝卜，不仅开胃、助消化，还能滋养咽喉，化痰顺气，有效预防感冒。

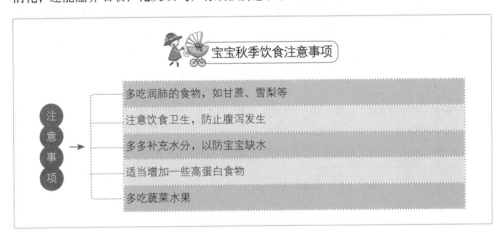

宝宝秋季饮食注意事项

注意事项 →
- 多吃润肺的食物，如甘蔗、雪梨等
- 注意饮食卫生，防止腹泻发生
- 多多补充水分，以防宝宝缺水
- 适当增加一些高蛋白食物
- 多吃蔬菜水果

给宝宝适量补充维生素

维生素是人体维持正常生理功能必需的一种微量有机物质，在生长、代谢、发育过程中有着重要作用。本阶段，宝宝是比较容易缺乏维生素的，家长应当适当给予补充。

在给宝宝补充维生素的时候，家长不能盲目补充，而是要合理补充，最好在营养师或者医师的指导下，服用维生素，否则过量的话对孩子也不好。在我国，宝宝比较容易缺乏的维生素有维生素A，维生素C，维生

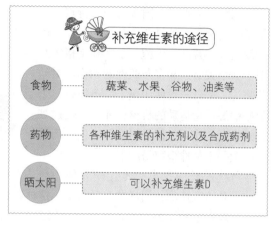

素D，维生素B_1、维生素B_2、烟酸，叶酸、维生素K等，家长们要根据宝宝的情况给予补充。

其实，大多数的维生素都可以从食物中获取，如果宝宝不挑食，有着良好的饮食习惯，那么，一般都不会缺乏维生素。所以，父母一定要丰富食物，注意食品的多样化。

一般所需维生素及其食物来源如下。

（1）富含维生素A的食物：有动物肝脏、蛋类、奶油、胡萝卜、红薯、南瓜、西红柿、柿子核、菠菜、苋菜、橘子、香蕉等。

（2）富含B族维生素的食物：谷类、豆类、肝脏、蛋黄、瘦肉、黄豆、绿叶蔬菜等。

（3）富含维生素C的食物：油菜、荠菜、菜花、苋菜、胡萝卜、甘薯、南瓜、玉米等。

（4）富含维生素D食物：瘦肉、奶、坚果中含有少量，可以通过服用鱼肝油补充。

吃维生素制剂的禁忌
☆ 服用过量的脂溶性维生素容易导致肾中毒，如维生素A、维生素D、维生素E、维生素K等。
☆ 吃综合维生素的时候，不宜空腹服用，否则会刺激胃黏膜。
☆ 服用维生素的时候，不宜同时服用中成药或者中药，否则会影响其吸收。
☆ 有些食物会和维生素发生反应，因此，在服用维生素的时候，不要吃一些食物，如维生素C和海鲜不能同时食用。

幼儿宜用筷子吃饭

用筷子进食是中国人的一大特点。用筷子夹食物是一种复杂、精细的动作，可涉及肩部、臂部、手腕、手掌和手指等30多个大小关节、50多条肌肉的动作。对幼儿来说，一日三餐使用筷子，不但是一个很好锻炼手指运动的机会，而且有促进其神经发育的作用。但是对幼儿来说，用筷子吃饭并不是件很容易的事。

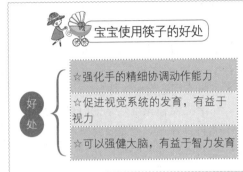

宝宝使用筷子的好处

好处
- ☆强化手的精细协调动作能力
- ☆促进视觉系统的发育，有益于视力
- ☆可以强健大脑，有益于智力发育

有些家长图省事，不让幼儿使用筷子，而是一直让幼儿用汤匙直至入学，这种做法是不太妥当的。

一般孩子到了2～3岁，就喜欢模仿大人用筷子吃饭，有拿筷子的要求，这时父母就应当因势利导，让他们学习用筷子进餐。但一些家长认为孩子使用筷子不熟练，边吃边掉饭粒，吃得太慢，常常不让孩子用筷子进餐。这种因噎废食的做法，是错误的。

从各方面来看，孩子还是用筷子进餐好。传统的不一定是落后的，我们应该继承并发扬好的传统。

幼儿拿筷子的姿势是个逐渐改进的过程，家长不必强求孩子一定要按照自己用筷子的姿势，可以让幼儿自己去摸索。随着年龄的增长，幼儿拿筷子的姿势越来越准确，可以夹起一些小的食物，如小糖丸等。初学用筷子时，先让幼儿夹一些较大的、容易夹起的食物，即使半途掉下来，家长也不要责怪，应给予鼓励。

宝宝拿筷练习要点
◆ 选择合适的筷子，如方形、无毒、重量轻等。
◆ 给宝宝容易夹住的食物，如青菜等。
◆ 可以在筷子上缠上一根橡皮筋增加摩擦，便于夹食物。

 ### 让宝宝学会用筷子

如果宝宝表现出了拿筷子的兴趣，家长一定不要阻止，而是要积极引导，让他尽快学会如何使用筷子。

适合宝宝吃的营养粥

1.豆浆粥

用料：鲜豆浆500毫升，大米50克，白糖少许。

制作：将洗净的大米用豆浆煮粥，加白糖调味。早晚食用。

功效：润肠补虚止咳。治体虚消瘦、久嗽、便燥等症。

2.赤小豆粥

用料：粳米60克，赤小豆适量。

制作：先将赤小豆浸泡半日，同粳米煮粥。

功效：利水消肿，健脾益胃。

> **喝粥注意事项**
>
> 有些宝宝在喝粥的时候，觉得粥的味道过于清淡，因此，不愿意喝。此时，妈妈们不妨为宝宝准备一些配粥的开胃小菜，让宝宝一起吃，这样就能够引起宝宝吃粥的兴趣了。

3.鲫鱼粥

用料：鲫鱼1条，粳米50克，橘皮末适量，胡椒粉、酱、葱适量。

制作：将鲫鱼去鳞、洗净，剔去骨。米淘洗后，与橘皮末、鲫鱼肉加清水煮粥。待粥欲熟时入胡椒粉、酱、葱调和。

功效：本粥有和肠胃、消水肿的功效。可辅治因肠胃失和、食水不调而致的脘腹疼痛、食欲不振等症。

4.牛奶麦片粥

用料：全麦片50克，牛奶150克，白糖50克，精盐少许。

制作：将麦片在清水中浸泡半小时以上。用文火煮15～20分钟后，加入牛奶、盐，继续煮15分钟，加入白糖，拌匀。

功效：有养心安神、润肺通肠、补虚养血及促进新陈代谢的作用。

5.小麦粥

用料：小麦30～60克，粳米100克，大枣5枚。

制作：将小麦洗净后，加水煮熟，捞去小麦取汁，再入粳米、大枣同煮；或将小麦捣碎，同枣、米煮粥食用；

功效：补脾胃，止虚汗，适用于幼儿中气不足所致的自汗、盗汗、脾虚泻泄等症。

6.鸭粥

用料：青头雄鸭一只（约重2000克），粳米适量，葱白3根。

制作：将青头雄鸭宰杀，除去毛及内脏，洗净，去骨，切成细丝或薄片。锅上火，放入鸭肉，烧沸，加入粳米、葱白煮粥。也可以先用鸭煮汤，用鸭汤煮粥。

功效：健脾和胃。用于营养不良，食少消瘦，尤其适宜幼儿疳积见水肿者。

适合宝宝吃的营养汤

1.鳗鲡山药汤

用料：鳗鲡鱼250克，淮山药100克，青菜心30克，料酒、精盐、葱段、姜片、胡椒粉、熟猪油、清水适量。

制作：将淮山药洗净，润透切片，青菜洗净，将鳗鱼宰杀，去鳃，去内脏，放在热水中去黏液，斩成十段，切成条。锅中放猪油烧至六成热，放入姜葱煸香，烹入料酒，放入鳗鱼条煸炒几下。注入适量清水，加入怀山药、料酒、盐、葱、姜，煮至鱼肉熟烂，拣出葱、姜，淋上猪油，撒上胡椒粉即成。

功效：含有丰富的蛋白质和维生素，特别适合婴幼儿食用。

2.鲋鱼健脾汤

用料：鲋鱼1条，党参25克，白术15克，淮山药30克，料酒、精盐、葱段、姜片、生油、鸡汤适量。

制作：鲋鱼只去鳃、去内脏而不去鳞，洗净，党参、白术、怀山药洗净，浸润切片，装纱布袋中扎口。锅中放生油烧热，放入鲋鱼稍煎，注入适量鸡汤，放入药包，料酒、葱、姜、盐，煮至鱼肉熟烂，拣去葱、姜、药包即可。

功效：本菜补中有消，补而不滞。常用于幼儿脾胃虚、食少、便溏等症。此外，对各种原因引起的胃肠功能减退、消化不良、脾胃虚弱，均可食用。

3.淡菜甲鱼汤

用料：甲鱼1只（约800克），淡菜250克，精盐、料酒、姜片、味精、麻油。

制作：将甲鱼杀死出血，用开水烫一下，去掉膜皮。清水洗净，剖腹去内脏，用开水烫一下，下汤锅煮烂，用漏勺捞出，凉透拆去外壳，抽去骨头，放入汤碗内。将淡菜用热水泡透，去杂物，温水洗数次，放入煮甲鱼的汤锅煨40分钟后，再把甲鱼肉放进同煨，加上精盐、料酒、姜片烧沸，将浮面的汤沫去掉，见汤色呈乳白色时，放入味精，出锅装碗，淋上麻油即成。

功效：可滋阴，强壮健身，对于淤血症、血郁成瘿、幼儿病后体虚等症均有很好的疗效。

 鳗鲡山药汤

此汤含有丰富的蛋白质和维生素，有强健体魄、增进活力的作用，特别是孕妇与婴幼儿。

适合宝宝吃的营养蔬菜

1.炒胡萝卜丝

用料：胡萝卜适量，葱、姜、盐少许。

制作：将胡萝卜洗净切成细丝；葱、姜切成碎末。旺火起油锅，油热后放入胡萝卜丝，加入调料后改用文火煸炒，待快熟时，加一点温水和少量盐，胡萝卜丝软了便可起锅。

功效：含有丰富的维生素和胡萝卜素，很适合宝宝食用。

蘑菇香干丁

此菜具有安神养心、补脾健胃的功效，宜做幼儿滋补佳品。

2.炒素什锦

用料：冬笋片、水发黑木耳、蘑菇、胡萝卜、水发香菇各50克，植物油、酱油各50克，盐、麻油少许。

制作：蘑菇、香菇洗净切片，胡萝卜切片，开油锅油热后下进蘑菇、香菇、笋片翻炒，加盐烧开，下进胡萝卜片、酱油、木耳炒匀烧开，浇上明油、麻油拌匀即可。

功效：此菜营养丰富并可降血脂、软化血管、清心明目。

3.蘑菇香干丁

用料：熟蘑菇50克，熟咸蛋2个，五香豆腐干2块，糖、酱油、味精、麻油、醋适量。

制作：蘑菇、咸蛋（只用蛋白）、香干都切丁，放入盘里，加糖、酱油、味精、麻油、醋拌匀即可。

功效：能促进消化、补脾健胃，对大便干结、食欲不振等症有很好的疗效。

4.香椿芽炒蛋

用料：鲜椿芽100克，鸡蛋250克，植物油75克，黄酒、盐、葱、味精适量。

制作：将香椿芽洗净，用冷开水过一遍，沥去水，放入容器，加盐用手搓揉5分钟，放在一边，让盐入味，2小时后取出切细备用。鸡蛋去壳放入碗中，加黄酒、盐、葱、味精和切好的香椿芽一起搅拌匀。开油锅，油温七成，将调好的蛋下锅，速翻几下炒熟即可食用。

功效：此菜可温中补气，健脾养胃，宜于体弱及消化不良者食用。

5.蜜饯萝卜

用料：鲜白萝卜500克，蜂蜜150克。

制作：将鲜白萝卜丁放入沸水中立即捞出，挤干水，晾晒半日。锅置火上，将萝卜放入原汤中，加入蜂蜜调匀，小火煮沸，待冷备用。当点心分次食。或切碎略捣，绞取汁液，煮沸后加蜂蜜适量，频频温服。

功效：宽中消食、理气化痰。适用于饮食不消、腹胀、翻胃、呕吐等症。

适合宝宝吃的营养饭食

1.什锦炒饭

用料：鸡蛋1个，胡萝卜、黄瓜、豌豆、火腿、米饭、精盐、味精、食用油各适量。

制作：胡萝卜、黄瓜、火腿分别切成细丁。将鸡蛋打碎调匀，放入热油锅炒熟；净胡萝卜丁用热水焯一下，捞起沥干。旺火起油锅，放入豌豆、胡萝卜丁、黄瓜丁、火腿丁、炒鸡蛋、米饭，一起炒熟，加少许精盐和味精，即可起锅。

功效：菜饭相融，色彩多样，能使孩子食欲大增。

2.柿饼饭

用料：柿饼50克，大米250克。

制作：先将柿饼用清凉水冲洗，去掉杂质和尘埃，再切成约0.5厘米见方的颗粒；大米用清水淘洗干净。用一饭盆，放入柿饼和大米，掺入约500毫升清水，放入蒸笼约40分钟，取出即成。大米、柿饼粒放在盆内要拌匀。

功效：此饭有健脾、益胃、降逆之功效，适用于胃气虚弱与胃虚有热之呃逆、呕吐等症。婴幼儿可1～2天吃一次，至呕吐痊愈为止。

3.啤酒蛋饼

用料：鸡蛋2个，葱头末、面粉各15克，植物油25克，柠檬汁5克，啤酒1杯，鲜蘑菇片、熟芹菜末、盐、姜末、胡椒粉等各适量。

制作：把鸡蛋打入碗内，放葱头末、面粉、盐、姜末、胡椒粉。搅拌均匀，摊成蛋饼；再用炒勺放植物油、蛋饼、鲜蘑菇片、啤酒、柠檬汁，煮开，装盘；盘边配熟芹菜末即成。

功效：含有丰富的营养，能够满足宝宝对蔬菜以及蛋白质的需求。

4.参枣米饭

用料：党参10克，大枣20枚，糯米250克，白糖50克。

制作：参、枣洗净泡发，水煮半小时，捞出党参、枣，汤备用。糯米加水适量，蒸熟成饭。置枣于饭上，再把汤汁加白糖煎熬成黏汁，浇在饭上。

功效：适用于脾气不足者。

> **啤酒蛋饼**
>
>
>
> 此菜清香松软，非常适合幼儿食用，同时，还具有丰富的营养，能够满足宝宝对蔬菜以及蛋白质的需求。

> **用炒饭代替白米饭**
>
> 很多宝宝不喜欢吃白白的米饭，此时，家长不妨给孩子吃一些炒饭。炒饭不仅味道好，而且里面可以任意搭配肉类、蔬菜，可以说，是非常适合宝宝吃的美食。不过，需要注意的是，做炒饭的时候，不要放过多的油，否则不利于消化。

适合宝宝吃的营养鱼

1.酱爆鱼丁

用料：鱼丁500克，酱油50克，姜末、葱花、鸡蛋、水淀粉、味精、甜面酱、糖、蒜泥、肉汤、明油适量。

制作：将鱼丁用盐、鸡蛋、黄酒、水淀粉上浆，腌10分钟。另取碗将姜末、味精、糖、酱油、肉汤、淀粉调成汁。开油锅，油温五成，先下入葱、蒜泥煸出香味后加面酱，投入鱼丁煸炒片刻，速倒入调好的芡汁翻炒，加明油拌匀即可。

功效：此菜健脾利湿，可治脾虚食少、乏力水肿等症。

宝宝吃鱼的禁忌

● 不能给宝宝生鱼，必须做熟了吃。

● 不要给宝宝吃过多的鱼松，容易造成氟化物中毒。

● 不要给宝宝吃过多的油炸鱼。

● 不要给宝宝吃腐烂变质的鱼。

2.番茄鱼片

用料：上好的鱼肉500克，番茄200克，绍酒、精盐、味精少许，4个鸡蛋的蛋清，葱30克，姜4片，蒜末少许，白糖50克，豌豆60克，米醋15克。

制作：把鱼肉切成片，用少许绍酒（去鱼腥）、精盐、味精稍腌一会儿。再用蛋清淀粉糊浆，锅内放油，烧至四成熟时，将鱼片下锅滑散捞出，锅内留油少许，放葱、姜、蒜末煸锅，放入番茄，炒成酱样加白糖，添少许汤。放点鲜豌豆、米醋、精盐，见汤稠浓时，放鱼颠翻几下，加少许味精，淋香油即成。

功效：含有丰富的营养物质，有促进食欲、提高免疫力的作用。

3.黄鱼汤

用料：黄鱼1条（约800克），雪菜50克，冬笋50克，肥肉50克，味精、料酒、精盐、葱、姜、猪油、鸡油、高汤适量。

制作：将黄鱼洗净。把雪菜劈开，洗净，挤去水分，切碎。冬笋和肉均切成小片。葱、姜用刀拍。猪油烧开后，放入鱼，两面煎，不要煎出硬皮。锅中加入高汤，放上调料、鱼，在急火上烧开，撇去浮沫，盖上盖，在文火上烧10分钟。再放到急火上烧开，捞去葱、姜，撒上味精，淋上鸡油即成。

功效：含有丰富的蛋白和维生素，有强身健体的作用。

4.黄瓜鳜鱼

用料：鳜鱼500克，黄瓜25克，麻油、植物油、酱油、葱段、糖、醋、淀粉、面粉各适量。

制作：将鱼去鳞、内脏、鳃洗净，切5厘米长的方块；黄瓜切滚刀块。将鱼块用酒、盐、面粉和淀粉上浆，开油锅将鱼块炸呈金黄色捞出。锅留底油，下进黄瓜煸炒，倒进鱼块再加糖、葱段、醋、酱油、淀粉炒几下，烧上麻油拌匀即可。

功效：鳜鱼刺少肉鲜，富含优质蛋白及多种氨基酸，可开胃健脾、活血化瘀。

适合宝宝吃的营养小点

1.栗子糕

用料：栗子500克，白糖250克。

制作：将栗子放入锅内煮30分钟，冷却后，剥壳去皮，放在碗内。锅置火上，上屉放入栗子碗蒸30分钟，出锅，加白糖拌成泥，倒入搪瓷盘内，摊开切块即可。

功效：栗子营养丰富，主治腰腿软弱无力、泄泻等。凡宝宝筋骨不健、四肢软弱、发育不良等均适用此糕。大便干结的宝宝不宜多吃。

2.五仁面茶

用料：玉米面250克，白芝麻20克，黑芝麻20克，瓜子仁50克，核桃仁20克，花生仁20克，芝麻酱100克，香油、精油各少许。

制作：锅内注入清水适量，烧沸；玉米面先用凉水稀释后倒入锅内沸水中，一边倒一边用勺子搅动，烧开后用小火煮一会儿。芝麻炒熟，擀成碎面；核桃仁先去皮，再炒熟擀碎；花生炒熟擀碎；瓜子仁炒熟擀碎，掺入少许盐拌匀。

功效：有润肠通便、促进食欲的作用。

3.消食脆饼

用料：鸡内金2个，面粉100克，盐、芝麻适量。

制作：将鸡内金洗净晒干或用小火焙干，研末。将鸡内金粉与面粉、盐、芝麻一起和面，擀成薄饼，置锅内烙熟，用小火烤脆即可。

功效：促食欲、助消化。

4.山药汤圆

用料：山药50克，糯米500克，白糖90克，胡椒粉适量。

制作：先将山药捣粉蒸熟，加白糖与胡椒粉适量，调成馅备用。后将糯米水泡后，磨成汤圆米粉，分成若干小团，包山药馅，搓成汤圆，煮熟食用。

功效：有健脾利胃的作用。

山楂荷叶饮

此饮具有活血化瘀、消导通滞、清暑除烦、减肥消脂的功效。

栗子糕和五仁面茶

面茶

五仁面茶可以调和肠胃、通便润肠、降血脂、减肥，胖宝宝多吃有利轻身。

适合宝宝吃的营养肉食

1.蚝油牛肉

用料：牛肉1000克（去筋络），蚝油25克，植物油、葱、黄酒、酱油、糖、味精、小苏打粉、盐、干淀粉、水适量，1个鸡蛋的蛋清。

制作：牛肉洗净，切薄片，加酒、蛋清、小苏打、适量水腌4小时后加水淀粉拌匀，油烧热入牛肉片炸至断血出锅；锅留底油，加酱油、蚝油、糖、盐、葱、味精、水烧开，再加少许水淀粉勾芡，再将牛肉放入，加少许麻油炒匀即可。

功效：此菜补脾胃、益气血，可治脾虚水肿、虚损消瘦等症。

牛肉炒洋葱

此菜可补脾胃、益气血、强筋骨，宜于虚损消瘦、筋骨不健的幼儿食用。

2.红糟鸡丁

用料：生鸡脯250克，冬笋肉100克，红糟25克，黄酒25克，食盐5克，味精少许，干淀粉25克，香油5克，猪油125克，白糖、清汤适量。

制作：将鸡脯用刀拍松，切成蚕豆大小的丁，冬笋肉切比鸡丁稍小的丁；鸡丁肉加入黄酒、盐、红糟，再加淀粉拌匀。炒锅置火上烧热，下入油待六成热时投入鸡丁，至鸡丁半熟时放入笋丁，见鸡丁已熟即倒入漏勺中控净油。锅中加清汤少许及黄酒、白糖，将鸡丁、笋丁一齐倒入，颠翻几下。炒干汤汁，加味精和香油即可出锅。

功效：含有丰富的营养物质，很适合宝宝食用。

3.牛肉丝炒水芹

用料：牛肉丝250克，水芹段150克，酱油25克，植物油50克，淀粉25克，葱、姜末、黄酒、盐、麻油、味精、糖适量。

制作：牛肉丝加入盐、黄酒、淀粉上浆，取碗放进酱油、葱、姜末、黄酒、麻油、味精、糖拌匀待用。开油锅油温五成，投入牛肉丝，旺火翻炒，下水芹及拌好的调料，速搅拌透，浇上明油即可。

功效：此菜富含优质蛋白质及多种维生素。

4.牛肉炒洋葱

用料：牛腿肉100克，洋葱250克，酱油、盐、植物油、姜末、黄酒、淀粉各少许。

制作：将牛肉切丝，加盐、酒、淀粉上浆。洋葱切丝，油烧开放进牛肉丝炒熟出锅，锅留油入洋葱丝加酱油、盐、酒、姜末炒几下，放进牛肉丝炒熟，淋上明油即可。

功效：补脾胃、益气血、强筋骨，宜于虚损消瘦、筋骨不健的幼儿食用。

适合宝宝吃的营养羹

1.杏仁苹果豆腐羹

用料：豆腐3块，杏仁24粒，苹果1个，冬菇4只，精盐、菜油、白糖、淀粉适量。

制作：将豆腐切成小块，置水中泡一下，捞出；冬菇洗净，切碎，搅成蓉，和豆腐煮开，加上盐、白糖，用淀粉同调成芡汁，制成豆腐羹。杏仁用温水泡一下，去皮；苹果洗净去皮切成粒，同搅成蓉。豆腐羹冷却后，加上杏仁、苹果糊，拌匀即可。

功效：此羹富含蛋白质和铁质，常食可提高宝宝的免疫力，防止发生贫血。

2.茅根猪肉羹

用料：鲜茅根100克（或干茅根30克），瘦猪肉250克，食盐少许，清水适量。

制作：将茅根剪成段，洗净后放入布袋，将口系紧，与瘦猪肉丝加水适量同煮熟。酌加食盐少许，肉与汤分顿食用。

功效：对于体弱的甲肝患儿疗效不错。

3.水果羹

用料：苹果、香蕉、橘子各1个，白糖适量，藕粉20克。

制作：将苹果、香蕉、橘子去皮、去核，切成小丁。锅中加入水，烧开后，将水果丁放入，然后用藕粉勾芡，烧制2~3分钟，加入白糖，搅拌均匀即可。

功效：含有丰富的维生素，易于消化。

4.胡萝卜羹

用料：胡萝卜50克，肉汤适量。

制作：将胡萝卜炖烂并捣碎，然后将胡萝卜放入肉汤中大火煮。煮至胡萝卜熟透后，然后放入适量黄油即可。

功效：含有丰富的营养，很适合宝宝食用。

宝宝吃杏仁的好处

- 可以补充植物蛋白质。
- 具有丰富的微量元素。
- 含有很多抗氧化物。
- 含有大量的纤维素。

2~3岁小儿每日饮食摄入量	
食品	摄入量
主食	100~200克
豆制品	15~25克
肉	50~75克
蛋	1个
蔬菜	100~150克
水果	50~100克
牛奶	250 ~500克

适合宝宝吃的营养蛋

1.扒鹌鹑蛋

用料：鹌鹑蛋10个，水发冬菇泥20克，水发冬笋3片，油炒面20克，油菜心、植物油、鸡汤、牛奶、盐、味精、葱头末、料酒各适量。

制作：把蛋煮熟，剥去皮；锅内放油烧五成热，再入葱头煸炒，加入冬菇泥、冬笋片略炒，放鸡汤、牛奶、料酒，入鹌鹑蛋，温火煨5分钟，放盐、味精、油炒面，调匀，出锅，入盘；盘边配煮油菜心条即成。

功效：此蛋看呈乳白色，极富营养，诱人喜食。

2.蛋黄烩豌豆

用料：鸭蛋黄3个，豌豆200克，猪油25克，鸡汤（或清水）、玉米粉、味精、盐、香菜末各适量。

制作：锅化猪油，放蛋黄蓉，略煸几下，放入鸡汤、鲜豌豆，烧开，去沫，放玉米粉煨浓，加盐、味精，出锅，装盘，撒香菜末即可。佐餐食。

功效：醇香味浓，易于消化。

3.咖喱鸡蛋

用料：鸡蛋2个，花生油30克，葱头丝、芹菜末、大蒜末、姜末各10克，咖喱粉5克，面粉5克，鸡汤、味精、盐各适量。

制作：先用花生油把鸡蛋炒熟，打碎，撒盐和胡椒粉，起锅待用；余下花生油烧热，放葱头丝、芹菜末、大蒜末、姜末，炒至黄色，再放咖喱粉、面粉，炒出香味，用烧开的鸡汤冲开，搅匀，放味精、盐，过滤，弃渣后，浇在鸡蛋块上。佐餐食。

功效：咸香微辣，味鲜可口，增强食欲。

幼儿该如何吃鸡蛋
煮鸡蛋，时间一般要煮8~10分钟，太生的鸡蛋有细菌；太熟的鸡蛋则不宜消化。
煎鸡蛋和炸鸡蛋由于含有的油液太多，在体内难以消化，因此，宝宝不能吃太多。
鸡蛋是高蛋白食物，一次不能吃太多，否则会引起消化不良。
宝宝一般一天1个鸡蛋即可，如果过多，摄入的蛋白质就会过多，对健康也是不利的。